安徽省高等学校"十二五"省级规划教材

高职电子类精品教材

模拟电子技术

MONI DIANZI JISHU

主　　审　江　力

主　　编　袁　媛　张艳艳

副 主 编　汪海燕　蔡凤丽

编写人员（以姓氏笔画为序）

陈　芳　李　征　张艳艳

汪海燕　袁　媛　徐红霞

蔡凤丽

中国科学技术大学出版社

内 容 简 介

　　本书作为安徽省省级质量工程(教学研究项目)"实践推进式高职电子技术教学模式的研究"和"基于工作过程的模拟电子技术课程教学模式研究"的配套教材,以培养高职学生广泛的电子技术基础理论和扎实的电子技术实践技能为主要目标。在内容的安排上,本书按照实践推进式模式,以电路实例的仿真或实验引入教学内容,在实践中探索电子技术的理论,使理论与实践结合得更加紧密,也使得理论教学更具体化、形象化。

　　本书主要内容包括:二极管及其应用电路、三极管和场效应管构成的电压放大电路和功率放大电路、放大电路的反馈和集成应用、信号发生电路、直流稳压电路和晶闸管应用电路(弱电领域的专业可选学)。其内容涉猎较广,教学时可自行选用合适的章节。本书不仅适用于教学,还可作为资料使用。

图书在版编目(CIP)数据

模拟电子技术/袁媛,张艳艳主编. —合肥:中国科学技术大学出版社,2014.6
安徽省高等学校"十二五"省级规划教材
ISBN 978-7-312-03469-5

Ⅰ.模…　Ⅱ.①袁…②张…　Ⅲ.模拟电路—电子技术—高等学校—教材　Ⅳ.TN710

中国版本图书馆 CIP 数据核字(2014)第 110633 号

出版	中国科学技术大学出版社
	安徽省合肥市金寨路 96 号,230026
	网址:http://press.ustc.edu.cn
印刷	合肥市宏基印刷有限公司
发行	中国科学技术大学出版社
经销	全国新华书店
开本	787 mm×1092 mm　1/16
印张	19.5
字数	512 千
版次	2014 年 6 月第 1 版
印次	2014 年 6 月第 1 次印刷
定价	40.00 元

前　　言

在大力发展高等职业教育的今天,高等职业教育不断革新发展。为了适应高等职业教育改革的需要,本书的编写融入了安徽省省级质量工程项目"实践推进式高职电子技术教学模式的研究"和"基于工作过程的模拟电子技术课程教学模式研究"的主旨,在内容安排上集理论、仿真、实验、实训于一体,希望以仿真、实验和实训给电子技术课程的教学带来理论具体化、概念形象化、功能多样化的新面貌。

本书作为安徽省省级质量工程(教学研究项目)"实践推进式高职电子技术教学模式的研究"和"基于工作过程的模拟电子技术课程教学模式研究"的配套教材,以培养高职学生广泛的电子技术基础理论和扎实的电子技术实践技能为主要目标。在内容的安排上,本书按照实践推进式模式,以电路实例的仿真或实验引入教学内容,在实践中探索电子技术的理论,使理论与实践结合得更加紧密,也使得理论教学更具体化、形象化。在实验器材有限的条件下,适当引入 EDA 仿真教学,使教学的实施更加容易,同时还让学生学会使用电子设计自动化软件,可谓一举多得。这样更加有利于"高素质、高技能型"人才的培养,在高等职业教育中彰显独特的教学魅力,开辟高职教育的新模式。

本书内容包括:二极管及其应用电路、三极管和场效应管构成的电压放大电路和功率放大电路、放大电路的反馈和集成应用、信号发生电路、直流稳压电路和晶闸管应用电路(弱电领域的专业可选学)。本书内容涉猎较广,教学时可自行选用合适的章节。本书不仅适用于教学,还可作为资料使用。

本书由安徽电子信息职业技术学院袁媛老师和张艳艳老师担任主编,安徽电子信息职业技术学院汪海燕老师和蔡凤丽老师担任副主编。安徽电子信息职业技术学院的李征老师、阜阳职业技术学院的徐红霞老师和安徽城市管理职业学院的陈芳老师参加了编写工作。汪海燕老师编写了项目1和项目8;蔡凤丽老师编写了项目2和附录;徐红霞老师编写了项目3;陈芳老师编写了项目4和项目7;李征老师编写了绪论和项目5;袁媛老师编写了项目6;张艳艳老师编写了项目9,并负责全书的统稿。在编写过程中,得到了中国科学技术大学出版社和各院校许多老师的支持和帮助,在此一并表示衷心的感谢。

由于编者水平有限,书中疏漏之处在所难免,恳请读者批评指正。

编　者
2014 年 5 月

目　　录

绪论 电子技术的发展与 Multisim 10 简介

学习目标

1. 了解电子技术的发展和常用的电子技术的学习方法。
2. 了解并熟悉 Multisim 10 运行环境和操作界面。
3. 熟练掌握 Multisim 10 元件的管理,能够查找、复制、删除和编辑仿真元件。
4. 掌握虚拟仪器的使用方法。
5. 能够建立电路,利用常用分析方法进行电路分析。

0.1 电子技术概述

高职院校"模拟电子技术"课程的目标旨在使学生掌握基本电子元器件的结构、特性和检测方法;了解电路的原理,掌握基本单元电路的结构、原理及调试方法;掌握常用模拟集成电路的构成、原理、性能特点和调试应用。

1. 电子技术的发展

20 世纪初,电子管的问世,推动了无线电电子学的蓬勃发展。但是,电子管十分笨重,能耗高、寿命短、噪声大,制造工艺也十分复杂。于是就有了晶体管的诞生,晶体管常用的材料就是锗和硅。1947 年,美国物理学家肖克利、巴丁和布拉顿三人捷足先登,合作发明了晶体二极管。但直到 1950 年,人们才成功地制造出第一个 PN 结型晶体管。晶体管的发明是电子技术史中具有划时代意义的伟大事件,它开创了一个崭新的时代——固体电子技术时代。

随着电子技术的广泛应用和电子产品发展的日趋复杂,为确保电子设备的可靠性,缩小其重量和体积,一种新兴技术诞生了,那就是今天大放异彩的集成电路。集成电路是在一块几平方毫米的微小的半导体晶片上,将成千上万的晶体管、电阻、电容以及连导线做在一起,真正是"立锥之地布千军"。集成电路技术发展主要经历了六个阶段:

1962 年制造出包含 12 个晶体管的小规模集成电路 SSI(Small-Scale Integration)。

1966 年发展到集成度为 100～1000 个晶体管的中规模集成电路 MSI(Medium-Scale Integration)。

1967～1973 年,研制出集成 1000～10 万个晶体管的大规模集成电路 LSI(Large-Scale Integration)。

1977 年研制出在 30 mm² 的硅晶片上集成 15 万个晶体管的超大规模集成电路 VLSI(Very Large-Scale Integration),这是电子技术的第四次重大突破,从此真正迈入了微电子时代。

1993 年随着集成了 1000 万个晶体管的 16 M FLASH 和 256 M DRAM 的研制成功,进入了特大规模集成电路 ULSI(Ultra Large-Scale Integration)时代。

1994 年由于集成 1 亿个元件的 1 G DRAM 的研制成功,进入巨大规模集成电路 GSI(Giga Scale Integration)时代。

电子行业具有广阔的科技和应用前景,与此同时微电子技术通过微型化、自动化、计算机化和机器人化,将从根本上改变人类的生活。

2. 模拟电子技术的内容

① 元器件:主要介绍晶体二极管、三极管和场效应管,此外还介绍了晶闸管和单结晶体管。

② 单元电路:主要介绍二极管应用电路和三极管应用电路,包括二极管限幅电路、二极管钳位电路、二极管整流电路、放大电路(共射、共集、共基、差动、功率和集成运放)、信号产生电路、晶闸管可控整流和调压电路等。

③ 电路的分析方法:在电路分析的基本原理中结合元器件的特性进行电路分析,包括二极管电路的分段分析和放大电路的图解分析法、近似估算分析法以及微变等效电路分析法等。

3. 模拟电子技术的学习方法

学习模拟电子技术应该首先学习元器件,在掌握了电子元器件的结构特性的基础上,理解单元电路的工作原理,结合适当的方法分析电路的工作情况,并掌握元器件和实际电路的检测方法。在模拟电子技术的学习过程中需要注意以下几点:

(1) 注意元件的非线性和电路的估算法

模拟电子电路中许多重要的元件都是非线性的,分析电路时不能用以前线性电路的固定思维模式去思考。例如二极管、三极管等电子器件均为非线性器件,往往具有复杂的物理特性;又如实际的晶体管除了具有非线性电阻特性外还具有因势垒电容和扩散电容引起的非线性电容特性。因此电路的变化因素很多,这时我们往往采用近似估算加实际测试的方法来分析电路。

(2) 注意电路的交直流并存、动静分开

在电子线路中,往往是交直流并存的,电路的交流工作常以直流工作为基础。对这种电路的分析,需要采用交、直流或动、静态分开的分析方法,即把一个电路分成两个状态的叠加——直流状态和交流状态,要注意在不同状态中,电路中元件间的连接关系是不同的,如在分压式偏置电路中,基极偏置电阻 R_{B1} 和 R_{B2} 在静态电路中是串联关系,而在交流通道中它们是并联关系。但交、直流分析也不是完全割裂的,所以在学习中应注意交、直流分析法的意义,在单元电路乃至复杂电路的分析中形成良好的习惯。

(3) 注意化整为零和化零为整

实际电子线路往往由多个不同功能的单元电路构成,分析时常常需要化整为零,即将电路拆成单元电路,逐步分析电路的功能。而在有些电路分析时,由于往往需要分析电路的输入和输出功能,所以可以将整个电路化零为整,看成一个整体去分析更为简单,如多级放大电路。

4. 模拟电子线路和 EDA 仿真

电子线路设计自动化(EDA)技术,在电子技术教学中的应用越来越广泛。EDA 软件有很多种,本书利用 Multisim 10 对各章节的有关电路进行仿真实验及性能分析。这样即使在实际实验实训条件不充分的情况下,也能在仿真软件的集成环境下完成模拟电子线路的分析与测试,给学习带来事半功倍的效果。

0.2　Multisim 10 简介

Multisim 10 是美国国家仪器公司(NI,National Instruments)于 2007 年推出的 Multisim 版本。其主要特点为:提供了全面集成化的设计环境,可完成从原理图设计输入、电路仿真分析到电路功能测试等工作;当改变电路连接或改变元件参数,对电路进行仿真时,可以清楚地观察到各种变化对电路性能的影响。其数量众多的元件数据库、标准化的仿真仪器、直观的捕获界面、简洁明了的操作、强大的分析测试、可信的测试结果,使其非常适合电子类课程的教学和实验。

0.2.1　Multisim 10 运行环境

推荐运行 Multisim 10 的计算机基本配置如下:
① 操作系统:Windows XP Professional,Windows 2000 SP3。
② 中央处理器:Pentium 4 Processor。
③ 内存:至少 512 MB。
④ 硬盘:至少 1.5 GB 空闲空间。
⑤ 光盘驱动器:CD-ROM。
⑥ 显示器分辨率:1024×768。

0.2.2　Multisim 10 操作界面

启动 Multisim 10 后,可以看到图 0.1 所示的主窗口,主要由菜单栏、工具栏、元器件栏、状态栏、仪器仪表栏、电路工作区等组成。

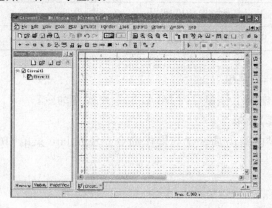

图 0.1　Multisim 10 软件界面

1. 菜单栏

Multisim 10 菜单栏有 12 个主菜单,如图 0.2 所示,菜单中提供了本软件几乎所有的功能命令。不难看出,菜单中有一些与大多数 Windows 平台上的应用软件的功能选项是一致的,如 File,Edit,View,Options,Help;此外,还有一些 EDA 软件专用的选项,如 Place,MCU,Simulate,Transfer,Tools,Reports 以及 Window 等。

File　Edit　View　Place　MCU　Simulate　Transfer　Tools　Reports　Options　Window　Help

图 0.2　Multisim 10 菜单栏

(1) File(文件)菜单

File 菜单主要用于管理所创建的电路文件,如新建、打开、保存、打印等,用法与其他Windows 应用程序类似。

(2) Edit(编辑)菜单

Edit 菜单主要用于在电路绘制过程中,对电路和元件进行各种技术性处理,如撤消、恢复、剪切、复制、粘贴、删除、查找等,用法与其他 Windows 应用程序类似。

(3) View(窗口显示)菜单

View 菜单用于确定仿真界面上显示的内容以及电路图的缩放和元件的查找。

(4) Place(放置)菜单

Place 菜单提供在电路窗口内放置元件、连接点、总线和文字等命令。Place 菜单中的命令及功能如表 0.1 所示。

表 0.1　Place 菜单功能

菜　单	功　能	菜　单	功　能
Component	放置元件	New Subcircuit	创建子电路
Junction	放置节点	Replace by Subcircuit	子电路替换
Wire	放置导线	Multi-Page	设置多页
Bus	放置总线	Merge Bus	合并总线
Connectors	放置输入/输出端口连接器	Bus Vector Connect	总线矢量连接
New Hierarchical Block	放置层次模块	Comment	注释
Replace Hierarchical Block	替换层次模块	Text	放置文字
Hierarchical Block from File	来自文件的层次模块	Grapher	放置图形

(5) MCU(微控制器)菜单

MCU 菜单提供在电路工作窗口内 MCU 的调试操作命令。

(6) Simulate(仿真)菜单

Simulate 菜单提供电路仿真设置与操作命令。Simulate 菜单中的命令及功能如表 0.2所示。

表 0.2　Simulate 菜单功能

菜　　单	功　　能	菜　　单	功　　能
Run	开始仿真	XSpice Command Line Interface	XSpice 命令界面
Pause	暂停仿真	Load Simulation Setting	导入仿真设置
Stop	停止仿真	Save Simulation Setting	保存仿真设置
Instruments	选择仪器仪表	Auto Fault Optio	自动故障选择
Interactive Simulation Settings...	交互式仿真设置	VHDL Simlation	VHDL 仿真
Digital Simulation Settings...	数字仿真设置	Dynamic Probe Properties	动态探针属性
Analyses	选择仿真分析法	Reverse Probe Direction	反向探针方向
Postprocess	启动后处理器	Clear Instrument Data	清除仪器数据
Simulation Error Log/Audit Trail	仿真误差记录/查询索引	Use Tolerances	使用公差

（7）Transfer（文件输出）菜单

Transfer 菜单提供将仿真结果传递给其他软件处理的命令。

（8）Tools（工具）菜单

Tools 菜单用于编辑或管理元件和电路。

（9）Reports（报告）菜单

Reports 菜单提供材料清单的报告命令。Reports 菜单中的命令及功能如表 0.3 所示。

表 0.3　Reports 菜单功能

菜　　单	功　　能	菜　　单	功　　能
Bill of Report	材料清单	Cross Reference Report	参照表报告
Component Detail Report	元件详细报告	Schematic Statistics	统计报告
Netlist Report	网络表报告	Spare Gates Report	剩余门电路报告

（10）Options（选项）菜单

Options 菜单用于设置电路的界面和设定电路的某些功能。Options 菜单中的命令及功能如表 0.4 所示。

表 0.4　Options 菜单功能

菜　　单	功　　能	菜　　单	功　　能
Preferences	参数设置	Circuit Restrictions	电路限制设置
Customize	常规命令设置	Simplified Version	简化版本
Global Restrictions	软件限制设置		

（11）Windows（窗口）菜单

Windows 菜单提供窗口操作命令。

（12）Help（帮助）菜单

Help 菜单为用户提供在线技术帮助和使用指导。

2. 工具栏

Multisim 10 常用工具栏如图 0.3 所示，工具栏中各图标名称及功能见图中说明。

图 0.3　Multisim 10 的工具栏

3. 元器件库

Multisim 10 提供了丰富的元器件库，元器件库栏图标和名称如图 0.4 所示。用鼠标左键单击元器件库栏的某一个图标即可打开该元件库。

图 0.4　Multisim 10 的元器件库

元器件库中各个图标所表示的元器件含义如下：

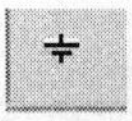

：电源/信号源元件库，包含接地端、直流电压源（电池）、正弦交流电压源、方波（时钟）电压源、压控方波电压源等多种电源与信号源。

：基本元器件库，包含基本虚拟器件、额定虚拟器件、排阻、开关、变压器、非线性变压器、继电器、连接器、插座、电阻、电容、电感、电解电容、可变电容、可变电感等基本元件。

：二极管库，包含虚拟二极管、齐纳二极管、发光二极管、整流器、稳压二极管、可控硅整流管、双向开关二极管、变容二极管等各种二极管。

：晶体管库，包含 NPN 和 PNP 型的各种型号的三极管。

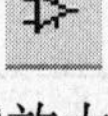

：模拟元器件库，包含虚拟运算放大器、诺顿运算放大器、比较器、宽带放大器、特殊功能放大器。

以上四种元器件库中的虚拟元器件的参数都是可以任意设置的，非虚拟元器件的参数都是固定的，但是可以选择的。

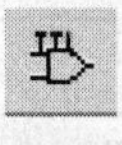

：TTL 元器件库，包含各种 74×× 系列和 74LS×× 系列等 74 系列数字电路器件。

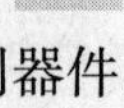

：CMOS 元器件库，包含 40×× 系列和 74HC×× 系列多种 CMOS 数字集成电路系列器件。

:其他数字元器件库,放置杂项数字电路,包含 DSP、FPGA、CPLD、VHDL 等多种器件。

:模数混合元器件库,包含虚拟混合元器件、ADC/DAC、555 定时器及各种模拟开关。

:指示器元件库,包含电压表、电流表、探测器、蜂鸣器、电灯、虚拟灯泡、七段数码管及条形光柱。

:电源元件库,包含三端稳压器、PWM 控制器等多种电源器件。

:杂项库元器件库,包含晶振、滤波器、真空管、开关电源降压转换器、开关电源升压转换器等。

:键盘显示器件库,包含键盘、LCD 等多种器件。

:RF 射频元器件库,包含射频晶体管、射频 FET、微带线等多种射频元器件。

:电机元器件库,包含开关、继电器等多种机电类器件。

:微控制器件库,包含 8051、PIC 等多种微控制器。

:设置层次栏按钮。

:放置总线按钮。

0.2.3　Multisim 10 的虚拟仪器

Multisim 10 提供了许多用于测量电路动作及信号的虚拟仪器,这些仪器的设置和使用就像真实仪器一样。使用虚拟仪器是执行电路的动作及显示仿真结果的简便方法。

使用虚拟仪器的基本方法是:用鼠标单击虚拟仪器库,选中使用的仪器图标,用鼠标将它"拖放"到电路工作区即可,类似元器件的拖放。将仪器图标上的连接端(接线柱)与相应电路的连接点相连,连线过程类似元器件的连线。鼠标左键双击连接在电路中的仪器图标即可打开仪器的面板,可以用鼠标操作仪器面板上相应按钮及参数设置对话窗口的设置数据;打开仿真电源开关后,可测试数据或观察波形。

1. 数字万用表(Multimeter)

数字万用表是一种可以用来测量交直流电压、交直流电流、电阻及电路中两点之间的分贝损耗,自动调整量程的数字显示的多用表。

用鼠标双击数字万用表图标(图 0.5(a)),可以放大的数字万用表面板如图 0.5(b)所示。用鼠标单击数字万用表面板上的设置(Setting)按钮,则弹出参数设置对话框窗口,可以设置数字万用表的电流表内阻、电压表内阻、欧姆表电流及测量范围等参数。参数设置对话框如图 0.6 所示。

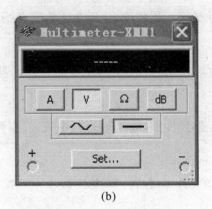

(a)　　　　　　　　　　　　　　　　　(b)

图 0.5　数字万用表图标及面板

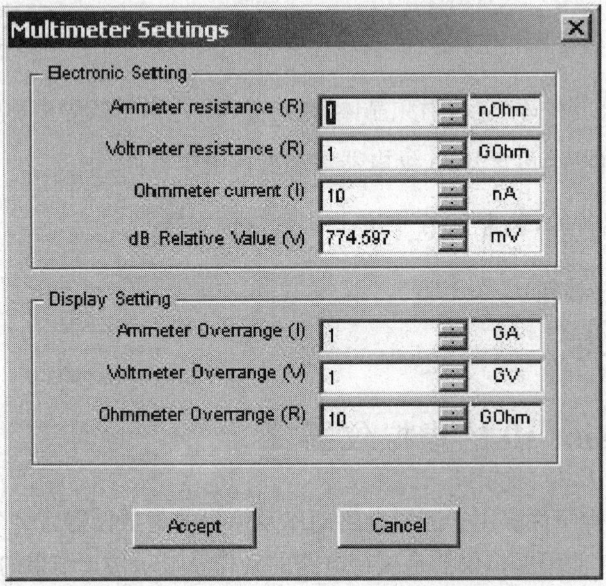

图 0.6　数字万用表参数设置对话框

数字万用表用法与现实中一致：测量电压时，将万用表并联在电路中；测量电流时，将其串入电路中。测量电流时点击 A ，测量交流点击 ～ ，测直流电流则选择 — 。同理，测量电压的操作差不多，如图 0.5(b)所示为测量直流电压。

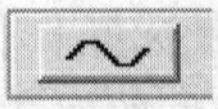

2. 函数信号发生器(Function Generator)

函数信号发生器是可提供正弦波、三角波、方波三种不同波形的信号的电压源。用鼠标双击函数信号发生器图标(图 0.7(a))，可以放大的函数信号发生器的面板如图 0.7(b)所示。

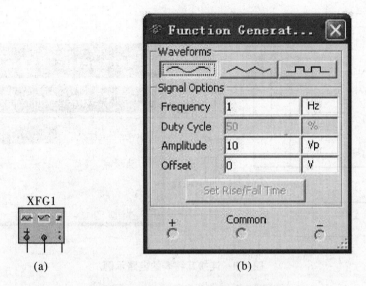

(a)　　　　　　　(b)

图 0.7　函数信号发生器图标及面板

函数信号发生器的输出波形(Waveforms)、工作频率(Frequency)、占空比(Duty Cycle)、幅度(Amplitude)和直流偏置(Offset),可用鼠标来选择波形选择按钮和在各窗口设置相应的参数来实现。频率设置范围为 1 Hz~999 THz;占空比调整值为 1%~99%;幅度设置范围为 1 μV~999 kV;偏移设置范围为 -999~999 kV。

函数信号发生器有三个输出端:信号的公共端(Common)需要连接到接地的元件;正极端子(+)输出的是正向的信号波形,负极端子(-)输出的是反向的信号波形。

3. 瓦特表(Wattmeter)

瓦特表是用来测量功率的仪器,交流或者直流均可测量。瓦特表不仅可以显示功率还可以显示功率因数,功率因数是电压与电流之间的相位角的余弦值。用鼠标双击瓦特表的图标(图 0.8(a)),可以放大的瓦特表的面板如图 0.8(b)所示。电压输入端与测量电路并联连接,电流输入端与测量电路串联连接,连接时应注意极性。图 0.9 所示是一个连接瓦特表的电路示例。

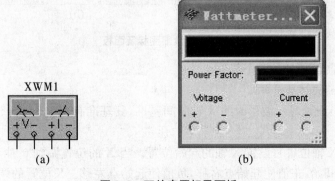

(a)　　　　　　　(b)

图 0.8　瓦特表图标及面板

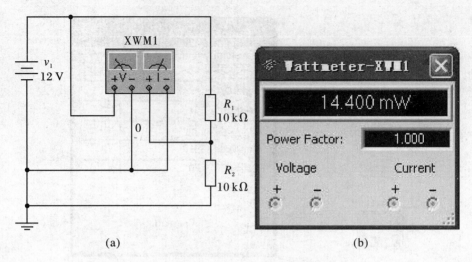

图 0.9 连接瓦特表的电路示例

4. 示波器(Oscilloscope)

示波器是用来显示电信号波形的形状、大小、频率等参数的仪器。示波器图标有四个连接点：A通道输入、B通道输入、外触发端 T 和接地端 G。示波器面板各按键的作用、调整及参数的设置与实际的示波器类似。示波器图标及面板如图 0.10 所示。

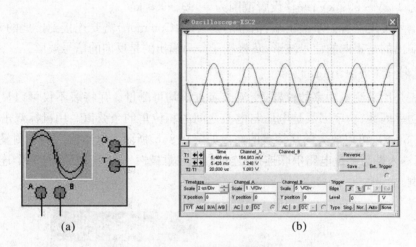

0.10 示波器图标及面板

示波器的控制面板分为四个部分：

(1) Time Base(时基设置)

Scale(量程)：设置显示波形时的 X 轴时间基准，其基准有 0.1 fs/Div～1000 Ts/Div 可供选择。

X position(X轴位置)：设置 X 轴的起始位置。当 X 的位置调到 0 时，信号从波形显示区的最左侧边框开始，正值使起始点右移，负值使起始点左移。X 位置的调节范围为 -5.00 ～ +5.00。

显示方式设置有四种：Y/T 方式指的是 X 轴显示时间，Y 轴显示电压值；Add 方式指的是 X 轴显示时间，Y 轴显示 A 通道和 B 通道电压之和；A/B 或 B/A 方式指的是 X 轴和 Y

轴都显示电压值。

（2）Channel A（通道 A 设置）

Scale（量程）：通道 A 的 Y 轴电压刻度设置，范围为 1 fV/Div～1000 TV/Div，可以根据输入信号大小来选择 Y 轴刻度值的大小，使信号波形在示波器显示屏上显示出合适的幅度。

Y position（Y 轴位置）：设置 Y 轴的起始点位置，起始点为 0 表明 Y 轴和 X 轴重合，起始点为正值表明 Y 轴原点位置向上移，否则向下移。Y 轴位置的调节范围为−3.00～+3.00。改变 A、B 通道的 Y 轴位置有助于比较或分辨两通道的波形。

触发耦合方式：AC（交流耦合）、0（0 耦合）或 DC（直流耦合），交流耦合只显示交流分量，直流耦合显示直流和交流之和，0 耦合在 Y 轴设置的原点处显示一条水平直线。

（3）Channel B（通道 B 设置）

通道 B 的 Y 轴量程、起始点、触发耦合方式等项内容的设置与通道 A 相同。通道 B 的按钮可以对 B 通道的信号进行 180°的反相操作。

（4）Trigger（触发设置）

触发方式主要用来设置 X 轴的触发信号、触发电平及边沿等。

Edge（触发沿）：选择上升沿或下降沿触发。

Level（触发电平）：设置触发信号的电平，使触发信号在某一电平时启动扫描。

触发信号选择：触发信号选择一般选择自动触发（Auto），选择"A"或"B"则用相应通道的信号作为触发信号，选择"EXT"则由外触发输入信号触发，选择"Sing"为单脉冲触发，选择"Nor"为一般脉冲触发。

用鼠标单击相反（Reverse）按钮可以改变屏幕背景颜色，用鼠标单击保存（Save）按钮可以按 ASCII 码格式存储波形读数。

要显示波形读数的精确值时，可用鼠标将垂直光标拖到需要读取数据的位置。显示屏幕下方的方框内显示光标与波形垂直相交点处的时间和电压值，以及两光标位置之间的时间、电压的差值。

虚拟示波器不一定要接地，只要电路中有接地元件便可。单击仿真电源开关，示波器便可马上显示波形，将示波器探头移到新的测试点时可以不关电源。

5. 波特图仪（Bode Plotter）

波特图仪可以用来测量和显示电路的幅频特性（Magnitude）与相频特性（Phase），类似于扫频仪。图 0.11 所示为波特图仪的图标及仪器界面。

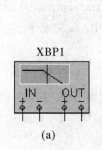

(a)

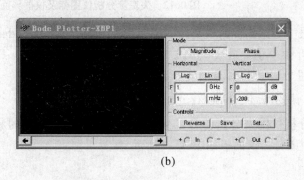

(b)

图 0.11　波特图仪的图标及仪器界面

　　波特图仪可以生成电路中与频率相应的曲线图表,对电路的滤波分析非常有用。波特图仪常用于电路信号电压增益的测试及相位移动的测试。当波特图仪放置并正确连接到电路中时,频谱分析开始执行。

　　波特图仪有 IN 和 OUT 两个端口,对应接到电路输入、输出端口的(＋)端和(一)端。在使用波特图仪时,必须在电路的输入端接入 AC(交流)信号,对频率没有特殊要求,频率测量的范围由波特图仪的参数设置决定。

　　① Mode 栏:用以设置选择屏幕上需显示内容的类型。Magnitude 显示幅频特性曲线,Phase 显示相频特性曲线。

　　② Horizontal 栏:设置 X 轴显示的类型和频率范围。Log 表示坐标以对数(底数为 10)的形式显示,Lin 表示坐标以线性的结果显示。当前测量频率范围宽时采用 Log 较好,反之,采用 Lin 较好。I 和 F 分别对应初始值和最终值。

　　③ Vertical 栏:设置 Y 轴的标尺刻度类型。

　　④ Controls 栏:Reverse 用于设置背景颜色。Save 用于保存。Set 用于设置扫描的分辨率,数值越大分辨率越高。

6. 失真度分析仪(Distortion Analyzer)

　　失真度分析仪是一种测试电路总谐波失真与信噪比的仪器,在用户所制定的基准频率(20 Hz～20 kHz)下,进行电路总谐波失真或信噪比的测量。图 0.12 所示为失真度分析仪图标及仪器界面。

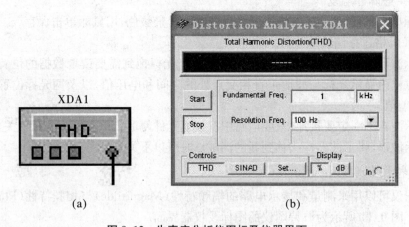

图 0.12　失真度分析仪图标及仪器界面

　　面板最上方给出测量失真度的提示信息和测量值。Fundamental Freq(分析频率)处可以设置分析频率值。在 Control Mode(控制模式)区域中,THD 设置分析总谐波失真,SINAD设置分析信噪比,Settings 设置分析参数。

7. 频谱分析仪(Spectrum Analyzer)

　　频谱分析仪用来分析信号的频域特性,Multisim 提供的频谱分析仪频率范围上限为4 GHz。频谱分析仪面板如图 0.13 所示。

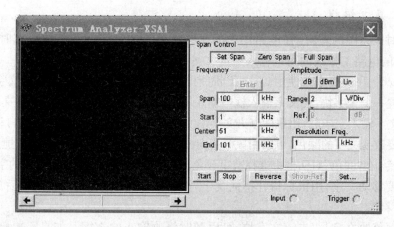

图 0.13　频谱分析仪面板

Span Control 用来控制频率范围,当选择 Set Span 时,频率范围由 Frequency 区域决定;当选择 Zero Span 时,频率范围由 Frequency 区域的 Center 栏位设定的中心频率确定;当选择 Full Span 时,频率范围为 0～4 GHz。

Frequency 用来设定频率:Span 设定频率范围,Start 设定起始频率,Center 设定中心频率,End 设定终止频率。

Amplitude 用来设定幅值单位,有三种选择:dB,dBm,Lin。当选择 dB 时,纵坐标刻度单位为 dB;当选择 dBm 时,纵坐标刻度单位为 dBm;当选择 Lin 时,纵坐标刻度单位为线性。

Resolution Freq. 用来设定频率分辨的最小谱线间隔,简称频率分辨率。

在 Controls 区中,当选择 Start 时,启动分析;当选择 Stop 时,停止分析;当选择 Trigger Set 时,选择触发源是 Internal(内部触发)还是 External(外部触发),选择触发模式是 Continue(连续触发)还是 Single(单次触发)。

频谱图显示在频谱分析仪面板左侧的窗口中,利用游标可以读取其每点的数据并显示在面板右侧下部的数字显示区域中。

0.3　Multisim 10 基本应用

0.3.1　Multisim 10 基本操作

1. 文件基本操作

与 Windows 常用的文件操作一样,Multisim 10 中也有:New(Ctrl＋N)——新建文件,Open(Ctrl＋O)——打开文件,Save(Ctrl＋S)——保存文件,Save As——另存文件,Print (Ctrl＋P)——打印文件,Print Setup——打印设置和 Exit——退出等相关的文件操作。

以上这些操作可以在菜单栏 File 子菜单下选择命令,也可以应用快捷键或工具栏的图标进行快捷操作。

2. 文本基本编辑

为加强对电路图的理解,在电路图中的某些部分添加适当的文字注释有时是必要的。在 Multisim 的电路工作区内可以输入中英文文字,其基本步骤为:

单击 Place→Text 命令或使用 Ctrl＋T 快捷操作,然后用鼠标单击需要输入文字的位置,可以在该处放置一个文字块,在文字输入框中输入所需要的文字,文字输入框会随文字的多少而自动缩放。文字输入完毕后,用鼠标点击文字输入框以外的地方,文字输入框会自动消失。

如果需要改变文字的颜色,可以用鼠标指向该文字块,单击鼠标右键弹出快捷菜单。选取 Pen Color 命令,在"颜色"对话框中选择文字颜色。注意:选择 Font 可改动文字的字体和大小。

如果需要移动文字,用鼠标指针指向文字,按住鼠标左键,移动到目的地后放开左键即可完成文字移动。

如果需要修改文字,双击该文字块,可以随时修改输入的文字。如果需要删除文字,则先选取该文字块,单击右键打开快捷菜单,选取 Delete 命令即可删除文字。

3. 子电路创建

子电路是由用户自己定义的一个电路,可存放在自定义元器件库中供电路设计时反复调用。利用子电路可使复杂系统的设计模块化、层次化,从而提高设计效率与设计文挡的简捷性、可读性,实现设计的重用,缩短产品的开发周期。

首先在电路工作区连接好一个电路,如图 0.14 所示是一个多谐振荡器电路。然后用拖框操作(按住鼠标左键,拖动)将电路选中,这时框内元器件全部选中。用鼠标单击 Place→New Subcircuit 菜单选项,即出现子电路对话框,如图 0.15 所示。输入电路名称如"BX"(最多为 8 个字符,包括字母与数字)后,单击 OK 按钮,生成了一个子电路图标,如图 0.16 所示。用鼠标单击 File→Save 选项,可以保存生成的子电路。用鼠标单击 File→Save As 选项,可将当前子电路文件换名保存。

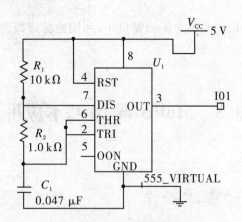

图 0.14　多谐振荡器电路

子电路生成后,单击 Place→Subcircuit 命令或使用 Ctrl＋B 快捷操作,输入已创建的子电路名称"BX",即可使用该子电路。双击子电路模块,在出现的对话框中单击 Edit Subcircuit 命令,屏幕显示子电路的电路图,可直接修改该电路图。

为了能对子电路进行外部连接,需要对子电路添加输入/输出。单击 Place→HB/SB Connecter 命令或使用 Ctrl＋I 快捷操作,屏幕上出现输入/输出符号,将其与子电路的输入/

输出信号端进行连接。带有输入/输出符号的子电路才能与外电路连接。

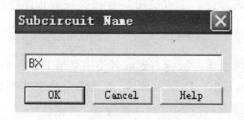

图 0.15　子电路对话框

图 0.16　子电路

0.3.2　电路创建基础

1. 元器件的操作

（1）元器件的放置

在 Multisim 的编辑窗口下,首先在元器件库栏中用鼠标单击包含该元器件的元器件库的图标,打开该元器件库对话框,如图 0.17 所示的是电阻库的对话框。然后从 Component Name List(元器件名字列表)中选出想要的元器件,找到所需元器件之后,点击 OK 键,该元器件即被调入电路图中。此时该元器件随光标移动,移至合适位置时,单击鼠标左键即在该位置放置一个元件。

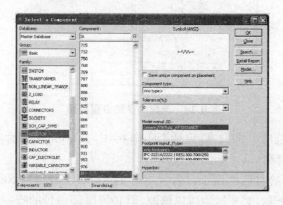

图 0.17　放置元器件窗口

（2）元器件的调整

为了使电路便于连线且图形整齐,需要对元件进行调整,如移动、旋转等。这些都可以利用菜单或工具栏中相应的选项进行,但是首先必须选中要调整的元器件。用鼠标指向该元件,单击左键即可选中该元件,若再选第二个、第三个……可以按住 Shift＋单击鼠标左键即可选中多个元件。也可以将鼠标移动到电路的左上角,按住鼠标左键拉到电路图的右下角形成一个矩形区域,松开鼠标左键则矩形区域内的全部元件被激活。要取消某一个元件的选中状态,只需单击电路工作区的空白部分即可。

用鼠标的左键点击该元器件(左键不松开),拖曳该元器件即可移动该元器件。

对元器件进行旋转或反转操作,需要先选中该元器件,然后单击鼠标右键或者选择菜单 Edit,选择菜单中的 Flip Horizontal(将所选择的元器件左右旋转)、Flip Vertical(将所选择的元器件上下旋转)、90 Clockwise(将所选择的元器件顺时针旋转 90°)、90 CounterCW(将所选择的元器件逆时针旋转 90°)等菜单栏中的命令。也可使用 Ctrl 键实现旋转操作。Ctrl键的定义标在菜单命令的旁边。

(3) 元器件的复制、删除

对选中的元器件进行复制、删除等操作,可以单击鼠标右键或者使用菜单 Edit→Cut(剪切),Edit→Copy(复制)和 Edit→Paste(粘贴),Edit→Delete(删除)等菜单命令来实现(也可直接用键盘上的 Delete 键删除)。

(4) 元器件的参数设置

当元器件放好后,有些器件需要定义模型,如三极管、二极管等,有些元器件的参数可能不符合电路的要求,则可用鼠标指向需要修改的元件,双击鼠标左键会出现一个参数对话框,如图 0.18 所示是电容的参数设置页面。

图 0.18　电容的参数设置页面

对话框具有多种选项可供设置,包括 Label(标识)、Display(显示)、Value(数值)、Fault(故障设置)、Pins(引脚端)、Variant(变量)等。

Label(标识)选项的对话框用于设置元器件的 Label(标识)和 RefDes(编号)。RefDes(编号)是系统自动分配的,必要时也可以修改,但必须保证编号的唯一性。注意,连接点、接地等元器件没有编号。在电路图上是否显示标识和编号可由 Options 菜单中的 Global Preferences(设置操作环境)对话框设置。

Display(显示)选项用于设置 Label、RefDes 的显示方式。该对话框的设置与 Options菜单中的 Global Preferences(设置操作环境)对话框的设置有关。如果遵循电路图选项的设置,则 Label、RefDes 的显示方式由电路图选项的设置决定。

Value(数值)选项可改变元器件的大小及容许误差。

Fault(故障)选项可用于人为地设置元器件的故障(隐含),用于仿真实际电路,共有四种选择:Leakage(漏电),即在选定元件的两个管脚之间接上一个电阻使电流被旁路;Short(短路),即在选定元件的两个管脚之间接上一个小电阻使电流被短路;Open(开路),即在选定元件的两个管脚之间接上一个大电阻使电流被开路;无故障(None),即默认状态。

2. 电路图的连接和节点的使用

(1) 两个元器件的连接

元器件放置完后,需进行连线。用鼠标指向一个元器件的端点使其出现一个小黑点,然后按下鼠标左键并拖动使连线出现,将连线拖到另一个元器件的端点使其出现小黑点,释放鼠标左键,则导线连接完成。连接完成后,导线将自动选择合适的走向,不会与其他元器件或仪器发生交叉。

(2) 两条导线的连接

先在一条导线上插入连接点(可在元件库中找到),然后用鼠标指向该连接点,按下鼠标左键并拖动使连线出现,将连线拖到另一条导线,当导线上出现黑点时放开鼠标左键,则两条导线之间自动接上一条连线。

(3) 连线的改动与删除

将鼠标指向元器件与导线的连接点使其出现一个黑点,按下鼠标左键拖曳该黑点使导线离开元器件端点,释放左键,导线自动消失,完成连线的删除(或用鼠标指向该连线按 DEL 键)。也可以将拖曳移开的导线连至另一个接点,实现连线的改动。

注意:如果将元件或仪器拖回到库中则相应的连线自动断开;如果将仪器删除,相应的连线也自动断开;如果将二端元件删除,连线继续保留并将该元件用短路替代。

(4) 导线的颜色

在复杂的电路中,可以将导线设置为不同的颜色,以利于电路图形的识别。要改变导线的颜色,可用鼠标指向该导线,单击右键出现菜单,选择 Change Color 选项,弹出颜色设置选项对话框,按颜色按钮选择颜色。

(5) 在导线上插入元器件

从打开的元件库中将元器件直接拖曳放置在导线上,然后释放鼠标左键即可在电路中插入元器件。注意:当导线长度较短时,无法在其上插入元件,这时可先将导线拉长,插入元件后再将其缩短。

(6) 节点的使用

"节点"是一个小圆点,点击 Place→Junction 可以放置节点。一个"节点"最多可以连接来自四个方向的导线。可以直接将"节点"插入连线中。在连接元件时,若是 T 型连接则在 T 型的节点上自动加上节点,或在"十"型交叉点上用鼠标拖出节点加上,然后根据需要加上标识和编号。

0.3.3 Multisim 10 的常用电路分析方法

Multisim 10 具有较强的分析功能,用鼠标点击 Simulate(仿真)菜单中的 Analysis(分析)菜单(Simulate→Analysis),可以弹出电路分析菜单。

1. 直流工作点分析(DC Operating Point...)

在进行直流工作点分析时,电路中的交流源将被置零,电容开路,电感短路。

2. 交流分析(AC Analysis...)

交流分析用于分析电路的频率特性。需先选定被分析的电路节点,在分析时,电路中的直流源将自动置零,交流信号源、电容、电感等均处在交流模式,输入信号也设定为正弦波形式。若把函数信号发生器的其他信号作为输入激励信号,在进行交流频率分析时,会自动把它作为正弦信号输入。因此输出响应也是该电路交流频率的函数。

3. 瞬态分析(Transient Analysis...)

瞬态分析是指对所选定的电路节点的时域响应,即观察该节点在整个显示周期中每一时刻的电压波形。在进行瞬态分析时,直流电源保持常数,交流信号源随着时间而改变,电容和电感都是能量储存模式元件。

4. 直流扫描分析(DC Sweep...)

直流扫描分析是利用一个或两个直流电源分析电路中某一节点上的直流工作点的数值变化的情况。注意:如果电路中有数字器件,可将其当作一个大的接地电阻处理。

5. 参数扫描分析(Parameter Sweep...)

参数扫描分析采用参数扫描方法分析电路,可以较快地获得某个元件的参数在一定范围内变化时对电路的影响,相当于该元件每次取不同的值进行多次仿真。对于数字器件,在进行参数扫描分析时将被视为高阻接地。

6. 温度扫描分析(Temperature Sweep...)

采用温度扫描分析可以同时观察到在不同温度条件下的电路特性,相当于该元件每次取不同的温度值进行多次仿真。可以通过"温度扫描分析"对话框,选择被分析元件温度的起始值、终值和增量值。在进行其他分析的时候,电路的仿真温度默认值设定在 27 ℃。

项目 1　LED 照明灯的安装与调试

学习目标

1. 掌握二极管的识别和鉴别方法。
2. 掌握二极管的结构、特性和整流电路的仿真与分析方法。
3. 理解半导体导电原理和二极管电路的一般分析方法。
4. 了解各种二极管应用电路。

模块 1.1　二极管的认识与选择

在电子线路中,我们常常用到晶体二极管这种电子器件,其外形如图 1.1 所示。

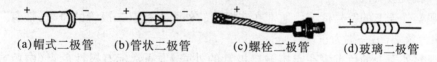

(a)帽式二极管　　(b)管状二极管　　(c)螺栓二极管　　(d)玻璃二极管

图 1.1　晶体二极管

从二极管的外形可见,二极管对外有两个电极,一个称为阳极,也叫正极;另一个称为阴极,也叫负极。这两个电极不可互换。

实训 1.1.1　二极管的特性仿真、测试与元器件检测

 实训目的

① 掌握 Multisim 软件基本使用方法。
② 能够使用 Multisim 软件完成二极管特性测试电路仿真。
③ 能够在面包板上完成二极管特性测试电路连接,并能够利用实验仪器设备完成测试。
④ 掌握二极管的识别和鉴别方法。

 实训环境

① 软件环境:Multisim 软件。

② 硬件环境:计算机、函数信号发生器、毫伏表、毫安表。

 **实训器材**

① 二极管:1N4007×2。

② 电阻:10 kΩ×1。

③ 电位器:R_P=1 kΩ×1。

④ 面包板一块、导线若干等。

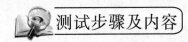 **测试步骤及内容**

1. 二极管识别与检测

(1) 晶体二极管极性的识别

小功率二极管的 N 极(负极)大多在二极管表面采用一种色圈标出来,有些二极管也用二极管专用符号来表示 P 极(正极)或 N 极(负极),也有采用符号标志"P""N"来表示二极管极性的。发光二极管的正负极可从引脚长短来识别,长脚为正,短脚为负。用数字式万用表测二极管时,红表笔接二极管的正极,黑表笔接二极管的负极,此时测得的阻值才是二极管的正向导通阻值,这与机械式万用表的表笔接法刚好相反。

(2) 判别正、负极

① 观察外壳上的符号标记。通常在二极管的外壳上标有二极管的符号,带有三角形箭头的一端为负端,另一端为正端。

② 观察外壳上的色点。在点接触二极管的外壳上,通常标有极性色点(白色或红色)。一般标有色点的一端即为正极。还有的二极管上标有色环,带色环的一端则为负极。

③ 观察玻璃壳内指针。对于点接触二极管,如果标记已模糊不清,可以将外壳上的黑色或白色漆层轻轻刮掉一点,透过玻璃观察二极管的内部结构,有金属触针的一端就是正极。

④ 用万用表测量判别。如图 1.2 所示,将万用表置于 $R×1$ k 挡,先用红、黑表笔任意测量二极管两端子间的电阻值,然后交换表笔再测量一次。如果二极管是好的,两次测量结果必定出现一大一小。以阻值较小的一次测量为准,黑表笔所接的一端为正极,红表笔所接的一端为负极。

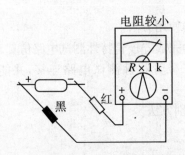

图 1.2　用万用表判别二极管的正、负电极

（3）鉴别二极管质量好坏

检测方法如图1.3所示。

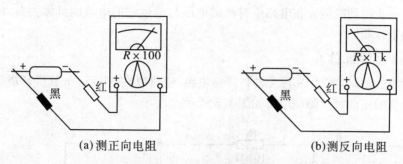

(a)测正向电阻　　　　　　　　　　(b)测反向电阻

图1.3　二极管的质量判别

将万用表置于$R\times100$或$R\times1$k挡，测量二极管的正反向电阻值，完好的锗点接触二极管（如2AP型）正向电阻在1 kΩ左右，反向电阻在300 kΩ以上；硅面接触二极管（如2CP型）的正向电阻在7 kΩ左右，反向电阻为无穷大。总之，二极管的正向电阻越小越好，反向电阻越大越好。若测得的正向电阻太大或反向电阻太小，都表明二极管的检波与整流效率不高。若测得的正向电阻为无穷大，说明二极管的内部断路；若测得的反向电阻接近于零，则表明二极管已经击穿。内部断路或击穿的二极管都不能使用。

（4）检测最高工作频率f_M

晶体二极管的最高工作频率，除了可从有关特性表中查出外，实用中常常观察二极管内部的触丝来加以区分，如点接触型二极管属于高频管，面接触型二极管多为低频管。另外，也可以用万用表的$R\times1$k挡进行测试，一般正向电阻小于1 kΩ的多为高频管。有条件者，还可以将二极管与晶体管收音机中的检波管替换一下进行试验，能使收音机正常收音的则是高频二极管。高频二极管的工作频率一般都在几十MHz以上。

2. 二极管功能仿真

打开Multisim软件，新建"二极管功能仿真电路"的原理图文件，快捷键Ctrl+W选择元件，Indicators→LAMP中选取灯泡，Sources→POWER_SOURCES中选取电源和接地，Diodes→DIODE选取二极管，按照图1.4进行电路连接。点击运行→Run进行电路仿真。

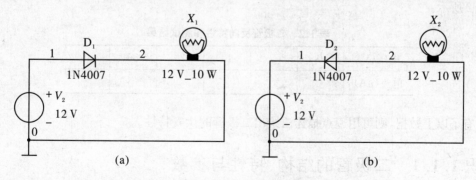

图1.4　二极管功能仿真

通过图1.4电路的仿真可见，当二极管的正极接电源正极时，电路接通，所以灯亮；而当二极管的正极接电源负极时，电路断开，所以灯不亮。

由此可见，二极管有单向导电性，电源方向或二极管方向改变时，就会有不同的导电状态：当二极管正极接电源正极时，即二极管承受正向电压（正偏），二极管导通；当二极管负极接电源正极时，即二极管承受反向电压（反偏），二极管截止。

为了进一步得到二极管在电路中时两端电压与通过它的电流的具体关系，可对二极管的伏安特性进行测试。

3. 二极管特性仿真

二极管特性测试可以用实际元器件搭接电路，也可以在 Multisim 软件环境下连接仿真电路。二极管的正向特性测试电路如图 1.5 所示。

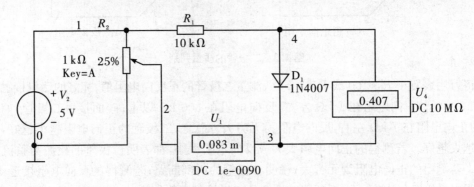

图 1.5　二极管伏安特性仿真

按快捷键 Ctrl＋W 选择元件，右击菜单栏，选择测量元件，选取电压表和电流表。

如图 1.5 所示测试电路中，三端电位器是分压接法，调节电位器阻值大小（即滑动端所在位置的百分比），则可以改变二极管两端电压，并随即观测电流表两端电流值，二者关系如表 1.1 所示。

表 1.1　二极管正向特性的测试结果

电压(V)	0	0.25	0.4	0.5	0.55	0.59
电流(mA)						

将上面电路中的二极管反向旋转后再接入电路，同法测试出二极管的反向特性，结果如表 1.2 所示。

表 1.2　二极管反向特性和测试结果

电压(V)	0	5	10	20	30	40
电流(μA)						

有了以上数据，则可用逐点描述法绘出二极管的伏安特性。

知识 1.1.1　二极管的结构、特性与参数

1. 二极管的结构和类型

二极管是由一个半导体材料制成的特殊的结构——PN 结构，外加管壳封装加固，对外引出两根电极就构成了二极管。

（1）按 PN 结结面结构分类（图 1.6）

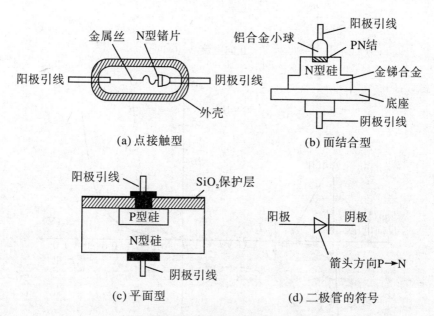

(a) 点接触型　　　　　(b) 面结合型

(c) 平面型　　　　　(d) 二极管的符号

图 1.6　半导体二极管的结构类型和电路符号

点接触型：PN 结结面积小，适用于高频小功率场合；常用于小电流整流和高频检波，也适用于开关电路。

面结合型：PN 结结面积较大，适用于低频较大功率场合；实际常用于整流电路。

平面型：PN 结结面积大，适用于大功率整流场合。

（2）按材料分类

通常可分为硅管和锗管，硅管常适用于较大功率场合，热稳定性较好。锗管的热稳定性较差，常适用于高频小功率场合。

（3）按用途分类

可分为整流二极管、检波二极管、变容二极管、稳压二极管、开关二极管、发光二极管和光电二极管等。

2. 二极管的伏安特性

根据实训 1.1.1 中的测试结果，即根据表 1.1 和表 1.2 中的数据用逐点法在关于伏特安培的坐标系中绘出二极管的伏安特性如图 1.7 所示。

根据二极管的伏安特性曲线，可以得出二极管的伏安特性如下：

① 正向特性分为死区和正向导通区，对硅管来说，死区范围是 $0\sim0.5$ V；而对锗管来说，死区范围是 $0\sim0.1$ V；死区范围内，二极管没有真正导通，所以正向电流非常小，几乎为零；过了死区后，进入二极管的正向导通区，二极管的正向电流随着正向电压的微小增加会迅速增大，如果把导通的二极管看成一个电阻，则电阻值会随电压（电流）的增大而减小。

② 反向特性分为反向截止区和反向击穿区：反向截止区是个很大的电压范围，在这个区域内，二极管的电流（反向电流）非常小，室温下一般硅管的反向饱和电流小于 1 μA，锗管为几十到几百 μA，常把这个电流称为反向漏电流或反向饱和电流，这个电流会随着二极管所处的环境温度的增加而增大；当二极管的反向电压过大时，二极管内会突然出现一个很大

的反向电流,二极管被击穿,一般来说,此时二极管会损坏,所以二极管一般不允许进入此区域。

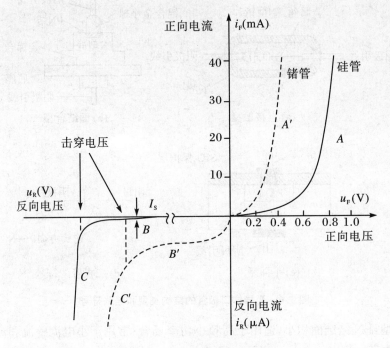

图 1.7　二极管的伏安特性曲线

根据二极管的伏安特性可知,二极管是非线性元件,正向导通时管压降较小(硅管一般在 0.7 V,而锗管一般在 0.3 V),所以理想二极管一般可将管压降忽略不计,在分析二极管应用电路时,理想二极管可近似为闭合的开关或导线。而二极管截止时,由于反向饱和电流很小,所以理想二极管截止时可近似为断开的开关,或近似成电路在二极管处断路。本书中没有特别说明时,二极管均视为理想二极管。

3. 二极管的主要参数

为了正确和安全地使用电子元器件,任何电子元器件工作时都有参数的限制,我们常用元器件的参数来表示元器件的工作性能、极限值或安全工作范围。二极管的主要参数如下:

(1) 最大正向平均电流 I_{FM}

又称最大整流电流,指二极管在一定温度下,长期工作时允许通过的最大正向电流的平均值。如果工作中的实际电流超出这个参数值,则会使二极管因过热而损坏。另外,对于大功率二极管,必须加装散热装置。

(2) 最高反向工作电压 U_{RM}

为了防止二极管反向击穿,我们规定的二极管工作在反向状态时的最高工作电压为 U_{RM}。考虑留有一定的安全余量,一般手册上给出的最高反向工作电压 U_{RM} 为反向击穿电压值的 $1/2\sim1/3$,以保证二极管安全工作。

(3) 反向饱和电流 I_R

指在室温和规定的反向工作电压下(管子未击穿时)的反向电流。二极管工作在反向截止状态时的电流,称为反向饱和电流,又叫反向漏电流。这个值越小,则管子的单向导电性就越好。它随温度的增加而按指数上升。

（4）最高工作频率 f_M

二极管的 PN 结具有一定的结电容，随着工作频率的增加，结电容通交流的能力将上升，这样就影响了二极管的单向导电性，所以这个参数是保证管子具有单向导电性的最高工作频率。

此外，二极管还有其他一些参数，在此不一一罗列了。

4. 二极管的型号与参数

所有的半导体器件都可以根据型号在半导体器件手册中查找其常用的技术参数，以保证正确安全使用元器件。我们的国家标准 GB249—1974 规定，国产半导体器件型号由五部分组成：

第一部分由数字构成：表示电极数目，如 2 表示二极管，3 表示三极管。

第二部分由字母构成：表示管子的材料，以二极管为例，A 表示 N 型锗材料的管子，B 表示 P 型锗材料的管子，C 表示 N 型硅材料的管子，D 表示 P 型硅材料的管子。

第三部分由字母构成：表示管子的类型，如 P 为普通管，Z 为整流管，K 为开关管，W 为稳压管。

第四部分由数字构成：表示半导体器件的序号，序号不同，器件的特性有差别。

第五部分由数字构成：表示半导体器件的规格号，序号相同、规格号不同的器件的特性参数中只有少数几个不同，大部分特性相同。

但要说明的是，手册上所给的参数是在一定测试条件下测得的，应用时要注意这些条件。若条件改变，相应的参数值也会发生变化。表 1.3 给出部分常用二极管的型号与参数。

表 1.3　几种常用二极管的型号与参数表

型　号	最大整流电流 I_{FM}(mA)	最高反向工作电压 U_{RM}(V)	反向饱和电流 I_R(mA)	最高工作频率 f_M(MHz)	用途
2AP1	16	20		150	检波管
2CK84	100	≥30	≤1	150	开关管
2CP31	250	25	≤0.3	150	普通管
2CZ11D	1000	300	≤0.6	150	整流管

目前常用的二极管中还有很多是采用国外晶体管型号命名方法的二极管：

如美国电子工业协会半导体器件命名法或以美国专利在其他国家制造的产品中用"1N"开头的是二极管，如 1N4001、1N4004、1N4008 等，1N 后面的数字表示该器件在美国电子工业协会登记的序号。

日本进口的二极管是以"1S"开头的，如 1S1885，1 表示是二极管，而 S 表示是日本电子工业协会的注册产品。1S 后面的数字部分表示该器件在日本电子工业协会注册登记的序号。登记序号越大，产品就越新。

5. 半导体 PN 结的形成与特性

半导体二极管的结构主要是一个半导体材料的 PN 结，所以我们来认识一下半导体材料以及 PN 结的形成过程。

自然界的物质按导电能力可以分为导体、绝缘体和半导体。半导体的导电能力介于导体与绝缘体之间，但它还有许多特别的性质，所以应用非常广泛。

半导体是一种有时候能导电,有时几乎不导电,容易受到热、光、电、磁、杂质等因素的影响而改变其导电能力的固体材料。半导体具有以下特性:

① 杂敏性。在纯净的半导体中掺入少量的杂质后,会增强它的导电能力,利用掺杂半导体更可以制成半导体器件的重要结构——PN 结,几乎所有的半导体器件都是由 PN 结构成的。

② 热敏性。半导体的导电能力会随着温度的升高而大大增强。以单晶硅为例,在 200 ℃时单晶硅的导电能力比一般室温时增加几千倍。利用半导体的这种特性,可以制成热敏电阻及其他的热敏元件,但也因此使一些半导体器件的性能变得不够稳定。

③ 光敏性。有些类型的半导体在光线的照射下能增强导电能力,利用这种特性,可以制成光敏元件,如光敏电阻、光敏二极管等。利用半导体材料的这个特性,能有效地将光能转化为电能,能充分利用光能这个绿色能源。

（1）掺杂半导体

结构完整、完全纯净的半导体称为本征半导体。常用的半导体材料有硅、锗、砷化镓等。本征半导体的结构稳定,性能稳定,热激发虽然能产生电子和空穴这两种载流子,但因为数量极少,所以导电能力很差,近似绝缘体。只有当半导体中掺入杂质后才能发挥最大的作用。

① P 型半导体。在半导体中掺入少量三价元素后形成的半导体叫做 P 型半导体。这种半导体主要依靠带正电的空穴这种载流子导电,所以称为空穴型半导体。P 型半导体的特点:空穴数量多,电子数量少,空穴被称为多数载流子,而电子被称为少数载流子。

② N 型半导体。在半导体中掺入少量五价元素后形成的半导体称为 N 型半导体。这种半导体主要依靠带负电荷的电子这种载流子导电,所以称为电子型半导体。N 型半导体的特点:电子数量多,空穴数量少,电子被称为多数载流子,而空穴被称为少数载流子。

需要注意的是,N 型半导体或 P 型半导体中载流子(电子和空穴)虽有多少之分,但它们仍然是电中性的。

（2）PN 结的形成

利用一定的工艺方法使 P 型半导体和 N 型半导体结合在一起,由于两种不同类型的半导体中多数载流子的类型不同,所以在 P 型和 N 型半导体的交界面会形成多数载流子的扩散,扩散使得交界面形成一个具有电场作用的空间电荷区,这个内电场促进了少数载流子的漂移运动,当这两个运动达到动态平衡时,就形成了一个稳定的、具有特殊性能的结构,称为 PN 结。

在这个形成过程中,PN 结是个内电场,阻碍多数载流子扩散,所以只有外加电场削弱了内电场,多数载流子才能扩散形成电流,于是 PN 结导通;而一旦外电场加强了内电场,则多数载流子的扩散就受到了阻碍,无法形成多数载流子的扩散电流;虽然少数载流子可以形成漂移电流,但因为少数载流子数量太少,所以电流极其微弱,几乎为零。

因此 PN 结在不同的外加电场的作用下,导电性能不同,这种性能称为单向导电性。

模块 1.2　二极管整流电路

二极管有着特殊的单向导电性,整流是二极管的一大应用。整流电路是一种能量转换电路,能将交流电能转换成直流电能。

整流电路的类型很多,常用的单向整流有半波整流、全波整流和桥式整流。

实训 1.2.1 整流电路的仿真、安装与调试

 **实训目的**

① 了解半波、桥式整流电路的工作原理。

② 掌握整流电路的测试方法。

③ 比较半波整流与桥式整流的特点。

④ 验证半波整流及桥式整流的输入电压有效值与其输出值 U_o 的关系。

实训测试电路

电路如图 1.8 所示。

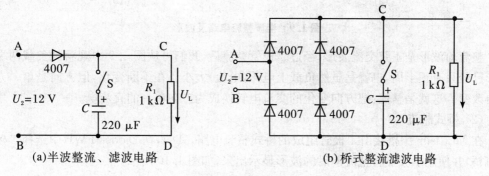

(a)半波整流、滤波电路   (b)桥式整流滤波电路

图 1.8 整流实训电路

实训环境

① 软件环境：Multisim 软件。

② 硬件环境：计算机、低压交流电源(3~24 V)、双踪示波器、万用表等仪器。

实训器材

① 二极管 4007×4。

② 电容器 220 μF。

③ 电阻 1 kΩ。

 **实训步骤及内容**

1. 软件仿真

（1）半波整流

二极管的单向导电性可以形成很多的应用功能，我们可以使用 Multisim 二极管应用电

路进行仿真,观察电路的功能。

在 Multisim 中搭接由二极管组成的半波整流电路,使用示波器将整流前后的波形显示出来,如图 1.9 所示。

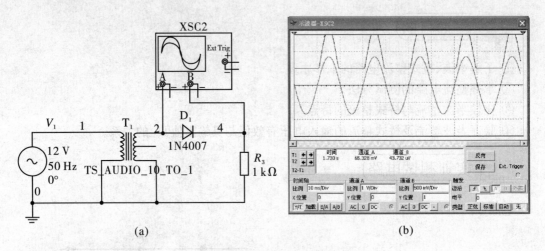

(a)　　　　　　　　　　　(b)

图 1.9　半波整流电路及波形

整流前波形是正弦交流波形,经过二极管整流后,我们可从图 1.9 中观察到负载两端的波形已经只有正半周,也就是虽然负载上电压(电流)大小还在不断变化,但方向是单一方向不再改变。这就是整流:把方向变化的交流电转换成为方向单一的直流电。

(2) 桥式整流

在 Multisim 中搭接由二极管组成的桥式整流电路,其中,在 Diodes-FWB 中选择二极管整流桥,并使用示波器将整流前后的波形显示出来,如图 1.10 所示。

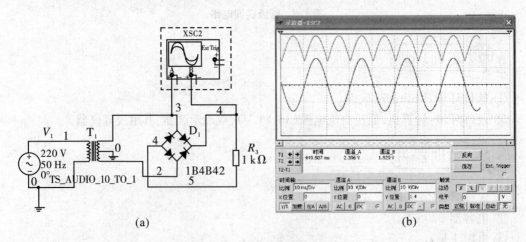

(a)　　　　　　　　　　　(b)

图 1.10　桥式整流电路及波形

电源 v_1 是正弦交流电,经过桥式整流后,如图 1.10 所示负载两端的波形为全波脉动电压,电压方向不再改变。可见经过桥式整流后,交流电转换成方向单一的全波脉动直流电。

2. 实践操作

(1) 半波整流

① 按图 1.8(a)正确连线,其中二极管选择 4007,电容为 220 μF,负载为 1 kΩ。

② 将低压交流电源打向 12 V 位置,用导线接入电路,即 $U_2 = 12$ V。

③ 断开开关 S,用双踪示波器分别测 U_{AB} 和 U_{CD} 波形。根据测量结果,画出输入输出波形(时间轴要对齐)。用万用表的交流电压挡测出电压 $U_{AB} = ($　　$)$ V,用直流电压挡测出输出电压 $U_{CD} = ($　　$)$ V。

(2) 桥式整流

① 按图 1.8(b)正确连线,其中四个二极管均选择 4007,电容为 220 μF,负载为 1 kΩ。

② 将低压交流电源打向 12 V 位置,用导线接入电路,即 $U_2 = 12$ V。

③ 断开开关 S,用双踪示波器分别测 U_{AB} 和 U_{CD} 波形。根据测量结果,画出输入输出波形(时间轴要对齐)。用万用表的交流电压挡测出电压 $U_{AB} = ($　　$)$ V,用直流电压挡测出输出电压 $U_{CD} = ($　　$)$ V。

知识 1.2.1　整流电路的分析与估算

1. 半波整流电路

单向半波整流电路电路图见图 1.9(a),电路中 v_1 是经变压器变压后的正弦交流电源,整流元件为二极管 D_1,整流元件与负载电阻 R_3 直接串联。整流原理:当二极管导通时,负载电路接通;当二极管截止时,负载电路断开,所以实现了负载上获得单一方向直流电的整流结果。

(1) 电路原理分析

具体电路的分析:如图 1.9(a)所示电路中,$v_1 = U_2 \sin \omega t$(V)(习惯上变压器副边电压有效值用 U_2 表示),当交流电处于正半周时,二极管 D_1 受正向电压作用而导通,导通后的二极管可近似为导线,所以负载 R_L 上电压 U_O 对应每一时刻均与电源电压相等;当交流电处于负半周时,二极管 D_1 受反向电压作用而截止,截止二极管视为断路,所以负载 R_L 上电压 U_O 为零。

电源和负载上电压波形如图 1.9(b)所示;整流后,负载 R_L 上获得了半波脉动电压(电流),方向单一,但大小呈正弦半波规律变化。

(2) 整流结果分析

根据非正弦周期量的求均值方法,得到整流后负载 R_L 上平均电压和平均电流为

$$U_O = 0.45 U_2 \tag{1.1}$$

$$I_L = U_O / R_L = 0.45 U_2 / R_L \tag{1.2}$$

在半波整流电路中,二极管与负载是串联关系,流过二极管的电流与负载上的电流完全相同,故工作时二极管上平均电流 I_D 与负载平均电流相等,二极管工作时最高反向电压 U_D 等于电源电压最大值:

$$I_D = I_L = 0.45 U_2 / R_L \tag{1.3}$$

$$U_D = \sqrt{2} U_2 \tag{1.4}$$

(3) 选择整流元件

在半波整流电路中,选择整流元件时按参数选择的规则如下:

二极管最大正向平均电流

$$I_{FM} \geqslant 1.1 I_D \tag{1.5}$$

二极管最高反向工作电压

$$U_{RM} \geqslant 1.1 U_D \qquad\qquad (1.6)$$

2. 桥式整流电路

(1) 电路原理分析

桥式整流电路原理图如图 1.11 所示。

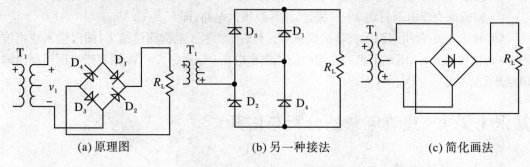

| (a) 原理图 | (b) 另一种接法 | (c) 简化画法 |

图 1.11　桥式整流电路原理图

桥式整流电路由四个二极管构成,如图 1.11(a)所示,这两对二极管成对导通,成对截止,轮流导通,轮流截止。当电源 v_1 处于正半周时,D_1、D_3 导通,而此时 D_2、D_4 截止,电源与负载是通过 D_1、D_3 连接导通,负载上获得如图所示自上而下的电流。当电源 v_1 处于负半周时,D_2、D_4 导通,而此时 D_1、D_3 截止,电源与负载通过 D_2、D_4 连接导通,负载上获得电流的方向仍自上而下。具体波形如图 1.12 所示。

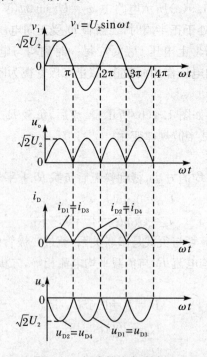

图 1.12　桥式整流电路波形

(2) 桥式整流结果分析

根据非正弦周期量的求均值方法,得到整流后负载 R_L 全波脉动直流电的平均电压和平

均电流为

$$U_O = 0.9U_2 \tag{1.7}$$

$$I_L = U_O/R_L = 0.9U_2/R_L \tag{1.8}$$

在桥式整流电路中,电源的正负半周各有一组二极管与负载相串联,负载在电源一个周期内一直有电流流过,而二极管在一个周期内只有半个周期导通,所以流过二极管的电流等于负载电流的一半,二极管工作时最高反向电压 U_D 等于电源电压最大值:

$$I_D = \frac{1}{2}I_L = 0.45U_2/R_L \tag{1.9}$$

$$U_D = \sqrt{2}U_2 \tag{1.10}$$

(3) 选择整流元件

在桥式整流电路中,选择整流元件时按参数选择的规则如下:

二极管最大正向平均电流

$$I_{FM} \geqslant 1.1I_D \tag{1.11}$$

二极管最高反向工作电压

$$U_{RM} \geqslant 1.1U_D \tag{1.12}$$

模块 1.3 滤 波 电 路

整流电路虽将交流电转换成了脉动直流电,但由于这种直流电中包含交流成分,脉动程度很大,一般不能直接用来给负载供电,要将其中的交流成分滤掉,这种电路称为滤波电路,又称滤波器。

实训 1.3.1 滤波电路的仿真与调试

 实训目的

① 观察半波、桥式整流后电容滤波波形。
② 观察桥式整流后电感滤波波形。
③ 掌握电容、电感滤波电路的测试方法。

 实训测试电路

电路图见图 1.8。

 实训环境

① 软件环境:Multisim 软件。
② 硬件环境:计算机、低压交流电源(3~24 V)、双踪示波器、万用表等仪器。

实训器材

① 二极管 4007×4。

② 电容器 $220~\mu\text{F}$。

③ 电阻 $1~\text{k}\Omega$。

实训步骤及内容

1. 软件仿真

（1）半波整流电容滤波电路

我们用 Multisim 软件对电容滤波电路进行仿真，滤波后的波形如图 1.13 所示。

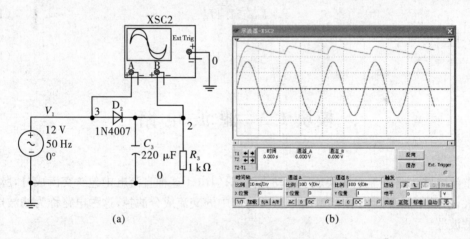

$$(a) \qquad\qquad (b)$$

图 1.13 半波整流电容滤波电路及波形

接入滤波电容后，从图 1.13 可见，与图 1.9 所示整流波形相比较，负载上的电压波形脉动程度大大减小了，而且波形平滑了许多。这就是滤波电路的功能。若在负载两端接入电压表，会观察到负载两端的电压也比滤波前增加了。

（2）桥式整流电容滤波电路

桥式整流后接电容滤波的工作情况与半波整流类似，仿真情况如图 1.14 所示。

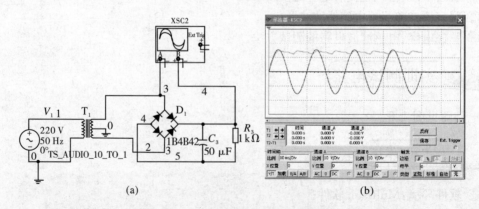

$$(a) \qquad\qquad (b)$$

图 1.14 桥式整流电容滤波电路及波形

桥式整流后接电容滤波电路的工作原理与半波整流电容滤波相似,只是充放电周期比半波整流短,在电源半周期完成一次充放电过程,所以其波形比半波整流电容滤波的波形更加平滑。

(3) 桥式整流电感滤波电路

在桥式整流后接电感滤波的电路及滤波后的波形如图 1.15 所示。

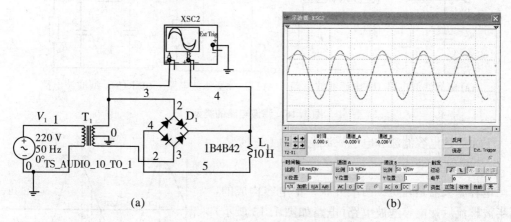

图 1.15　桥式整流电感滤波电路及波形

从图 1.15(b)所示上面的波形图可以看出,电感滤波后波形的脉动程度大大减小了,波形变得平滑,所以达到了滤波的效果。

电感滤波器的工作频率越高、电感量越大,滤波效果越好。电感滤波后负载上的平均电压可用下式估算:

$$U_O = 0.9U_2 \tag{1.13}$$

2. 实践操作

(1) 半波整流滤波

① 按图 1.8(a)正确连线,其中二极管选择 4007,电容为 220 μF,负载为 1 kΩ。

② 闭合开关 S,观察示波器上的输出波形的情况。若改变负载电阻,输出波形又发生怎样的变化?用万用表测出接上电容后的输出电压 $U_{CD} = ($ 　　 $)$ V。

(2) 桥式整流滤波

① 按图 1.8(b)正确连线,其中四个二极管均选择 4007,电容为 220 μF,负载为 1 kΩ。

② 闭合开关 S,观察示波器上的输出波形的情况。若改变负载电阻,输出波形又发生怎样的变化?用万用表测出接上电容后的输出电压 $U_{CD} = ($ 　　 $)$ V。

知识 1.3.1　滤波电路的分析与估算

1. 滤波原理

整流后的脉动直流电之所以脉动程度较大,是因为其成分中包含了大量的交流成分。利用数学原理可将脉动直流电分解为一个直流量和许多频率不同的交流成分的叠加,所以只要我们利用滤波电路滤除脉动直流电中的交流成分,这个直流电的脉动程度就会减小,波形就会平滑。

2. 滤波元件与滤波电路的类型

电容元件和电感元件对交直流能表现出不同的导电性能,所以最适合做滤波元件。因此滤波电路可以分为:电容滤波、电感滤波和复式滤波。

电容具有"通交流阻直流"的特性,而电感具有"通直流阻交流"的特性,所以在组成滤波电路时,它们与负载的连接方式是不同的,具体滤波电路的形式如图 1.16 所示。

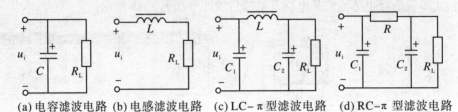

(a)电容滤波电路　(b)电感滤波电路　(c)LC-π 型滤波电路　(d)RC-π 型滤波电路

图 1.16　滤波电路的类型

下面简述电容滤波和电感滤波电路的工作情况。

3. 电容滤波电路

电容滤波器是在负载两端并联一个电容构成的,以半波整流后接电容滤波电路(电路如图 1.13 所示)为例,电源 v_1 的电压波形和负载上输出电压 u_o 的波形如图 1.17 所示,按电容的工作状态将其分段以说明滤波的工作过程:

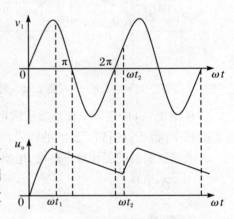

图 1.17　半波整流后接电容滤波波形图

① 在 $0 \sim \omega t_1$ 时间段内,整流二极管受正向电压的作用而导通,电源通过二极管向电容充电,充电到 v_1 最大值后,电容开始放电,由于其最初放电速度过快,v_1 在这个时间段内总体大于 u_C,所以电容仍充电,$u_o = v_1$。

② 在 $\omega t_1 \sim \omega t_2$ 时间段内,由于电容放电速度越来越慢,而 v_1 下降速度越来越快,所以 v_1 在这个时间段内小于 u_C,只要电容充放电常数 RC 足够大,则放电会一直持续到下一个电源周期的到来。

所以滤波后的负载波形如图 1.17 所示,波形的脉动程度大大减小,波形平滑了许多,达到了滤波的目的。

在电容滤波的过程中,时间常数 $\tau = RC$ 的值非常重要,τ 越大,则波形就越平滑。因滤波电路的负载是固定的,所以滤波电容的选取通常要大一些,常选用电解电容。

工程上一般按下式选取滤波电容(式中 T 为交流电源的周期):

半波整流后接电容滤波时

$$R_L C \geqslant (3 \sim 5) T \tag{1.14}$$

桥式整流后接电容滤波时

$$R_L C \geqslant (3 \sim 5) \frac{T}{2} \tag{1.15}$$

由以上分析可知:滤波后负载上输出电压的平均值与时间常数 τ 有关,τ 越大则输出平均值越高,设电源副边电压为 $u_1 = U_2 \sin\omega t (V)$,则:

半波整流后接电容滤波电路的负载上电压的平均值一般取

$$U_O \approx U_2 \tag{1.16}$$

桥式整流后接电容滤波电路的负载上电压的平均值一般取

$$U_O \approx 1.2 U_2 \tag{1.17}$$

选取滤波电容时还需注意电容的耐压值,一般应大于 $\sqrt{2} U_2$。

在半波整流电路后接电容滤波时,由于二极管的储能作用,二极管承受的反向电压的最大值将增大到 $2\sqrt{2} U_2$,选用二极管时要特别注意。

【例 1.1】 在桥式整流电容滤波电路中,已知输出电压为 30 V,输出电流为 0.3 A,交流电源的频率 $f = 50$ Hz,试求:① 变压器二次线圈的有效值;② 选择整流二极管;③ 选择滤波电容。

解:① 变压器二次线圈的有效值

$$U_2 = \frac{U_O}{1.2} = \frac{30}{1.2} = 25 \text{ (V)}$$

② 流过二极管的电流平均值

$$I_D = \frac{1}{2} I_L = 0.3/2 = 0.15 \text{ (A)}$$

二极管上承受的最大反向电压

$$U_D = \sqrt{2} U_2 = 35.4 \text{ (V)}$$

查半导体器件手册可得,型号为 2CP21 二极管最大正向平均电流为 0.3 A,最高反向工作电压为 100 V,满足上面的条件,故选择 4 只 2CP21 二极管作为整流元件。

③ 选择滤波电容
取

$$R_L C \geqslant 5 \times \frac{T}{2}$$

$$R_L = \frac{U_O}{I_O} = \frac{30}{0.3} = 100 \text{ (}\Omega\text{)}$$

由于

$$R_L C \geqslant 5 \times \frac{T}{2} = \frac{5}{2f}$$

所以

$$C = \frac{5}{2f R_L} = \frac{5}{2 \times 50 \times 100} = 500 \text{ (}\mu\text{F)}$$

滤波电容在电路中承受的最高工作电压为

$$U_{CM} = \sqrt{2} U_2 = 35.4 \text{ (V)}$$

可选择 500 μF/50 V 的电解电容。

4. 滤波电路的特点

滤波电路类型很多,除了上述的电容滤波和电感滤波电路外,还有复式滤波,这些电路也各有特点:

① 电容滤波的特点:电容滤波对整流二极管存在着浪涌电流的冲击,只适合负载电流较小的场合。

② 电感滤波主要用于电容滤波难以适应的场合,如大电流负载或负载变化的场合,但由于电感元件体积较大、笨重、成本高,所以常用在较大功率场合。

③ LC-π 型滤波滤波效果好,在负载上能得到非常平滑的直流电,但是滤波器的成本较高,体积较大,对整流二极管存在着浪涌电流的冲击,而且带负载能力较差,适用于要求输出电压的脉动程度小、负载电流不大的场合。

④ RC-π 型滤波器成本低,体积小,滤波效果较好,但由于 R 代替了 L,会使输出电压降低。该滤波器一般适用于输出小电流的场合。

此外,还有 LC 型和 RC 型滤波电路,特点与 π 型滤波器类似。

模块 1.4　稳 压 电 路

实训 1.4.1　稳压电路的安装与调试

 实训目的

① 掌握稳压电路的工作原理。
② 掌握稳压电路的测试方法。
③ 掌握稳压电路的特点。

 实训测试电路

电路图如图 1.18 所示。

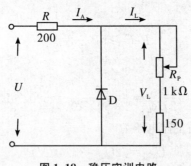

图 1.18　稳压实训电路

 实训环境

① 软件环境:Multisim 软件。
② 硬件环境:计算机、毫安表、电压表、万用表等仪器。

① 稳压管 4735×1。

② 电位器 1 kΩ×1。

③ 电阻 150 Ω×1、200 Ω×1。

① 按图 1.18 正确连线,其中稳压管选择 4735,负载为 150 Ω 电阻串联 1 kΩ 电位器。

② 改变电阻 R_P 使负载电流 I_L=5 mA,10 mA,15 mA,分别测量 V_L,V_R,I_R,填表 1.4。

表 1.4　稳压管测试

I_L(mA)	V_L(V)	V_R(V)	I_R(mA)
5			
10			
15			

注:稳压管测试电路输入电压为交流电经过全波整流并通过电容滤波后的信号。

知识 1.4.1　稳压电路的分析与估算

稳压二极管又称齐纳二极管,简称稳压管,是一种用硅材料制成的具有特殊工艺的平面型晶体二极管。因为它在反向击穿时,只要反向电流不超过某一极限值,管子并不会损坏。稳压二极管的伏安特性与普通二极管基本相似,其主要区别是稳压管的反向特性曲线中反向截止区的范围较小,且反向击穿曲线比普通二极管更陡,正是利用这陡峭的反向击穿特性在电路中起稳压的作用。它广泛应用于稳压电源与限幅电路中。稳压管的电路符号及伏安特性曲线如图 1.19 所示。

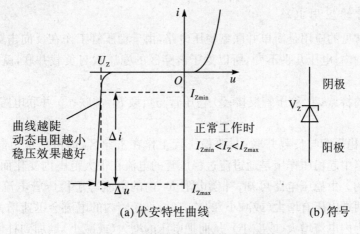

(a) 伏安特性曲线　　　　　　(b) 符号

图 1.19　稳压管的伏安特性曲线及其符号

1. 稳压二极管的主要参数

(1) 稳定电压 U_Z

稳定电压就是稳压管在正常工作时管子两端的电压。半导体器件手册上给出的稳定电压值是在规定的工作电流和温度下测试出来的,由于制造工艺的分散性,即使是同一型号的稳压管其稳压值也可能有所不同,但每个管子的稳压值是一定的。

(2) 稳定电流 I_Z

稳定电流是指当稳压管两端的电压等于稳定电压时,稳压管中通过的反向电流。实际电流低于此值时稳压效果变坏,甚至失去稳压作用,通常要求稳压管的工作电流要大于或等于 I_Z,从而使电路有较好的稳压效果,但管子的功耗将会增加。

(3) 最大稳定电流 I_{ZM}

最大稳定电流是指稳压管的最大允许工作电流,若超过此电流,管子可能会因电流过大造成热击穿而损坏。

(4) 动态电阻 r_Z

动态电阻是稳压管的性能参数,指稳压管正常工作时,其电压的变化量与电流变化量的比值。动态电阻越小,稳压管的稳压性能越好,即 $r_Z = \Delta U_Z / \Delta I_Z$。

(5) 最大耗散功率 P_{ZM}

最大耗散功率是指稳压管不致因过热而损坏的最大功率损耗,有 $P_{ZM} = U_Z I_{ZM}$。

表 1.5 列出了几种常用型号的稳压管的参数。

表 1.5 几种常用稳压管的型号与参数表

型　号	稳定电流 I_Z(mA)	稳定电压 U_Z(V)	最大稳定电流 I_{ZM}(mA)	耗散功率 P_{ZM}(W)	动态电阻 r_Z(Ω)
2CW11	10	3.2~4.5	55	0.25	<70
2CW15	5	7.0~8.5	29	0.25	≤15
2DW7A	10	5.8~6.6	30	0.25	≤25
2DW7C	10	6.1~6.5	30	0.20	≤10

2. 稳压管的应用电路

稳压管最常见的应用是简单并联型稳压电路,由于稳压管工作在反向击穿区时,在很大电流变化的范围内,电压几乎不变,所以处于击穿区的稳压管与负载并联,就可使负载两端电压稳定。

稳压电路的特点:① 稳压管反接;② 稳压管与负载 R_L 并联;③ 并联电路外一定要串联补偿电阻 R_1。

稳压原理:稳压管与负载并联,只要稳压管工作在击穿区,即可保证负载电压的稳定。而稳压管在电路中起稳压作用是通过流过稳压管的电流在很大范围内变化而电压几乎不变的性质来完成的。由稳压电路可知,补偿电阻 R_1 内的电流等于稳压管电流和负载电流之和。当稳压管两端电压有增大(或减小)的趋势时,稳压管内的电流会迅速增大(或减小),从而引起补偿电阻内电流增大(或减小),从而把电压的增大(或减小)量加到补偿电阻上,于是保证了输出电压的稳定。

可见电路中输出电压的稳定是通过稳压管的电流调节和补偿电阻的电压补偿共同完成的。

【例 1.2】　在图 1.20 所示稳压管电路中,已知 $U_1 = 20$ V,稳压管的稳定电压 $U_Z = 5$ V,最小稳定电流 $I_{Zmin} = 5$ mA,最大稳定电流 $I_{Zmax} = 25$ mA,负载电阻 $R_L = 1$ kΩ,试简述稳压原理并计算限流电阻 R 的取值范围。

解　① 由电路可知,$U_O = U_1 - I_R R_L = U_Z$(稳定电压)。

稳压过程描述如下:

$$U_1 \uparrow \to U_O\left(=U_1\frac{R_L}{R+R_L}\right)\uparrow \to I_Z \uparrow \to I_R(=I_Z+I_L)\uparrow$$

$$\to U_R(=I_R R)\uparrow \to U_O(=U_1-U_R)\downarrow$$

反之,U_1 下降时也可维持 U_O 稳定。

可见稳压管的电流调节作用(U_Z 的很小变化能引起 I_Z 的较大变化)和电阻 R 的补偿作用是实现其稳压的关键。

② 为保证稳压管正常工作,则必须满足 $I_{Zmin} < I_Z < I_{Zmax}$,即

$$I_{Zmin} < \frac{U_1-U_Z}{R}-\frac{U_Z}{R_L} < I_{Zmax}$$

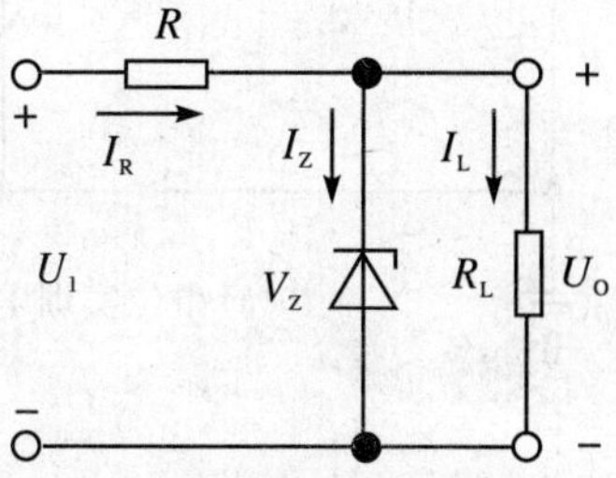

图 1.20

则有

$$R < \frac{U_1-U_Z}{I_{Zmin}+\dfrac{U_Z}{R_L}}, \quad R_{max} = \frac{U_1-U_Z}{I_{Zmin}+\dfrac{U_Z}{R_L}}$$

$$R > \frac{U_1-U_Z}{I_{Zmax}+\dfrac{U_Z}{R_L}}, \quad R_{min} = \frac{U_1-U_Z}{I_{Zmax}+\dfrac{U_Z}{R_L}}$$

得限流电阻 R 的取值:

$$500 \ \Omega < R < 1500 \ \Omega$$

实际使用时取电阻的标称值,并要注意所选取的额定功率要大于计算功率的两倍。

模块 1.5　二极管常用应用电路的仿真与分析

实训 1.5.1　二极管常用应用电路的仿真与测试

 **实训目的**

① 了解钳位电路的工作原理、特点。
② 了解限幅电路的工作原理、特点。

实训测试电路

电路图如图 1.21 所示。

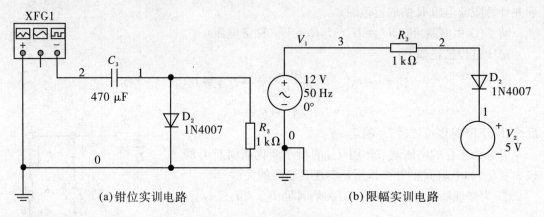

(a)钳位实训电路　　　　　　　　(b)限幅实训电路

图 1.21　钳位、限幅实训电路

实训环境

计算机、Multisim 软件。

实训步骤及内容

1. 钳位电路

在 Multisim 软件环境中连接由二极管和电容组成的钳位电路,仿真,观察负载波形,如图 1.22 所示。

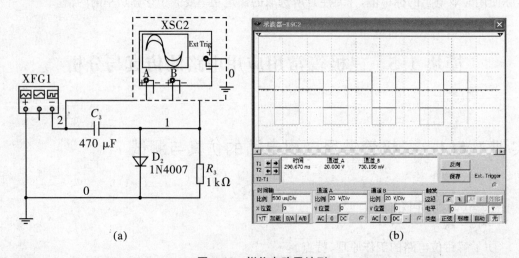

(a)　　　　　　　　　　　　　　　　(b)

图 1.22　钳位电路及波形

钳位电路要求电路中 RC 时间常数远大于电源的周期,于是电路会出现如图 1.22(b)所

示的波形。电源是矩形波,有正负半周,可负载上的波形已经完全被钳制在负半周,但仍然是矩形波,波形规律没有变化。

2. 上限幅电路

在 Multisim 软件环境中连接如图 1.23 所示的限幅电路,用示波器观察输入和输出波形,并比较波形有什么变化。

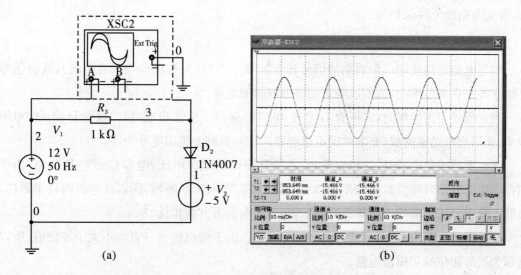

图 1.23　上限幅电路及波形

图 1.23(a)为上限幅电路,输出波形被限制在直流电源电压以下。

3. 下限幅电路

改变二极管、直流电源的方向,电路会变为下限幅电路,仿真电路及波形如图 1.24 所示。

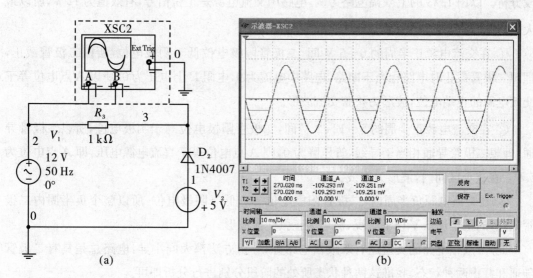

图 1.24　下限幅电路及波形

由图 1.24 可见,下限幅电路中输出波形被限制在直流电源电压以上。

知识 1.5.1　二极管常用应用电路的分析

除整流外,利用二极管的单向导电性还可设计许多其他功能的应用电路:检波、钳位、限幅、开关及电路元件保护等。

1. 钳位电路

钳位电路是指能把一个周期的信号转变为单一方向(只有正向或只有负向),或将信号叠加在某一直流电平上,而不改变它的波形规律的电路。

当电源处于正半周时,二极管 D 导通,电容 C 通过二极管 D 充电,二极管 D 的正向电阻很小,所以充电迅速完成(充电时间可以忽略不计),负载上输出电压为零。

当电源处于负半周时,二极管截止,承受几乎两倍电源电压,电容 C 通过 R 放电,由于钳位电路选取的时间常数 $\tau = RC$ 远大于电源周期,放电速度极慢,所以在电源的负半周内,负载上输出电压近似等于两倍电源电压值,方向与参考方向相反。

于是形成如图 1.22 所示的钳位电路的波形。由于输出信号一直为不大于零的值,所以这称为顶部钳位或正钳位电路。

2. 限幅电路

限幅电路是将输出信号限制在一定范围内变化的电路,常用于波形的整形和波形变换。限幅电路可以分为上限幅电路、下限幅电路和双向限幅电路。

限幅电路中既有交流电源,又有直流电源,还有二极管,所以这种电路在分析时需要分段分析。以图 1.23 的上限幅电路为例,电路中交流电源是正弦信号,有效值为 12 V,所以最大值为 $12\sqrt{2}$ V,直流电源电压为 5 V,分段分析如下:

① 在交流电源正半周的 0~5 V 间,二极管阳极电位低于阴极电位,所以二极管截止,理想二极管截止时电路相当于断路,电路中电流为 0,电阻 R 上电压为 0,所以 A 点电位等于交流电源的正端电位,波形为正弦交流波形。

② 在交流电源正半周的 5~$12\sqrt{2}$ V 间,二极管阳极电位高于阴极电位,所以二极管导通,理想二极管导通相当于导线,管压降为 0,则 A 点电位等于直流电源电压,即 A 点电位为 5 V。在这个区间内,波形为直线。

③ 在交流电源负半周内,二极管阳极电位一直低于阴极电位,所以整个负半周内二极管截止,同正半周 5 V 以下情况,波形为正弦交流波形。

此外,限幅电路的类型还有双限幅电路等,分析方法都大同小异:电路总是具有二极管导通和截止两种状态,找准这两种状态所处的阶段分别进行分析即可。

模块 1.6　LED 照明灯电路的仿真、安装与调试

实训 1.6.1　LED 照明灯电路的安装与调试

 **实训目的**

① 熟悉二极管的特性、参数及使用方法。
② 探索二极管应用电路的设计、仿真与安装的方法。

 **实训要求**

现有六只发光二极管，使用 220 V 交流电源供电，试设计发光二极管的发光电路。

 **实训指导**

① 确定元器件的特性：设计本电路时首先考虑发光二极管的特性与参数，可以通过查阅资料，也可直接测试得到。

② 确定设计电路的方案：考虑发光二极管的单向导电性，使用交流电源供电时，可通过整流滤波稳压变为直流电对发光二极管供电，也可直接利用发光二极管可整流的特性组成电路。

③ 根据电路设计方案，确定方案所需的各元器件数量及其参数，选定适合的元器件。在 EWB 仿真软件中对设计的电路进行仿真测试，如果有需要，则再进行修改。

④ 对最终确定的方案进行电路的安装与调试。

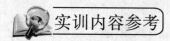 **实训内容参考**

根据实训要求，本电路的设计方案可以有很多，下面提供两种方案，如图 1.25 所示，给大家参考。方案(a)：因发光二极管正向导通时发光，所以可将其分组，在交流电源的正、负半周各有一组 LED 发光，在这个方案中还要注意 LED 承受的反向电压较低和正向导通电流需限流的问题。方案(b)：发光二极管单向导通，所以可直接利用一个整流堆整流后再给发光二极管供电。

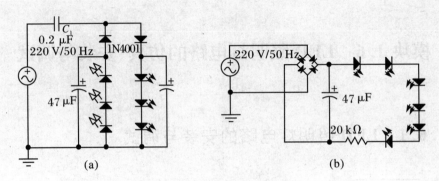

图 1.25　LED 发光电路方案

两种方案比较：(a)方案所用元器件少,电容 C_1 在电路中起限流的作用,且不消耗有功功率,所以电路的功耗低,但 LED 在电源一个周期内只有半个周期工作,所以电路较闪烁。(b)方案所用元器件较多,电路成本比(a)方案高,通过计算本方案电路的功耗较高,但电路经过整流滤波后,LED 发光稳定,不太闪烁了。

电路的设计方案不是唯一的,我们要尽量做到能耗低、降低成本且满足设计要求。

以(a)方案为例,确定电路的参数：

① 二极管的选择：对两只普通二极管没有特殊要求,只是要求耐压值较大,1N4100 即可。其余六只用 LED 管。

② 限流元件的选择：LED 上允许通过的电流很小,所以要加限流电阻,可限流电阻要消耗大量电能,转化为无用的热能,所以考虑用做无功功率的电容代替,以节约电能。电容的容量的选择：

(1) 首先计算出容抗 X_C：

$$X_C = \frac{220 - U_d}{I}$$

其中 U_d 为 LED 和普通二极管的管压降之和,I 为二极管的工作电流,为 5～20 mA,则 X_C 为 10～42 kΩ。

(2) 再算出容量 C：

$$C = \frac{1}{2\pi f X_C}$$

其中 f 为工频 50 Hz,所以能够计算出 C 的范围,为 0.076～0.32 μF,取 C 约为 0.2 μF。

 **电路的安装与调试**

电路器材：二极管两只(1N4100),LED 六只,电容一只(0.2 μF),交流电源一只(220 V)。

在面包板上按图 1.25 连接电路,因电路电源较大,可在电路中串入一较大阻值可调电位器,在连接电路后从最大阻值逐渐减小到 0,观察电路的工作情况,直至 LED 发光,电路正常工作。

电路调试成功后,可制作印制电路板,在印制电路板上焊接电路,实际使用。

资料 1N40××系列二极管及参数

表 1.6 1N40××系列二极管及参数

1N4000 系列普通二极管							
序号	型号	V_{RRM}(V)	I_o(A)	C_J(pF)	I_{FSM}(A)	封装	说 明
001	1N4001	50	1	—	30	DO-41	普通二极管
002	1N4002	100	1	—	30	DO-41	普通二极管
003	1N4003	200	1	—	30	DO-41	普通二极管
004	1N4004	400	1	—	30	DO-41	普通二极管
005	1N4005	600	1	—	30	DO-41	普通二极管
006	1N4006	800	1	—	30	DO-41	普通二极管
007	1N4007	600	1	—	30	DO-41	普通二极管

项 目 小 结

1. 二极管由一个 PN 结构成,具有单向导电特性。二极管因伏安特性是非线性,所以是非线性器件。导通时正向压降硅管约 0.7 V,锗管约 0.3 V,硅管的热稳定性好,而锗管的热稳定性较差。

2. 半导体是一种有着多变导电性的固体材料,导电依靠两种载流子:电子和空穴。N型半导体中电子是多数载流子,P 型半导体中空穴是多数载流子。PN 结具有单向导电特性。

3. 利用二极管的单向导电特性可以设计整流、钳位、限幅等应用电路。其中整流电路最为常用,整流是利用二极管的单向导电性把交流电变成脉动直流电的过程。

4. 滤波电路的作用是使脉动的直流电压变换为较平滑的直流电压。常见的滤波器有电容滤波器、电感滤波器和复式滤波器。

5. 稳压电路的作用是保持输出电压的稳定,不受电网电压和负载变化的影响。最简单的稳压电路是带有稳压管的稳压电路。

6. 特殊类型的二极管有很多,常见的有稳压管、发光二极管、光电二极管等。

习　题

1.1　判断题：

(1) 二极管导通时，电流从负极流出，正极流入。 （　　）

(2) 二极管的反向漏电流越小，二极管的单向导电性就越好。 （　　）

(3) P 型半导体中空穴数大于自由电子数，所以 P 型半导体带正电。 （　　）

(4) 硅二极管和锗二极管在具体性能上是有差异的，所以一般不能相互替换使用。

（　　）

(5) 滤波电路在直流电源中的作用是滤除脉动直流电中的交流成分。 （　　）

(6) 在半波整流加电容滤波的电路中，若滤波电容断开，则输出电压将增加。 （　　）

(7) 所有的二极管，一旦反向击穿，其性能将不能恢复。 （　　）

(8) 硅稳压管工作在其伏安特性的反向击穿区，所以没有单向导电性。 （　　）

(9) 直流电源是一种能量转换电路，它能将交流电能转化成直流电能。 （　　）

(10) 发光二极管是发光元件，所以没有单向导电性。 （　　）

1.2　填空题：

(1) P 型半导体中多数载流子是_____，N 型半导体中多数载流子是_____。

(2) 按 PN 结面积分类，二极管可以分为_____、_____、_____。_____结构二极管比较适用于信号的检波，_____结构二极管比较适用于大功率整流，_____结构二极管比较适用于大功率开关。

(3) 能够把光能转化成电能的二极管是_____，当 PN 结在_____向偏置时，接受光照，就能产生电流。

(4) 稳压管又称为_____二极管，它的反向击穿是_____击穿，所以撤去反向电压，单向导电性能仍可恢复。

(5) 二极管有_____性，当二极管阳极接电源正极时，称二极管承受_____向电压，二极管表现出_____特性。

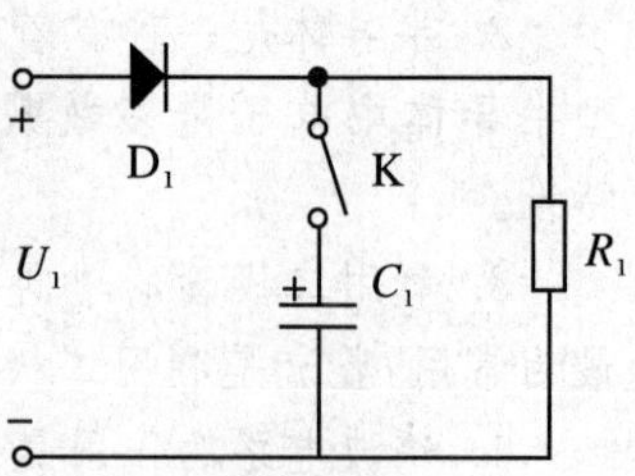

(6) 如图 1.26 所示电路中，若已知 $u_1 = 100\sqrt{2}\sin\omega t$ (V)，开关 K 断开时_____电路，R_1 两端电压平均值为_____V，若开关 K 闭合，则 R_1 上的平均电压将_____，波形将变得_____。

图 1.26

1.3　判断图 1.27 所示电路中哪个电路的指示灯不会亮。

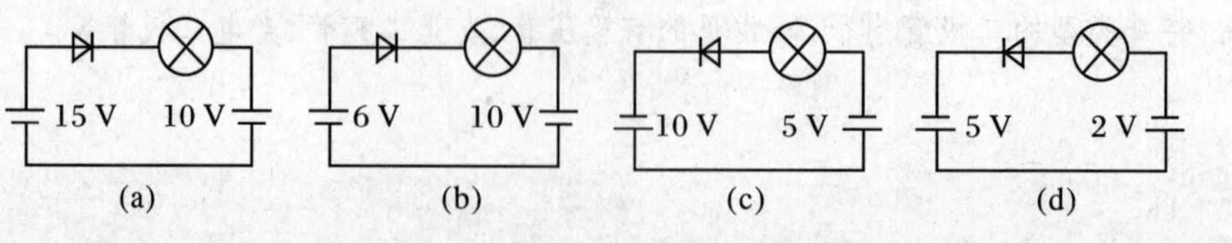

| (a) 15 V 10 V | (b) 6 V 10 V | (c) 10 V 5 V | (d) 5 V 2 V |

图 1.27

1.4　计算图 1.28 所示电路中各个电路的输出电压分别是多少。

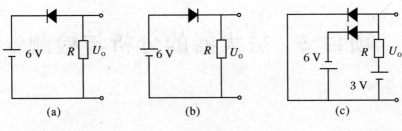

图 1.28

1.5　有两只稳压管,其稳定电压分别为 6 V 和 9 V,以不同方法将其连接在一起,有几种接法,可以达到几种不同的稳压值? 各为多少?

1.6　设图 1.29 所示电路中的二极管均为理想二极管,已知输入电压 $u_i = 10\sin \omega t$ (V),试画出输出电压的波形。

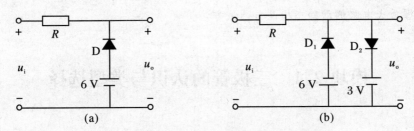

图 1.29

1.7　电路如图 1.30 所示,已知变压器的副边电压有效值为 $2U_2$。(1) 画出二极管 D_1 上电压 u_{D1} 和输出 u_o 的波形;(2) 如果两个二极管中的任意一个反接,会发生什么问题? 如果两个二极管都反接,又会如何?

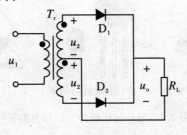

图 1.30

1.8　单相桥式整流电路如图 1.31 所示,已知副边电压 $U_2 = 56$ V,负载 $R_L = 300$ Ω。(1) 试计算二极管的平均电流 I_D 和承受的最高反向电压 U_{DM};(2) 如果某个整流二极管出现断路、反接,会出现什么状况?

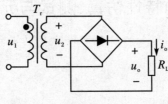

图 1.31

项目 2 放大器的分析与检测

学习目标

1. 掌握三极管的结构、特性和工作条件。
2. 理解三极管放大电路的不同组态及其工作原理。
3. 熟练掌握三极管放大电路的分析方法：静态工作点的估算法和动态电路的微变等效电路法。
4. 掌握三极管的检测方法。
5. 掌握放大电路的动静态检测与调试方法。

模块 2.1 三极管的认识与类型选择

晶体三极管是具有放大作用的半导体器件，简称晶体管。由三极管组成的放大电路应用非常广泛，如收音机、电视机、测量仪器和自动控制设备等。三极管的外形如图 2.1 所示。

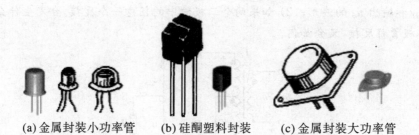

(a) 金属封装小功率管　　(b) 硅酮塑料封装　　(c) 金属封装大功率管

图 2.1　晶体三极管的外形和电路符号

从三极管的外形可以看出，功率大小不同的三极管的体积和封装形式也不一样：中、小功率管多用硅酮塑料封装，而大功率三极管多用金属封装，通常做成扁平形状。晶体三极管有三只引脚，分别叫基极(b)、发射极(e)和集电极(c)，这三只引脚功能不同，不可互换。

实训 2.1.1 三极管的特性仿真、测试与元器件检测

 实训目的

① 掌握三极管简易测试方法。

② 掌握检测三极管好坏的方法。

③ 熟练掌握迅速判断三极管的类型和三极管的电极的方法。

④ 通过仿真测试加深理解三极管的输入输出特性。

 实训测试电路

电路如图 2.2 所示。

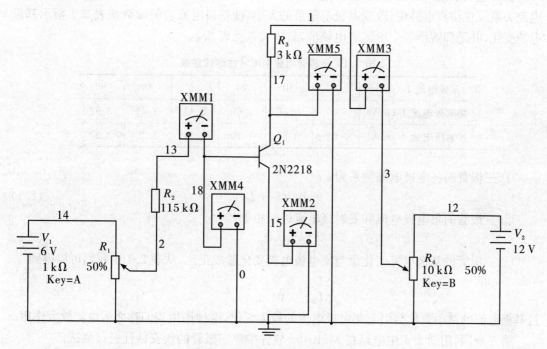

图 2.2　晶体三极管的特性测试

 实训环境

① 软件环境:Multisim 软件。

② 硬件环境:计算机、双路直流稳压电源、晶体管毫伏表、电流表、万用表。

实训器材

① 三极管:若干。

② 电阻:115 kΩ×1,3 kΩ×1。

③ 电位器:R_P=1 kΩ×1,R_P=10 kΩ×1。

④ 面包板一块、导线若干等。

 实训步骤及内容

1. 软件仿真

第一步,首先打开 Multisim 软件,新建一名为"三极管特性测试"的原理图文件,按照图 2.2 正确连接电路,测试三极管的各电极电流关系。

在各电极上接入电流表,改变基极回路的电阻值以改变基极电流,观察三极管的各电极电流关系。在仿真电路中,改变基极电阻值的大小,使基极电流表的读数按表 2.1 所示基极电流变化,并随即观测各个电流表电流值,具体关系见表 2.1。

表 2.1　三极管电极电流特性测试结果

基极电流 $I_B(\mu A)$	0	10	20	30	40	50
集电极电流 $I_C(mA)$	0	0.86	1.68	2.41	3.21	3.92
发射极电流 $I_E(mA)$	0	0.87	1.70	2.44	3.25	3.97

① 三极管的各电极电流关系为

$$I_E = I_C + I_B \tag{2.1}$$

② 三极管的集电极电流和发射极电流近似相等:

$$I_C \approx I_E \tag{2.2}$$

③ 三极管的基极电流变化量与集电极电流变化量成正比,从表 2.1 中我们可以得到

$$\frac{\Delta I_C}{\Delta I_B} \approx \frac{0.8 \text{ mA}}{0.01 \text{ mA}} = 80$$

且基极电流的微小变化会引起集电极电流的较大变化,这种作用我们称之为电流放大作用。

第二步,利用图 2.1 中电路在 Multisim 软件中对三极管的伏安特性进行测试:

① 调节输出回路使 u_{CE} 为定值,测 i_B 随 u_{BE} 变化的数据,并用逐点法描绘出其输入特性曲线。

② 调节输入回路使 i_B 为定值,测得 i_C 随 u_{CE} 变化的数据,并用逐点法描绘出其输出特性曲线。根据绘出的特性曲线图总结三极管的输入输出特性。

2. 实践操作

(1) 三极管管脚识别

常用三极管的封装形式有金属封装和塑料封装两大类。管脚的排列方式是有规律的,一般对于金属圆壳三极管,按底视图位置放置,使三个引脚位于等腰三角形的顶点上,从左向右依次为 e、b、c;有管键的管子,从管键处按顺时针方向依次为 e、b、c,其引脚识别图如图 2.3(a) 所示。一般对于塑料封装三极管,按图使其半圆形朝向自己,三个引脚朝上放置,小功率管从左到右依次为 e、b、c,中大功率管从左到右按 b、c、e 排列,其引脚识别图如图 2.3(b) 所示。

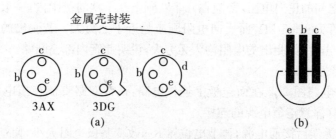

金属壳封装

3AX　　3DG

(a)　　　　　　　　　(b)

图 2.3　三极管引脚识别图

目前,国内各种类型的晶体三极管有许多种,管脚的排列不尽相同,在使用中不确定管脚排列的三极管必须进行测量以确定各管脚正确的位置,或查找晶体管使用手册,明确三极管的特性及相应的技术参数和资料。

(2) 三极管的类型和三个电极的判断

① 基极和管子类型的判断:三极管的集电极与发射极之间为两个反向串联的 PN 结,因此,两个电极之间的电阻很大。将万用表置于 $R \times 1$ k($R \times 100$)挡,如图 2.4 所示,在三极管的三个管脚中任取两个电极,测量它们之间的电阻,正、反向各测一次,总有一次所取两个电极的正反向电阻都很大(中间隔了两个 PN 结),则剩下的那只管脚为基极。三极管的基极找到以后,将万用表的黑表笔(万用表内部电源的正极)搭接在基极上,红表笔搭接在另一管脚上,若测得的电阻值较小(几千欧以下,即为正向电阻),则该管为 NPN 型三极管;若电阻值很大(几百千欧以上,即为反向电阻),该管为 PNP 型三极管。

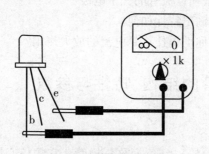

2. 4　三极管引脚识别图

② 集电极和发射极的判断:对于 NPN 类型的管子,当三极管的基极测出来以后,在剩余的两只管脚中任取一只,并假定它为集电极。用手将假定的集电极与基极之间联接起来(相当于在这两个电极间接入了一只 100 kΩ 左右的电阻),万用表置于 $R \times 1$ k 挡,并将黑表笔接于假设的集电极上,红表笔接在假设的发射极上,观察此时万用表的指针偏转情况。再假设另一个脚为集电极,方法同上,再观察此时万用表的指针偏转情况。两次测得的电阻进行比较可得:万用表指针偏转大的(即测得电阻小的)假设正确。

对于 PNP 类型的管子,方法与 NPN 相似,只是万用表笔的接法不同。把假设的集电极接红表笔,假设的发射极接黑表笔。其他同 NPN 型的管子。

注意:测量时,手不要接触管脚,以免接入人体电阻。

(3) 三极管好坏的判别

由于三极管内部是由两个 PN 结构成的,可以用万用表的"欧姆"挡的 $R \times 100$ 或 $R \times 1$ k 挡对三极管的好坏作大致的判断(如图 2.4 所示):无论是基极与集电极之间的正向电阻,还是基极与发射极之间的正向电阻,都应在几千欧到十几千欧的范围内,一般硅管的正向阻值为 6～20 kΩ,锗管为 1～5 kΩ,而反向电阻则应趋近于无穷大。若测出的正反向电阻均为零,说明此管已经击穿;如测出的电阻均为无穷大,说明此管内部已断路。

(4) 三极管特性测试

① 根据实训电路图 2.2 在面包板上连接电路,调节双路直流稳压电源分别为 6 V 和 12 V,并加入电路(注意正负电源的连接)。

② 电路正确无误后接通电源,调节电位器 R_P,改变基极电阻大小,使基极电流表的读数按表 2.1 所示基极电流变化,观测各个电流表电流值,记录在表 2.1 中,与仿真结果进行比较。

③ 利用仪器仪表调节输出回路使 u_{CE} 为定值,测得 i_B 随 u_{BE} 变化的数据,并用逐点法描绘出其输入特性曲线。

④ 利用仪器仪表,调节输入回路使 i_B 为定值,测得 i_C 随 u_{CE} 变化的数据,并用逐点法描绘出其输出特性曲线。根据绘出的特性曲线图总结三极管的输入、输出特性。

如果能提供晶体管测试仪,三极管的输入、输出特性也可由晶体管特性测试仪直接测得。

 实训思考

① 检测三极管好坏时使用什么检测工具?

② 如何判断三极管类型和三极管的三个电极?

③ 总结三极管的输入、输出特性如何?

④ 根据仿真测试结果,你觉得什么是电流的放大作用?

知识 2.1.1　三极管的结构、特性与参数

1. 三极管的结构

晶体三极管又称为半导体三极管,简称三极管。它的核心结构是两个相互靠近并反接的 PN 结,按两个 PN 结的方向不同,可以分为 NPN 型和 PNP 型。它们的结构和电路符号如图 2.5 所示。

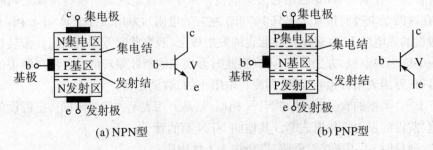

(a) NPN型　　　　　　　　　　(b) PNP型

图 2.5　三极管结构示意图和电路符号

从结构示意图可以看到这两个 PN 结把三极管划分成了三个区,分别是发射区、集电区和基区;从三个区分别引出对应的电极:发射极(用字母 e 表示)、集电极(用字母 c 表示)和

基极(用字母 b 表示);发射区和基区间的 PN 结是发射结,集电区和基区间的 PN 结是集电结。按 PN 结方向不同三极管可分为 PNP 型和 NPN 型,图 2.5 给出了对应的电路符号,可见电路符号中的发射极与集电极的区别是箭头方向不同,电路符号中的箭头方向是三极管发射结导通时的电流方向。

2. 三极管的电流放大作用

基极电流的微小变化会引起集电极电流的较大变化,这种作用我们称之为电流放大作用。利用这种作用三极管能够组成放大电路,用来放大电信号,有放大信号电压的称为电压放大器,有放大信号电流的称为电流放大器,有放大信号功率的称为功率放大器。不论是何种类型的放大器,都有两种状态:静态,指无输入信号的状态,即 $u_i = 0$ 的状态;动态,指放大器正在放大信号的状态,即 $u_i \neq 0$ 的状态,此时三极管内各电极电流是交直流叠加的信号,即动态信号。

三极管电流放大作用的外部工作条件:在外加电压作用下三极管的发射结正偏,集电结反偏,三极管才能具有电流放大作用。由于 PNP 型和 NPN 型管子的 PN 结方向相反,所以具有电流放大作用时的外部电源连接也不一样,电路如图 2.6 所示。

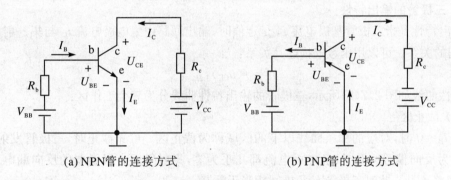

(a) NPN管的连接方式　　　　　　(b) PNP管的连接方式

图 2.6　晶体三极管起电流放大作用时与电源的连接方式

3. 三极管的特性

为了具体表达三极管的电极电流和极间电压的关系,通常用输入特性和输出特性来表示三极管的特性,其输入、输出特性曲线如图 2.7 所示。

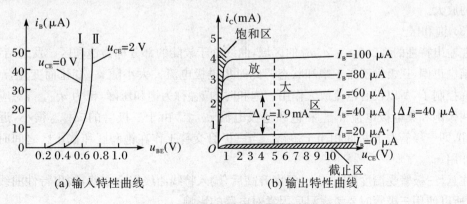

(a) 输入特性曲线　　　　　　(b) 输出特性曲线

图 2.7　三极管的输入和输出特性曲线

1) 三极管的输入特性

输入特性是指当集—射极间的电压 u_{CE} 为定值时,输入回路中基极电流 i_B 与基—射极之间的电压 u_{BE} 之间的关系。可以用函数式描述其关系:

$$i_B = f(u_{BE}) |_{\Delta u_{CE}=0} \tag{2.3}$$

其输入特性曲线如图 2.7(a)所示。

当 $u_{CE} < 1$ V 时,随着 u_{CE} 的增加,特性曲线右移,此时三极管没有放大作用;当 $u_{CE} \geq 1$ V 时,特性曲线几乎不再移动,而固定在 $u_{CE} = 1$ V 的特性曲线上,此时三极管可以具有放大作用,我们一般选用这条 $u_{CE} \geq 1$ V 的曲线来描述三极管的输入特性。

① 当 u_{BE} 很小时,i_B 等于零,三极管处于截止状态。

② 当 u_{BE} 大于开启(门槛)电压(硅管约 0.5 V,锗管约 0.2 V)时,i_B 逐渐增大,三极管开始导通。

③ 三极管导通后,在 i_B 的很大变化范围内,u_{BE} 几乎不变,硅管约为 0.7 V,锗管约为 0.3 V,称为三极管的导通电压。

④ 导通后 u_{BE} 与 i_B 成非线性关系,u_{BE} 微小增加,i_B 迅速增大。

2) 三极管的输出特性

输出特性是指三极管基极电流 i_B 是定值时,输出回路中集电极电流 i_C 与集—射极电压 u_{CE} 之间的关系。可以用函数式描述其关系:

$$i_C = f(u_{CE}) |_{\Delta i_B=0} \tag{2.4}$$

输出特性曲线如图 2.7(b)所示,三极管的输出特性曲线分为三个工作区:

(1) 截止区

当 $i_B = 0$ 时,对应的那条曲线以下的区域称为截止区。可靠截止时,三极管发射结、集电结均为反向偏置。此时,各电极电流都几乎为零,集射极间有极微弱的反向漏电流 I_{CEO}（可以忽略不计），此时三极管 C-E 极间相当于断路。

(2) 放大区

当 $i_B > 0$,$u_{CE} > u_{BE}$ 时,输出特性曲线的近于水平部分的区域称为放大区。发射结正偏,集电结反偏,三极管处于放大状态。此时集电极电流 i_C 的大小受到基极电流 i_B 的控制,几乎与 u_{CE} 无关,具有恒流特性,即具有电流放大作用。依据这个特性可以构成放大电路来进行信号的放大。

(3) 饱和区

在输出特性的 $i_B > 0$,$u_{CE} < u_{BE}$ 的区域,曲线处于较陡的部分称为饱和区。发射结正偏,集电结也正偏,三极管工作于饱和状态。此时集电极电流 i_C 大小随 u_{CE} 变化而变化,i_C 已不再受 i_B 控制了,所以没有电流放大作用。饱和时的 u_{CE} 称为饱和压降,记为 $u_{CE(sat)}$,对应的 i_C 和 i_B 叫做饱和集电极电流 $i_{C(sat)}$ 和饱和基极电流 $i_{B(sat)}$。由于三极管的 $u_{CE(sat)}$ 很小,近似为 $U_{CE} \approx 0$,即三极管 C-E 极间相当于短路。当三极管交替工作在饱和区和截止区之间时具有开关作用。

注意,三极管受温度影响较大,温度升高后,输入特线曲线将会右移,输出特性曲线将会上移,所以使用三极管时要考虑温度因素对电路的影响。

4. 三极管的主要参数

除了用特性曲线表示三极管的特性外,还可以用一些参数来说明三极管的性能优劣和适应范围,这些参数为选用三极管的依据。

1) 共发射极电路的电流放大系数

它是反映晶体三极管的电流放大能力的基本性能参数。

(1) 直流电流放大系数 $\bar{\beta}$(或用 h_{FE} 表示)

对于共发射极放大电路,在静态(无输入信号)情况下,集电极静态电流 I_{C}(输出电流)和基极静态电流 I_{B}(输入电流)的比值,称为共发射极直流电流放大系数(共发射极静态电流放大系数),即

$$\beta = \frac{I_{\text{C}}}{I_{\text{B}}} \tag{2.5}$$

(2) 交流电流放大系 β(或用 h_{fe} 表示)

对于共发射极放大电路,在动态(有输入信号)情况下,基极电流的变化量为 Δi_{B},它引起的集电极电流的变化量为 Δi_{C},Δi_{C} 与 Δi_{B} 的比值称为共发射极交流电流放大系数(共发射极动态电流放大系数),用 β 表示,即

$$\beta = \frac{\Delta i_{\text{C}}}{\Delta i_{\text{B}}} \tag{2.6}$$

直流电流放大系数与交流电流放大系数的含义虽然不同,但两者的数值较为接近,所以在估算时,常用 β 代替 $\bar{\beta}$。常用的小功率三极管,β 约为 20～150。在选用三极管时,若管子的 β 值太大则管子稳定性差,若 β 值太小则电流放大能力较弱,所以应结合电路的要求选取适合的管子。

三极管的电流放大系数 β 随着温度升高而增大。无论是硅管还是锗管,温度每升高 1 ℃,β 相应地增大 0.5%～1%。在三极管的输出特性曲线上表现为曲线间隔变大。

【例 2.1】　已知某三极管的输出特性曲线如图 2.8 所示,当 $u_{\text{CE}} = 3.8$ V,I_{B} 为 20 μA 和 30 μA 时,对应 Q_1 和 Q_2 两点,试求:① Q_1 点的共射直流电流放大系数。② 求 Q_1 和 Q_2 点的交流电流放大系数。

解:① 读图 2.8 可得出 Q_1 在 $I_{\text{B}} = 30$ μA $= 0.03$ mA 的特性曲线上,Q_1 点对应的坐标:(3.8 V,2.3 mA),所以共射直流电流放大系数为

$$\bar{\beta} = \frac{I_{\text{C}}}{I_{\text{B}}} = \frac{2.3 \text{ mA}}{0.03 \text{ mA}} \approx 77$$

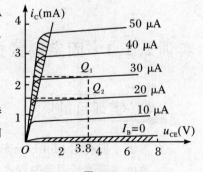

图 2.8

② 读图 2.8 可得 Q_2 点在 $I_{\text{B}} = 20$ μA $= 0.02$ mA 的特性曲线上,Q_2 点对应的坐标:(3.8 V,1.55 mA),由 Q_1 和 Q_2 点坐标可得

$$\beta = \frac{\Delta i_{\text{C}}}{\Delta i_{\text{B}}} = \frac{2.3 - 1.55}{0.03 - 0.02} = 75$$

可见交、直流电流放大系数可由输出特性曲线图直接得出,且两者值近似相等。

2) 极间反向电流

(1) 集电极—基极间的反向电流 I_{CBO}

I_{CBO} 是集电极和基极间的反向饱和电流,它的大小标志着集电结质量的好坏。其值很小,几乎与外加电压无关,但受温度影响大。在室温下,小功率硅管的 I_{CBO} 小于 1 μA,锗管的 I_{CBO} 约为 10 μA。

（2）集电极—发射极间的反向电流 I_{CEO}

I_{CEO} 是基极开路时，集电极与发射极间的反向电流（由于流过了两个反偏的 PN 结，所以又称穿透电流），有 $I_{CEO}=(1+\beta)I_{CBO}$。I_{CEO} 是衡量晶体三极管质量好坏的重要参数之一，其值越小越好。

极间反向电流会随温度增加而增加，是三极管工作状态不稳定的主要因素，因此常把它作为判断管子性能的重要依据。硅管的热稳定性优于锗管，在温度变化范围大的工作环境中应选用硅管。

3）极限参数

（1）集电极最大允许电流 I_{CM}

当集电极电流超过一定值时，三极管的性能开始变差，甚至损坏管子，特别是电流放大系数 β 将下降。使 β 值下降到正常值的 2/3 时的 I_C 值，称为集电极最大允许电流 I_{CM}。当 $I_C > I_{CM}$ 时，并不一定损坏三极管，但 β 值会显著下降，管子的性能变坏。

（2）集电极—发射极间的反向击穿电压 $U_{BR(CEO)}$

$U_{BR(CEO)}$ 是指基极开路时，集电极与发射极之间的最大允许电压。

（3）集电极最大允许耗散功率 P_{CM}

P_{CM} 是指集电结上允许损耗功率的最大值。

由 I_{CM}、$U_{BR(CEO)}$、P_{CM} 共同确定了三极管的安全工作区，如图 2.9 所示。

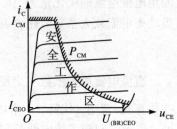

图 2.9

模块 2.2　共发射极放大器的组成、分析与测试

实训 2.2.1　固定偏置式共射放大器的仿真、调试与检测

实训目的

① 熟练掌握利用 Multisim 软件对固定偏置式共射放大器的调试检测方法。
② 熟练掌握测量固定偏置式共射放大器静态工作点和动态特性参数的方法。
③ 加深理解固定偏置式共射放大电路静态工作点与非线性失真之间的关系。

实训测试电路

电路如图 2.10 所示。

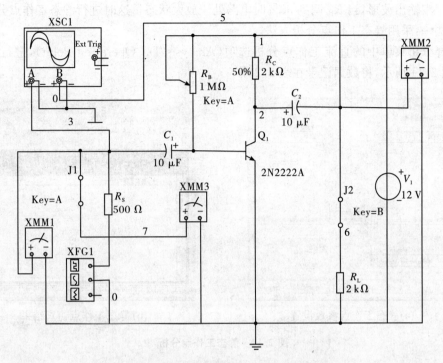

图 2.10　固定偏置式共射基本放大电路

 实训环境

① 软件环境：Multisim 软件。

② 硬件环境：计算机、函数信号发生器、双路直流稳压电源、晶体管毫伏表、万用表、双踪示波器。

 实训器材

① 三极管：2N2222A×1。

② 电阻：2 kΩ×2，500 Ω×1。

③ 电位器：$R_P = 1$ MΩ×1。

④ 电容：10 μF×2。

⑤ 面包板一块、导线若干等。

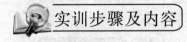 实训步骤及内容

1. 软件仿真

首先打开 Multisim 软件，新建一名为"固定偏置式共射基本放大电路"的原理图文件，按照图 2.10 正确连接电路。设置并显示元件的标号与数值等。

1）静态工作点分析

通过调节放大电路基极电阻 R_B，可改变 U_{BEQ} 的大小，从而改变三极管的静态工作点，用

示波器观察输出波形,当 R_B 调到 50% 时电路处于放大状态。这时进行静态工作点分析。

方法一:采用静态工作点分析方法。

选择分析菜单中的直流工作点分析选项(Analysis/DC Operating Point),进行静态分析,如图 2.11 所示,将数据记录在表 2.2 中。

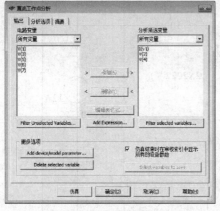

(a)静态工作点参数设置

(b)静态工作点仿真结果

图 2.11　静态工作点分析

表 2.2　静态工作点测量数据记录

实测数据(方法一)		实测数据(方法二)	
U_{BEQ}	661.61644 mV	U_{BEQ}	661.447 mV
U_{CEQ}	4.69481 V	U_{CEQ}	4.722 V
I_{CQ}	3.67527 mA	I_{CQ}	3.639 mA

方法二:用仪表测量电路的静态工作点。

使用仪器库中的数字万用表直接在直流通路(如图 2.12 所示)中测量,将数据记录在表 2.2 中。分析结果表明:此时晶体管 Q_1 工作在放大状态。

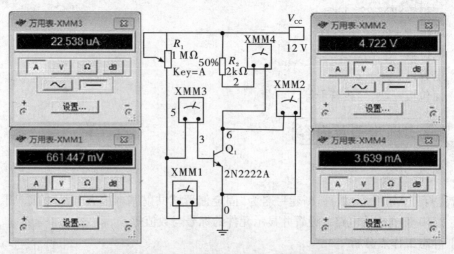

图 2.12　用仪表测量静态工作点的电路图

2) 动态分析

在电路处于放大状态没有非线性失真时,分别测量交流电压放大倍数、输入电阻、输出电阻。

(1) 测量电压放大倍数

方法一:用示波器测量电压放大倍数。

用仪器库的函数发生器为放大器提供幅值为 5 mV,频率为 1 kHz 的正弦输入信号 u_i,用示波器观察输入、输出波形(此时 $R_B = 1\ M\Omega \times 50\% = 500\ k\Omega$),如图 2.13 所示,用公式 $A_u = u_o / u_i$ 算出电路的放大倍数。同时,根据示波器参数的设置和波形的现实可以知道输出信号的最大值。

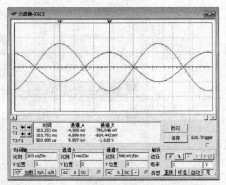 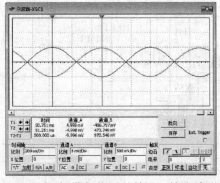

(a) J2断开(不带负载)时的输入、输出波形图　　　(b) J2闭合(带负载)时的输入、输出波形

图 2.13　输入、输出波形

由图 2.13(a)波形图可观察到:A 信号通道的坐标为每格 5 mV,而 B 信号通道的坐标为 500 mV。信号源为 5 mV 的正弦交流信号,经过放大器放大后负载上得到的输出信号放大了 100 倍。具体通过示波器测量,信号约放大了 163 倍。同时输出电压与输入电压成反相相位关系,所以放大倍数为负值。由图 2.13(b)波形图可观察到:A 信号通道的坐标为每格 5 mV,而 B 信号通道的坐标为 500 mV。信号源为 5 mV 的正弦交流信号,经过放大器放大后负载上得到的输出信号放大了 100 倍。具体通过示波器测量,信号约放大了 99 倍。同时输出电压与输入电压成反相相位关系,所以放大倍数为负值。

方法二:用数字万用表的交流电压挡测量。

分别在 J2 断开(不带负载)和 J2 闭合(带负载)两种情况下,使输入的信号源 u_i 频率不变,改变输入信号的峰值分别为 5 mV、10 mV、15 mV、20 mV,用仪器库中的数字万用表的交流挡测量输入电压 u_i 和输出电压 u_o,点击数字万用表 XMM1 和 XMM2 将实际测量数据记录在表 2.3 中。同时,根据 $A_u = u_o / u_i$ 计算出电压放大倍数 A_u 和 A_{uL},将数据记录在表 2.3 中。

表 2.3　实验数据记录表

信号源峰峰值	实测数据			由实测数据计算结果	
u_i (mV)	u_i (mV)	u_o (mV)	u_{oL} (mV)	A_u	A_{uL}
5	3.536	569.817	343.444	161	97
10	7.071	1129	680.497	160	96
15	10.607	1667	1005	157	95
20	14.142	2175	1312	154	93

（2）测量输入电阻 R_i

点击 J1 开关或按键 A，将 J1 开关打开，接入 $R_S=500\ \Omega$ 电阻，在正常放大状态下，用数字万用表 XMM1 的交流电压挡读出输入电压数据，用数字万用表 XMM4 的交流电流挡读出输入电流数据，如图 2.14 所示，通过公式计算：$R_i=\dfrac{U_i}{I_i}=\dfrac{2.628\ \mathrm{mV}}{1.815\ \mu\mathrm{A}}\approx1.45\ \mathrm{k}\Omega$。

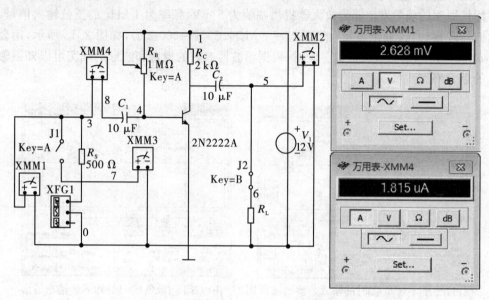

图 2.14　输入电压和输入电流测试结果

（3）测量输出电阻 R_O

用数字万用表的交流电压挡测量 J2 断开（不带负载）时的 U_O，如图 2.15(a)，测量 J2 闭合（带负载）时的 U_{OL}，如图 2.15(b)。两种情况下，分别点击数字万用表 XMM2，读出数据。计算输出电阻为 $R_O=(U_O/U_{OL}-1)\times R_L=(569.817/343.478-1)\times2\ \mathrm{k}\Omega\approx1.3\ \mathrm{k}\Omega$。

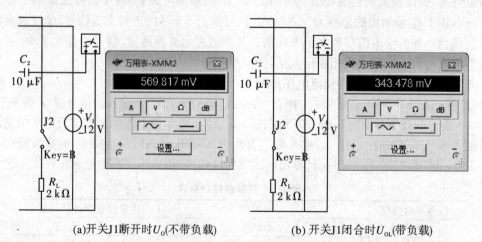

(a)开关J1断开时U_O(不带负载)　　　　　(b)开关J1闭合时U_{OL}(带负载)

图 2.15　带负载和不带负载时输出电压测试结果

3）观察输出电压波形的失真情况

① 在图 2.10 所示的共射极基本放大电路中，偏置电阻 R_B 的阻值大小直接决定了静态

电流 I_C 的大小,保持输入信号不变,改变 R_B 的阻值,观察输出电压波形的饱和失真情况,如图 2.16 所示。

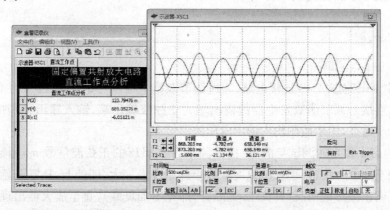

图 2.16　输出电压波形饱和失真及静态工作点(当 $R_B = 1\ \text{M}\Omega \times 10\% = 100\ \text{k}\Omega$ 时的仿真结果)

　　② 输入信号频率不变,增大输入信号幅度,观察输出电压波形的截止失真情况,如图 2.17所示。

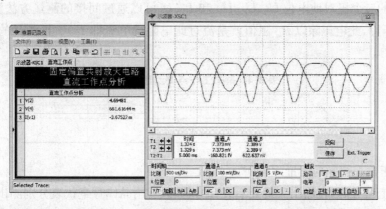

图 2.17　输出电压波形截止失真及静态工作点(输入信号幅度为 $100\ \text{mV}$,$R_B = 1\ \text{M}\Omega \times 50\% = 500\ \text{k}\Omega$ 时的仿真结果)

　　③ 同时观察截止失真和饱和失真情况,并多次仿真分析总结静态工作点与失真之间的关系,如图 2.18 所示。

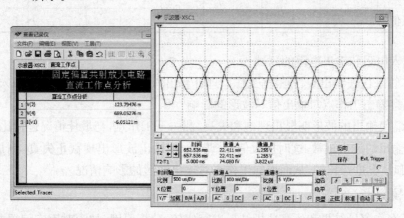

图2.18　输出电压波形失真及静态工作点(输入信号幅度为 $100\ \text{mV}$,$R_B = 1\ \text{M}\Omega \times 10\% = 100\ \text{k}\Omega$ 时仿真结果)

4) 频率响应分析(选做)

选择分析菜单中的交流频率分析项(Analysis/AC Frequency Analysis)进行频率响应分析。

2. 实践操作

(1) 静态工作点的调测

① 根据实训电路图 2.10 连接电路,通过调节双路直流稳压电源为 12 V,加入电路(注意正负电源的连接),调节函数发生器的输出端为正弦波输出端,输入输出分别接双踪示波器的 ch1 和 ch2 通道,用来监测输入输出电压波形情况。

② 最佳静态工作点的调试与测量:接入频率为 1 kHz 的正弦波信号 u_i,函数发生器的正弦波衰减调至 40 dB 位置,正弦波幅度从最小开始慢慢加大,即使 U_i 从零开始慢慢增大,用示波器观察输出波形的情况(开关 J2 先断开,即先不加负载),直至放大器出现失真,这时可以调节电位器 R_B 使失真消失(或改善)。再逐渐加大信号,调 R_B,反复调整,直至输出波形 u_O 最大而不失真为止。此时的工作点就是最佳工作点。

③ 在调好静态工作点的基础上,去掉信号源,将输入端对地短路,用万用表直流电压挡测出三极管的三个极对地电位 U_B、U_C、U_E 和 I_C(I_C 可以通过间接的测量方法测量,即可以测 R_C 上的压降,此电压除以 R_C 阻值就是流过此电阻的电流即 I_C)。把测量的结果记录在表 2.4 中。

表 2.4　静态工作点调测数据记录

参　数	U_B	U_C	U_E	I_C
测量值				

(2) 电压放大倍数的测量

重新接上信号源,在输出为最大不失真的基础上,用晶体管毫伏表分别测出 U_i、U_O。闭合开关 J2 测出 U_{OL}。根据放大倍数的计算公式计算出 A_u 和 A_{uL}。结果记录在表 2.5 中。

表 2.5　放大电路放大倍数和输入输出电阻的测试

参　数	U_S	U_i	U_o	A_u	A_{uL}	R_i	R_o
测量值							

(3) 输入电阻和输出电阻的测试

用晶体管毫伏表测出 U_S。根据工作原理计算出 A_u、A_{uL}、R_i 和 R_o。结果填入表 2.5 中。

(4) 观察静态工作点对输出信号波形的影响

调节 R_B 使输出的波形明显出现饱和失真,测一下工作点,与最佳情况进行比较,然后再调节 R_B 使输出的波形正常,这时加大信号,调 R_B 使输出波形出现截止失真,测量工作点并与正常、饱和情况进行比较,从而可知工作点对输出波形的影响情况。

3. 比较分析

将实践操作测量结果和仿真分析结果进行比较,分析原因,加深对固定偏置共射极基本放大电路的理解。

实训思考

① 通过仿真总结固定偏置共射极基本放大电路的放大性能。

② 静态工作点对固定偏置共射极基本放大电路的放大性能有何影响?

③ 在固定偏置共射极基本放大电路中,偏置电阻 R_B 的大小对输出波形有何影响?

知识 2.2.1　共发射极放大器的组成及性能估算

1. 基本共发射极放大电路的组成

基本共发射极放大电路,又称为固定偏置放大电路,如图 2.19 所示,图(a)、图(b)均为原理图,但在电子线路中,常采用图 2.19(b)的画法,省略电源的符号,用电位的极性和数值来表示电源大小和方向,图中 $+V_{CC}$ 表示这里接直流电源的正极,而电源的负极接在零电位端(即图中标有接地符号"⊥"处)。

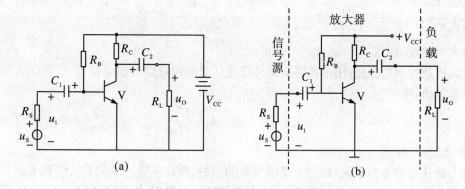

图 2.19　基本共射放大电路的原理图

下面将基本共发射极放大电路的各组成部分的作用简述如下:

① 晶体三极管 V:是放大器的核心器件,起电流放大作用。

② 直流电源 V_{CC}:能为整个电路供能;能提供三极管放大状态所需的直流电压,使发射结正偏,集电结反偏。

③ 集电极负载电阻 R_C:电源通过 R_C 向集电极供电;将三极管的集电极电流变化转化为电压变化,以实现电压放大。

④ 基极偏置电阻 R_B:通过它向三极管的基极提供直流电压和合适的基极偏置电流,有调节静态工作点的作用。

⑤ 耦合电容 C_1、C_2:起隔离直流电,传递交流信号的作用。常使用电解电容,需要注意正负极的连接。

2. 放大电路的主要性能指标

放大电路性能的优劣是用它的指标来表示的。放大器的主要性能指标有放大倍数、输入电阻、输出电阻等。

(1) 放大倍数

放大倍数是衡量放大电路放大能力的指标,规定输出量与输入量之比为放大器的放大

倍数。它有电压放大倍数、电流放大倍数和功率放大倍数等表示方法,其中电压放大倍数应用最多。

放大电路的输出电压 u_o 与输入电压 u_i 之比,称为电压放大倍数 A_u,即

$$A_u = \frac{u_o}{u_i} \tag{2.7}$$

实际应用中,放大器的放大倍数往往较大,有几十万倍甚至上百万倍,所以在工程上常用分贝(dB)来表示放大倍数,称为放大增益,定义如下:

电压增益 $A_u(\mathrm{dB}) = 20\lg|A_u|$;

电流增益 $A_i(\mathrm{dB}) = 20\lg|A_i|$;

功率增益 $A_p(\mathrm{dB}) = 10\lg|A_p|$。

例如,某放大电路的电压放大倍数 $|A_u| = 100$,则电压增益 $A_u(\mathrm{dB})$ 为 40 dB。

【例 2.2】 已知一放大器,输入的正弦交流信号为 10 mV,经放大器放大后得到同频反相的输出信号为 1 V,试计算该放大器的放大倍数和放大增益。

解:输入信号和输出信号由于是同一频率反相的信号,所以 $\frac{u_o}{u_i} = -\frac{U_o}{U_i}$。

放大倍数:$A_u = \frac{u_o}{u_i} = -\frac{U_o}{U_i} = -\frac{1}{0.01} = -100$ 倍。

放大增益:$A_u(\mathrm{dB}) = 20\lg|A_u| = 40$ dB。

放大倍数的测量方法:用示波器或晶体管毫伏表测得电路的输出信号 u_o 和输入信号 u_i 幅值或有效值,则

$$A_u = \frac{U_o}{U_i} \quad \text{或} \quad A_u = \frac{U_{om}}{U_{im}} \tag{2.8}$$

(2) 输入电阻

放大器相对信号源来说,相当于是信号源的负载,所以从输入端向放大电路看进去的等效电阻 R_i 即为信号源的等效负载,称为放大器的输入电阻 R_i,如图 2.20(a)所示,R_i 等于输入电压 u_i 与输入电流 i_i 之比,即

$$R_i = \frac{u_i}{i_i} \tag{2.9}$$

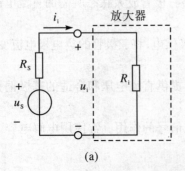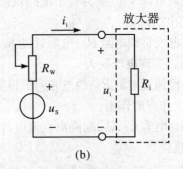

图 2.20　放大电路的输入回路的等效与测量电路

一般当信号源为恒压源时,总是希望放大器输入电阻越大越好,因此可以减小输入电流,减小信号源内阻损耗的压降,使放大器能够从信号源获取更多的信号电压 u_S。

输入电阻测量方法:

方法一,在放大器和信号源之间串入测量用的已知阻值的辅助电阻 R_s,如图 2.20(a)所示,使用毫伏表或示波器测量出 u_s 和 u_i 的值,代入下面的式子:

输入电流

$$I_i = \frac{U_{Rs}}{R_S} = \frac{U_S - U_i}{R_S}$$

则得出输入电阻

$$R_i = \frac{U_i}{I_i} = \frac{U_i R_S}{U_S - U_i} = \frac{R_S}{U_S/U_i - 1}$$

方法二,在放大器和信号源之间串入测量用的已知可调电位器 R_W,如图 2.20(b)所示,使用示波器或毫伏表监测 u_s 和 u_i 的值,当 $u_s = 2u_i$ 时,则 R_i 等于此时对应的 R_W 的阻值。

(3) 输出电阻

放大器可等效为负载的信号源,输出电阻 R_O 就是这个等效信号源的内阻,即从放大器输出端看进去的等效电阻。等效电路如图 2.21(a)所示。

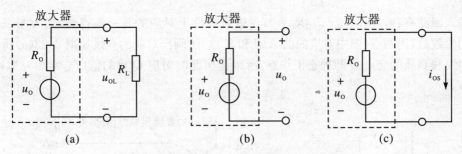

图 2.21　放大器输出电阻的等效电路和测量电路

输出电阻 R_O 应等于在输入信号源电压短路(即 $u_s = 0$),保留 R_S,将 R_L 开路时,由输出端两端向放大电路看进去的等效电阻:

$$R_O = \frac{u_O}{i_O} \tag{2.10}$$

显然,R_O 越小,接上负载 R_L 后输出电压下降越小,说明放大电路带负载能力强,因此,输出电阻反映了放大电路带负载能力的强弱。

输出电阻的测量方法:

方法一,放大电路输出端的等效电路如图 2.21(a)所示,使用毫伏表或示波器测量出 u_O 和 u_{OL} 的值,其中 u_{OL} 为放大电路带负载 R_L 的输出电压,u_O 为放大器输出端开路(即不带负载)时的输出电压。将值代入下式,则得输出电阻:

$$R_O = \left(\frac{u_O}{u_{OL}} - 1\right) R_L \tag{2.11}$$

方法二,如图 2.21(b)和图 2.21(c)测量电路所示,使用交流电流表和毫伏表分别测得放大器输出端负载开路时的开路电压和将负载短路后的短路电流,代入下式,则得输出电阻:

$$R_O = \frac{u_O}{i_{OS}} \tag{2.12}$$

此外,针对不同的应用场合和电路,放大电路还有通频带、非线性失真、最大输出幅值 u_{Omax} 和 I_{Omax}、最大输出功率 P_{Om}、效率 η 等性能指标。

4. 放大电路的工作原理

放大电路的工作有两种状态,一种是静态,即没有输入信号($u_i=0$)时的放大器的状态,此时放大器工作于纯直流的状态下,所有电极电流和极间电压均为直流量。另一种是动态,即接入输入信号后($u_i\neq0$)的放大器的状态,此时放大器工作在交直流叠加的状态,所有电极电流和极间电压均为交直流叠加量。

对于静态工作点正常的放大电路,我们利用三极管的输入输出特性和电路的基尔霍夫定律,以图 2.19 中的基本共射放大电路为例展示放大器放大信号的工作原理。

(1) 静态分析:在输入输出特性曲线中确定出静态工作点

放大电路静态时三极管所处的工作状态称为静态工作点,常用三极管的 I_B、I_C、U_{CE} 来表示,并记为 I_{BQ}、I_{CQ}、U_{CEQ}。如图 2.19 电路所示,静态工作点中 I_B、I_C 和 u_{CE} 是三极管的电极电流和极间电压,所以一定在三极管的特性曲线上。

静态工作点中 I_B、I_C 和 u_{CE} 是输入输出回路中的电流和电压,也一定符合电路的基尔霍夫定律。

输入回路有:$V_{CC}+U_{BEQ}+I_{BQ}R_B=0$,在输入特性上对应的是一条直线,代入图 2.22 电路中的参数后,用两点(图中对应的的 A 点和 B 点)法画出对应的直线如图 2.22(a)所示,则特性曲线和直线的交点 Q 即静态工作点,所以读出此时对应 Q 点的值($I_{BQ}\approx20~\mu A$,$u_{BEQ}=0.78~V$)。

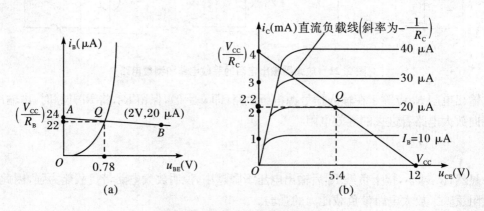

图 2.22　图解法确定静态工作点

在输入回路中确定了 Q 点,对应三极管工作目前对应的 $I_{BQ}\approx20~\mu A$,说明在输出特性曲线中,Q 点一定在 $I_{BQ}\approx20~\mu A$ 的特性曲线上,如图 2.22(b)所示。

根据基尔霍夫定律,输出回路有:$V_{CC}+U_{CEQ}+I_{CQ}R_C=0$,在输出特性上对应的是一条直线,常称为直流负载线,代入电路参数后,用两点法(图中对应的的 A 点和 B 点)画出对应的直线如图 2.22(a)所示,它与 $I_{BQ}\approx20~\mu A$ 的特性曲线的交点就是静态工作点 Q,读图得 Q($I_{CQ}\approx2.2~mA$,$u_{CEQ}=5.4~V$)。

(2) 动态分析:分析信号在放大电路中的工作情况

在电路中加入 $u_i=10~mV$ 的输入信号,则图解分析放大器的信号如图 2.23 所示。

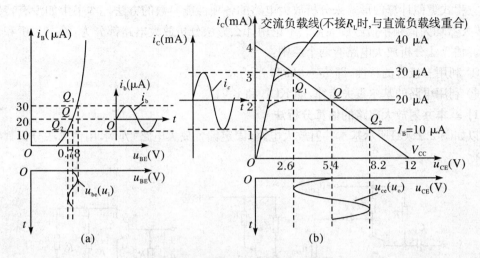

图 2.23　图解法分析动态工作情况

输入信号 u_i 通过输入电容传递到三极管的输入端从而叠加在静态工作下的 U_{BEQ} 值上，形成如图 2.23(a) 中的 $u_{BE}=U_{BEQ}+u_{be}=U_{BEQ}+u_i$。

根据三极管的输入特性，u_{BE} 变化会引起 i_B 的变化，形成图 2.23(a) 中的 $i_B=I_{BQ}+i_b$。

三极管工作在放大区，所以 i_B 的变化引起 i_C 的变化，形成图 2.23(b) 中的 $i_C=I_{CQ}+i_c$。

i_C 的变化使得三极管的工作点在原来 Q 点的基础上沿着交流负载线（放大交流信号时，i_C 和 u_{CE} 满足的电路的基尔霍夫定律的关系所形成的直线，由于斜率由交流等效负载决定，所以称为交流负载线。当输出端不接负载时，交、直流负载线重合）上、下移动，移动范围在如图 2.23(b) 所示的 Q_1 和 Q_2 之间，由这个工作点的移动范围得到输出电压 $u_{CE}=U_{CEQ}+u_{ce}=U_{CEQ}+u_o$。

由上面图解可得，最终输出端得到的交流信号约为 $u_o=2$ V，可见信号被放大了约 200倍。从图解中，我们可以清楚地观察到输入信号和输出信号的相位刚好相反，所以单管共射放大器有倒相作用。

综合上面的分析可以看出，放大电路在设置好合适的静态工作点之后，就可以正常放大交流信号了，具体信号放大的过程和波形变化如图 2.24 所示。

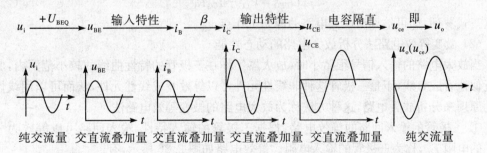

图 2.24　信号放大过程及波形放大过程

5. 放大电路的估算分析法

图解法虽可以清楚直观地描述放大器的工作原理，并能得到放大器的性能指标，但做图分析的过程较为复杂，所以我们分析放大电路时常用估算法，即在低频小信号电路中，通过数学方程式近似计算的形式来分析放大电路的各项性能参数的方法。本书中如没有特别说明,放大器均为低频小信号放大器。不论用什么方法分析放大电路都分为:静态分析和动态分析。估算法分析放大电路有两个原则:

　　① 利用三极管的特性,即 $I_C = \beta I_B$ 和 $i_c = \beta i_b$。

　　② 利用电路的基尔霍夫定律,即 KCL 和 KVL。

1) 基本共射放大电路的估算分析法

　　以如图 2.25(a)所示基本共射放大电路(固定偏置放大电路)为例,用估算法分析其各性能指标。

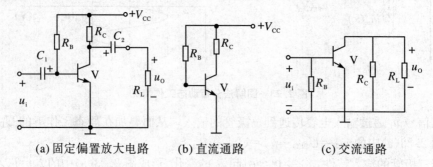

(a) 固定偏置放大电路　　　　(b) 直流通路　　　　(c) 交流通路

图 2.25　放大电路及其直流通路和交流通路

　　(1) 估算法分析静态工作点

　　静态即 $u_i = 0$ 时放大电路的直流通路,如图 2.26(b)所示,输入回路根据 KVL 定律有

$$V_{CC} - I_{BQ}R_B - U_{BEQ} = 0$$

即

$$I_{BQ} = \frac{V_{CC} - U_{BEQ}}{R_B} \tag{2.13}$$

U_{BEQ} 对硅管约取 0.7 V,对锗管约取 0.3 V,当 V_{CC} 较大时 U_{BEQ} 还可以忽略不计。

　　根据三极管的特性有

$$I_{CQ} = \beta I_{BQ} \tag{2.14}$$

输出回路中,根据 KVL 定律有

$$U_{CEQ} = V_{CC} - I_{CQ}R_C \tag{2.15}$$

以上三式罗列,即可估算出放大电路的静态工作点。

　　(2) 微变等效电路法分析放大电路的动态性能

　　当放大电路的输入信号很微小时,放大器工作在三极管的特性曲线的较小范围内,曲线可近似地看成直线,于是三极管这种非线性元件可以等效看成线性元件,从而可以用线性电路的原理来分析放大电路,这种方法称为放大电路的微变等效电路法。

　　① 三极管的输入回路的等效电路:根据三极管的输入特性,输入回路可以等效为一个线性的电阻 r_{be},称为三极管的输入电阻。等效电路如图 2.26 所示,有

$$r_{be} = \frac{\Delta u_{BE}}{\Delta i_B} = \frac{u_{be}}{i_b}$$

输入电阻 r_{be} 是放大电路在交流小信号状态下的等效电阻,所以是只可以用来分析电路的动态工作情况的动态电阻。r_{be} 的值是 Q 点对应的三极管特性曲线的切线斜率的倒数,由 Q 点决定,r_{be} 常用下面的公式来估算:

$$r_{be} = r_{bb'} + (1+\beta)\frac{26\ (mV)}{I_{EQ}\ (mA)} \tag{2.16}$$

式中,$r_{bb'}$ 是晶体三极管基区电阻,低频小功率管约为 300 Ω,r_{be} 与静态电流 I_{EQ} 有关,静态工作点不同,r_{be} 取值也不同。常用低频小功率管的 r_{be} 约为 1 $k\Omega$。

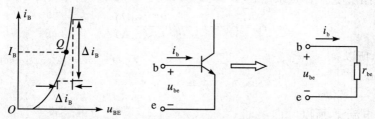

图 2.26　三极管输入回路的等效电路

② 三极管输出回路的等效:小信号放大电路中的三极管工作在输出特性曲线的放大区,此时三极管有 $i_c = \beta i_b$ 的特性,所以可用一个电流源来等效代替,即 i_c 是一个受 i_b 控制的受控电流源,如图 2.27 所示。

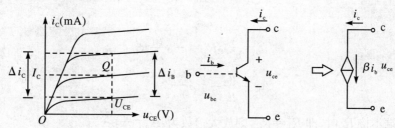

图 2.27　输出回路的等效电路

综上所述,我们可以作出三极管的微变等效电路,如图 2.28 所示。

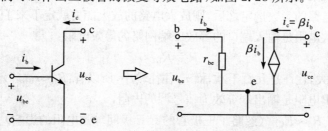

图 2.28　晶体三极管的微变等效电路

③ 电路的动态分析:在求出静态工作点后进行动态分析,首先画出放大电路的微变等效电路,放大电路的微变等效电路是将放大电路的交流通路中的三极管用微变等效电路代替,如图 2.29(a) 所示。

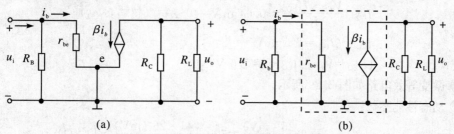

(a)　　　　　　　　　　　　(b)

图 2.29　基本共射放大电路的微变等效电路

由于基本共射放大电路的发射极直接交流接地,所以微变等效电路也可画成如图 2.29(b)所示电路。下面用线性电路的原理分析放大器的动态性能:

已知放大器电路参数、静态工作点、输入信号 u_i,求 u_o、A_u、R_i 和 R_o。

分析过程:由静态工作点求出

$$r_{be} = r_{bb'} + (1+\beta) \frac{26 \ (\text{mV})}{I_{EQ}(\text{mA})}$$

因为 $u_i = i_b r_{be}$,所以

$$i_b = \frac{u_i}{r_{be}}$$

集电极是受控电流源,所以

$$i_c = \beta i_b = \beta \frac{u_i}{R_B}$$

R_L 和 R_C 并联,所以交流等效负载为

$$R_L' = \frac{R_C R_L}{R_C + R_L}$$

所以

$$u_o = -i_c R_L' = -\beta \frac{u_i}{r_{be}} R_L' \qquad (2.17)$$

$$A_{uL} = \frac{u_o}{u_i} = -\beta \frac{R_L'}{r_{be}} \qquad (2.18)$$

当输出端不接 R_L 时,即 $R_L' = R_C$,则放大倍数为:$A_u = -\beta \dfrac{R_C}{r_{be}}$。

可见基本共射放大电路的输出信号与输入信号相位相反,所以 A_u 是负值,放大倍数与输入信号的大小无关,仅与三极管的参数和放大电路的参数有关,输出端不接 R_L 时,A_u 最大。当一个放大电路的参数选定之后,则放大电路的放大能力就定下来了。

放大器的输入电阻是输入端口的等效二端网络的等效电阻:

$$R_i = R_B // r_{be} \qquad (2.19)$$

由于 R_B 的阻值很大,往往是几百千欧,而 r_{be} 往往较小,所以有:$R_i \approx r_{be}$。

放大器的输出电阻是输出端等效为信号源的内阻:

$$R_o \approx R_C \qquad (\text{忽略了三极管的 C-E 极间等效电阻的影响}) \qquad (2.20)$$

【例 2.3】 低频小信号的固定偏置放大电路如图 2.25(a)所示,若已知 $R_B = 300 \ \text{k}\Omega$,$R_C = 4 \ \text{k}\Omega$,$R_L = 4 \ \text{k}\Omega$,$V_{CC} = 12 \ \text{V}$,$U_{BEQ}$ 可忽略不计,三极管的电流放大系数 $\beta = 40$。① 求电路的静态工作点。② 画出微变等效电路。③ 求出放大电路的动态性能参数 A_{uL}、A_u、R_i 和 R_o。

解:① 估算静态工作点:

$$I_{BQ} = \frac{V_{CC} - U_{BEQ}}{R_B} \approx 0.04 \ \text{mA} = 40 \ \mu\text{A} \qquad (\text{忽略 } U_{BEQ})$$

$$I_{CQ} = \beta I_{BQ} = 1.6 \ \text{mA}$$

$$U_{CEQ} = V_{CC} - I_{CQ} R_C = 5.6 \ \text{V}$$

② 微变等效电路如图 2.29 所示。

③ 动态性能参数:

$$r_{be} = r_{bb'} + (1+\beta) \frac{26 \ (\text{mV})}{I_{EQ}(\text{mA})} = 300 + \frac{41 \times 26 \ (\text{mV})}{1.6 \ (\text{mA})} \approx 1 \ (\text{k}\Omega)$$

$$R'_{L} = \frac{R_{C}R_{L}}{R_{C}+R_{L}} = \frac{4 \times 4}{4+4} = 2 \text{ (k}\Omega)$$

$$A_{uL} = \frac{u_{o}}{u_{i}} = -\beta \frac{R'_{L}}{r_{be}} = -\frac{40 \times 2}{1} = -80$$

$$A_{u} = -\beta \frac{R_{C}}{r_{be}} = -\frac{40 \times 4}{1} = -160$$

$$R_{i} = R_{B} // r_{be} \approx r_{be} = 1 \text{ k}\Omega$$

$$R_{o} \approx R_{C} = 4 \text{ k}\Omega$$

知识 2.2.2　直流工作点与放大器非线性失真的关系

放大电路静态时三极管所处的工作状态称为静态工作点,常用三极管的 I_{B}、I_{C}、U_{CE} 来表示,并记为 I_{BQ}、I_{CQ}、U_{CEQ}。没有合适的静态工作点,信号就不能被正常放大。如果 Q 点过高或过低,都将很容易出现非线性失真,即饱和失真或截止失真。常见的非线性失真情况主要有三种(如图 2.30 所示)。

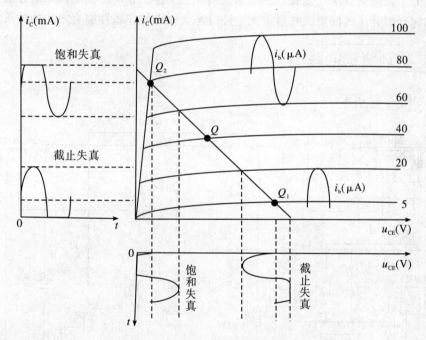

图 2.30　静态工作点选择不合适引起的失真

① u_{o} 顶部失真:输出信号顶部被削平,称为截止失真,主要原因是 Q 点选得过低。

② u_{o} 底部失真:输出信号底部被削平,称为饱和失真,主要原因是 Q 点选得过高。

③ u_{o} 顶部、底部均失真:输出信号的顶部和底部都出现削平,也就是同时出现饱和失真和截止失真,主要原因是输入信号幅度过大。

为了使输出信号 u_{o} 不产生非线性失真,Q 点的选择非常重要,我们一般采取的选择原则是:在不产生失真和保证一定电压增益的前提下,常把 Q 点选得适当低一些。通常 Q 点选在交流负载线中央位置,这时可获得最大的不失真输出,同时可得到最大的动态工作范围,用最大峰—峰值 U_{op-p} 表示。放大电路工作一定要有合适的静态工作点,以避开饱和区和截止区,让输入信号能完整地在放大区被放大,否则会出现饱和失真或截止失真现象。

模块 2.3 分压偏置式共射放大器的组成、分析与检测

实训 2.3.1 分压偏置式共射放大电路仿真、调试与检测

 实训目的

① 通过仿真加深理解分压式偏置式共射放大器的工作原理;掌握分压式偏置共射放大电路的调试检测方法。

② 熟练掌握测量分压式偏置式共射放大器静态工作点和动态性能指标的方法。

③ 加深理解分压式偏置式共射放大电路静态工作点与非线性失真之间的关系。

 实训测试电路

电路如图 2.31 所示。

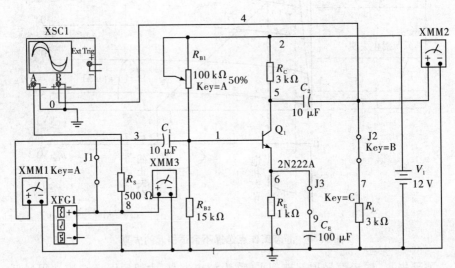

图 2.31 分压偏置式共射基本放大电路

 实训环境

① 软件环境:Multisim 软件。

② 硬件环境:计算机、函数信号发生器、双路直流稳压电源、晶体管毫伏表、万用表、双踪示波器。

 实训器材

① 三极管：2N2222A×1。
② 电阻：3 kΩ×2，500 Ω×1，15 kΩ×1，1 kΩ×1。
③ 电位器：R_P=100 kΩ×1。
④ 电容：10 μF×2，100 μF×1。
⑤ 面包板一块、导线若干等。

 实训步骤及内容

1. 软件仿真

首先打开 Multisim 软件，新建一名为"固定偏置式共射基本放大电路"的原理图文件，按照图 2.31 正确连接电路，设置并显示元件的标号与数值等。三极管为 2N2222A（β=200）。

1）静态工作点分析

通过调节放大电路基极电阻 R_{B1}，可改变 U_{BEQ} 的大小，从而改变三极管的静态工作点，用示波器观察输出波形，当 R_{B1} 调到 50% 时电路处于放大状态，这时进行静态工作点分析。选择分析菜单中的直流工作点分析选项，如图 2.32 所示。将数据记录在表 2.6 中。

　　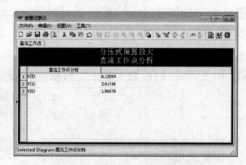

(a) 静态工作点分析设置　　　　　　(b) 静态工作点分析结果

图 2.32　静态工作点分析

表 2.6　静态工作点测量数据记录

U_{BEQ}	U_{CEQ}	I_{CQ}
644.37 mV	4.16115 V	2.14407 mA

分析结果表明：此时晶体管 Q_1 工作在放大状态。

2）动态分析

在电路处于放大状态没有非线性失真时，分别测量交流电压放大倍数、输入电阻、输出电阻。

（1）测量电压放大倍数

用仪器库的函数发生器为放大器提供幅值为 5 mV，频率为 1 kHz 的正弦输入信号 u_i，

用示波器观察输入、输出波形(此时 $R_{\text{Bl}} = 100\ \text{k}\Omega \times 50\% = 50\ \text{k}\Omega$)，如图 2.33 所示，用公式 $A_u = u_o/u_i$ 算出电路的放大倍数。同时，根据示波器参数的设置和波形的现实可以知道输出信号的最大值。

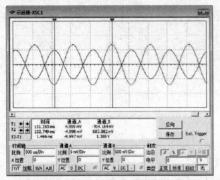

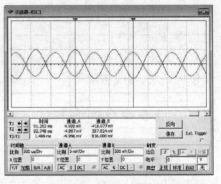

(a)J2断开(不带负载)时的输入、输出波形　　　　(b)J2闭合(带负载)时的输入、输出波形

图 2.33　输入、输出波形

由波形图 2.33(a)可观察到：A 信号通道的坐标为每格 5 mV，而 B 信号通道的坐标为 500 mV。信号源为 5 mV 的正弦交流信号，经过放大器放大后负载上得到的输出信号放大了 100 倍以上。具体通过示波器测量，信号约放大了 140 倍。同时输出电压与输入电压成反相相位关系。

由波形图 2.34(b)可观察到：A 信号通道的坐标为每格 5 mV，而 B 信号通道的坐标为 500 mV。信号源为 5 mV 的正弦交流信号，经过放大器放大后负载上得到的输出信号放大了 100 倍以上。具体通过示波器测量，信号约放大了 87 倍。同时输出电压与输入电压成反相相位关系。

点击 J3，使 J3 开路，测量当电容 C_E 开路时，电压放大倍数：当电容 C_E 开路时，数字万用表 XMM1 和 XMM2 的读数见图 2.34，根据测量结果计算电压放大倍数为

$$A_{\text{uL}} = \frac{u_o}{u_i} = \frac{5.156}{3.536} \approx 1.46$$

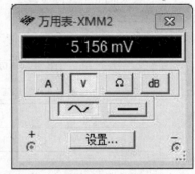

(a) XMM1读数　　　　　　　　(b) XMM2读数

图 2.34　电容 C_E 开路时数字万用表的读数

(2) 测量输入电阻 R_i

在正常放大状态下，用数字万用表 XMM1 的交流电压挡读出电压数据，改变 XMM1 为

串联接法，用交流电流挡测得电流数据，如图 2.35 所示，通过公式计算：

$$R_i = \frac{U_i}{I_i} = \frac{2.839 \text{ mV}}{1.397 \text{ μA}} \approx 2.032 \text{ kΩ}$$

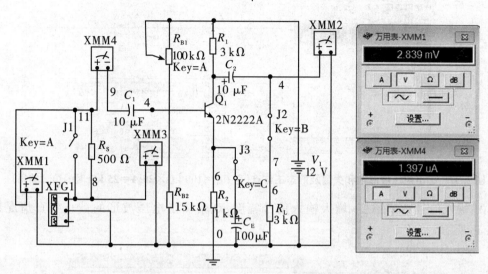

图 2.35　输入电压和输出电流测试结果

（3）测量输出电阻 R_O

如图 2.36 所示，用数字万用表的交流电压挡测量 J1 断开（不带负载）时的 U_O 和 J1 闭合（带负载）时的 U_{OL}，两种情况下，分别点击数字万用表 XMM2，读出数据。

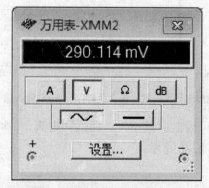

(a)开关J1断开时U_O(不带负载)　　　　(b)开关J1闭合时U_{OL}(带负载)

图 2.36　带负载和不带负载时输出电压测试结果

计算输出电阻为

$$R_O = (U_O/U_{OL} - 1) \times R_L = (493.13/290.114 - 1) \times 3 \text{ kΩ} \approx 2.1 \text{ kΩ}$$

3）观察输出电压波形的失真情况

① 保持输入信号不变，改变 R_{B1} 的阻值，观察输出电压波形的饱和失真情况，如图 2.37 所示。

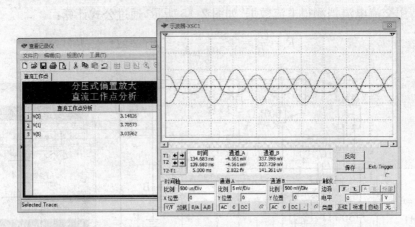

图 2.37　输出电压波形饱和失真及静态工作点(当 $R_{B1}=100\ \text{k}\Omega\times25\%=25\ \text{k}\Omega$ 时的仿真结果)

　　② 输入信号频率不变,增大输入信号幅度,观察输出电压波形的截止失真情况,如图 2.38 所示。

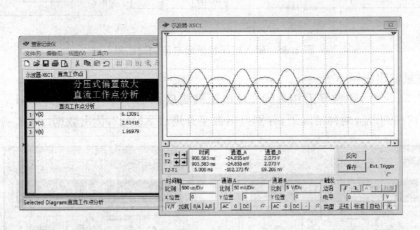

图 2.38　输出电压波形截止失真及静态工作点(输入信号幅度为 50 mV, $R_{B1}=100\ \text{k}\Omega\times50\%=50\ \text{k}\Omega$ 时的仿真结果)

　　③ 同时观察截止失真和饱和失真,并多次仿真,分析总结静态工作点与失真之间的关系,如图 2.39 所示。

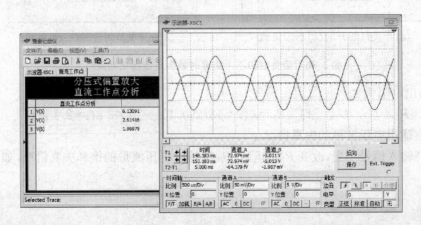

图 2.39　输出电压波形失真及静态工作点(输入信号幅度为 80 mV, $R_{B1}=100\ \text{k}\Omega\times50\%=50\ \text{k}\Omega$ 时的仿真结果)

4) 频率响应分析(选做)

选择分析菜单中的交流频率分析项(Analysis/AC Frequency Analysis)进行频率响应分析。

2. 实践操作

(1) 静态工作点的调测

① 根据实训电路图 2.31 连接电路,通过调节双路直流稳压电源为 12 V,加入电路(注意正负电源的连接),调节函数发生器的输出端为正弦波输出端。输入输出分别接双踪示波器的 ch1 和 ch2 通道,用来监测输入输出电压波形情况。

② 最佳静态工作点的调试与测量

接入频率为 1 kHz 的正弦波信号 u_i,函数发生器的正弦波衰减调至 40 dB 位置,正弦波幅度从最小开始慢慢加大,即使 u_i 从零开始慢慢增大,用示波器观察输出波形的情况(开关 J2 先断开,即先不加负载),直至放大器出现失真,这时可以调节电位器 R_{B1} 使失真消失(或改善)。再逐渐加大信号,调 R_{B1},反复调整,直至输出波形 u_O 最大而不失真为止。此时的工作点就是最佳工作点。

③ 在调好静态工作点的基础上,去掉信号源,将输入端对地短路,用万用表直流电压挡测出三极管的三个极对地电位 U_B、U_C、U_E 和 I_C,把测量的结果记录在表 2.7 中。

表 2.7　静态工作点调测数据记录

参　数	U_B	U_C	U_E	I_C
测量值				

(2) 电压放大倍数的测量

重新接上信号源,在输出为最大不失真的基础上,用晶体管毫伏表分别测出 U_i、U_O。闭合开关 J2 测出 U_{OL}。根据放大倍数的计算公式计算出 A_u 和 A_{uL}。结果记录在表 2.8 中。

(3) 输入电阻和输出电阻的测试

用晶体管毫伏表测出 U_S。根据工作原理计算出 A_u、A_{uL}、R_i 和 R_O。结果填入表 2.8 中。

表 2.8　放大电路放大倍数和输入输出电阻的测试

参　数	U_S	U_i	U_O	A_u	A_{uL}	R_i	R_O
测量值							

(4) 观察静态工作点对输出信号波形的影响

调节 R_{B1} 使输出的波形明显出现饱和失真,测一下工作点,与最佳情况进行比较,然后再调节 R_{B1} 使输出的波形正常,这时加大信号,调 R_{B1} 使输出波形出现截止失真,测量工作点并与正常、饱和情况进行比较,从而可知工作点对输出波形的影响情况。

3. 分析比较

将实践操作测量结果和仿真分析结果进行比较,分析产生误差的原因。

 实训思考

① 通过仿真总结分压偏置共射极基本放大电路的放大性能。

② 静态工作点对分压偏置共射极基本放大电路的放大性能有何影响?

③ 在分压偏置共射极基本放大电路中,偏置电阻 R_{B1} 和 R_{B2} 的大小对输出波形有何影响?

④ 试采用仪表在直流通路中测量电路的静态工作点并与实验中所测数据进行比较。

⑤ 试采用数字万用表的交流电压挡测量放大倍数。

知识 2.3.1　分压偏置式共射放大器的组成及其分析

由于三极管是半导体器件,所以温度变化时,三极管的性能也发生变化。如前所述,温度升高时,三极管特性曲线将会上移,如图 2.40 所示,固定偏置放大电路的静态工作点也因此上移,这样 Q 点就会更接近饱和区,从而使得原来设置合适的静态工作点可能会变得不合适。

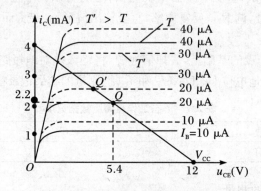

图 2.40　静态工作点随温度的变化

为了稳定静态工作点,我们常采用分压式偏置放大电路,电路如图 2.41(a)所示。

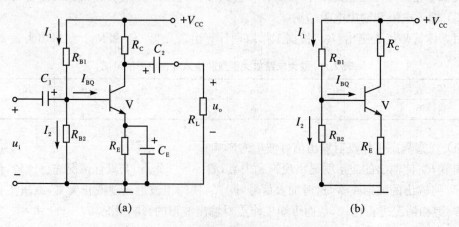

图 2.41　分压式偏置放大电路及其直流通路

1. 稳定静态工作点的原理

分压式偏置放大电路有两个基极偏置电阻,分别是 R_{B1} 和 R_{B2},而且在发射极上有一个射极电阻 R_E,在以后的学习中我们会知道这是一个反馈元件,对稳定静态工作点起到了重要的作用。发射极上还有一个电容 C_E 与 R_E 并联,叫做射极旁路电容。

分压式偏置放大电路稳定静态工作点的原理如下:

T 升高 $\to I_{CQ}$ 增加 $\to I_{EQ}$ 增加 $\to U_{EQ}$ 上升 $\xrightarrow{\text{若}U_{BQ}\text{不变}}$ U_{BEQ} 减小 $\to I_{BQ}$ 减小 $\to I_{CQ}$ 减小

可以看出当温度升高时, I_{CQ} 增加,这个增加经电路一系列作用恰好引起的是 I_{CQ} 的减小,若我们能控制增大的量约等于减小的量,则温度升高前后 I_{CQ} 值不变,即静态工作点不变。

以上分析可以看出分压式偏置放大器的稳定静态工作点是有条件的:

(1) U_{BQ} 不变

欲使 U_{BQ} 不变,则需电路中流过 R_{B1} 和 R_{B2} 的电流 I_1 和 I_2 近似相等,且远大于 I_{BQ},这就形成了 R_{B1} 和 R_{B2} 的近似串联分压的关系,从而使 $U_{BQ}=\dfrac{R_{B2}}{R_{B1}+R_{B2}}V_{CC}$,由于 R_{B1} 和 R_{B2} 是固定电阻, V_{CC} 为直流电源,所以 U_{BQ} 能保持不变,即

$$I_2 \gg I_{BQ}$$

在工程上,通常取 $I_2 \geqslant (5\sim10)I_{BQ}$。

(2) I_{CQ} 不变

因为

$$I_{CQ} \approx I_{EQ}=\frac{U_{EQ}}{R_E}=\frac{U_{BQ}-U_{BEQ}}{R_E}$$

当 $U_{BQ} \gg U_{BEQ}$ 时, U_{BEQ} 可忽略不计,所以 I_{CQ} 不变。

工程上,硅管一般取 U_{BEQ} 为 $3\sim5$ V,锗管一般取 U_{BEQ} 为 $1\sim3$ V。

2. 静态分析

分压式偏置放大电路的直流通路如图 2.42(b)所示,由图可估算静态工作点如下:

$$U_{BQ} \approx \frac{R_{B2}}{R_{B1}+R_{B2}}V_{CC} \tag{2.21}$$

$$I_{CQ} \approx I_{EQ}=\frac{U_{BQ}-U_{BEQ}}{R_E} \tag{2.22}$$

$$U_{CEQ}=V_{CC}-I_{CQ}(R_C+R_E) \tag{2.23}$$

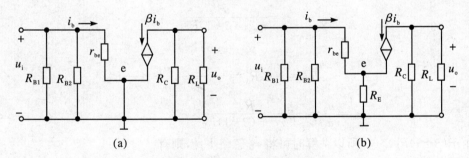

图 2.42　直流通路和微变等效电路

3. 动态分析

(1) 接射极旁路电容 C_E 时

分压式偏置放大电路的微变等效电路如图 2.42(a)所示,可见当分压式偏置放大器的发射极有射极旁路电容 C_E 时,它的微变等效电路与固定偏置放大电路几乎完全一样,只是基极输入回路中多并联一个偏置电阻。动态分析如下:

由静态工作点得

$$r_{be} = r_{bb'} + (1+\beta)\frac{26\ (mV)}{I_{EQ}(mA)}$$

因为 $u_i = i_b r_{be}$，所以

$$i_b = \frac{u_i}{r_{be}}$$

则

$$u_o = -i_C R_L' = -\beta i_b R_L' = -\beta\frac{u_i}{r_{be}}R_L'$$

$$A_{uL} = \frac{u_o}{u_i} = -\beta\frac{R_L'}{r_{be}}$$

当输出端不接 R_L 时，放大倍数为

$$A_u = -\beta\frac{R_C}{r_{be}}$$

输入电阻

$$R_i = R_{B1}//R_{B2}//r_{be} \approx r_{be} \tag{2.24}$$

输出电阻

$$R_o \approx R_C$$

(2) 发射极旁路电容 C_E 断开时

微变等效电路如图 2.42(b)所示，发射极上比接 C_E 时多了射极电阻 R_E，则动态工作情况与前面大不相同了，分析如下：

由静态工作点得

$$r_{be} = r_{bb'} + (1+\beta)\frac{26\ (mV)}{I_{EQ}(mA)}$$

因为有射极电阻 R_E 串接在输入回路中，所以有

$$u_i = i_b r_{be} + i_e R_E$$

则

$$i_b = \frac{u_i}{r_{be} + (\beta+1)R_E}$$

所以

$$u_o = -i_C R_L' = -\beta i_b R_L' = -\beta\frac{u_i}{r_{be} + (\beta+1)R_E}R_L'$$

$$A_{uL} = \frac{u_o}{u_i} = -\beta\frac{R_L'}{r_{be} + (\beta+1)R_E} \tag{2.25}$$

由于 $(\beta+1)R_E \gg r_{be}$，所以估算时可将 r_{be} 忽略不计，则有：

带负载放大倍数为

$$A_{uL} \approx -\frac{\beta R_L'}{(\beta+1)R_E} \approx -\frac{R_L'}{R_E} \tag{2.26}$$

当输出端不接 R_L 时，放大倍数为

$$A_u = -\beta\frac{R_C}{r_{be} + (\beta+1)R_E} \approx -\frac{R_C}{R_E} \tag{2.27}$$

输入电阻

$$R_i = R_{B1}//R_{B2}//r_{be} + (\beta+1)R_E \tag{2.28}$$

输出电阻

$$R_o \approx R_C \tag{2.29}$$

【例 2.4】　有放大电路如图 2.41(a)所示,晶体三极管的 $\beta=50$,$R_{B1}=40$ kΩ,$R_{B2}=8$ kΩ,$R_C=3$ kΩ,$R_L=3$ kΩ,$V_{CC}=12$ V,$R_E=1$ kΩ,$r_{bb'}=300$ Ω,u_{BEQ} 忽略不计。① 求静态工作点。② 计算晶体三极管的 r_{be}。③ 画出微变等效电路。④ 计算 A_u、R_i、R_O。⑤ 若电容 C_E 开路,则放大倍数变为多少?

解:① 静态工作点:

$$U_{BQ} \approx \frac{R_{B2}}{R_{B1}+R_{B2}}V_{CC} = \frac{8}{40+8} \times 12 = 2\ (V)$$

$$I_{CQ} \approx I_{EQ} = \frac{U_{BQ}-U_{BEQ}}{R_E} = \frac{2\ V}{1\ k\Omega} = 2\ mA$$

$$U_{CEQ} = V_{CC} - I_{CQ}(R_C+R_E) = 12\ V - 2\ mA \times (3+1)\ k\Omega = 4\ V$$

② 晶体三极管的等效电阻

$$r_{be} = r_{bb'} + (1+\beta)\frac{26\ (mV)}{I_{EQ}(mA)} = 963\ \Omega \approx 1\ k\Omega$$

③ 微变等效电路如图 2.43(a)所示。

④ 动态性能

$$R'_L = \frac{3 \times 3}{3+3} = 1.5\ (k\Omega)$$

$$A_{uL} = -\beta\frac{R'_L}{r_{be}} = -\frac{50 \times 1.5}{1} = -75$$

$$R_i = R_{B1}//R_{B2}//r_{be} = 40\ k\Omega//8\ k\Omega//1\ k\Omega \approx 1\ k\Omega$$

$$R_O = R_C = 3\ k\Omega$$

⑤ 当电容 C_E 开路时,微变等效电路如图 2.42(b)所示,则放大倍数为

$$A_{uL} = \frac{u_o}{u_i} = -\beta\frac{R_L}{r_{be}+(\beta+1)R_E} = A_{uL} = \frac{u_o}{u_i} = -\beta\frac{R'_L}{r_{be}+(\beta+1)R_E} = -50\frac{1.5}{1+51 \times 1} = -1.44$$

模块 2.4　共集电极放大器的组成、分析与检测

实训 2.4.1　共集电极放大电路仿真、调试与检测

 **实训目的**

① 加深对共集电极基本放大电路的工作原理的理解。

② 熟练掌握利用 Multisim 10 软件对共集电极基本放大电路的调试检测方法。

③ 熟练掌握静态工作点和动态数据的测量方法。

实训测试电路

电路如图 2.43 所示。

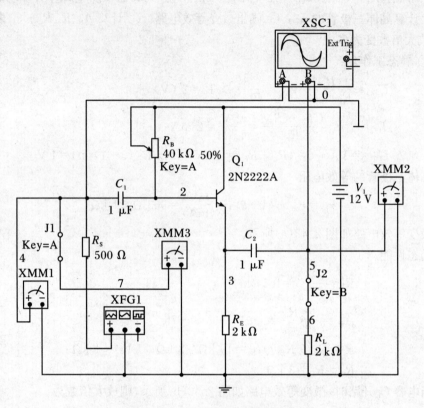

图 2.43　共集电极基本放大电路

实训环境

① 软件环境:Multisim 软件。

② 硬件环境:计算机、函数信号发生器、双路直流稳压电源、晶体管毫伏表、万用表、双踪示波器。

实训器材

① 三极管:2N2222A×1。

② 电阻:2 kΩ×2,500 Ω×1。

③ 电位器:R_P=40 kΩ×1。

④ 电容:1 μF×2。

⑤ 面包板一块、导线若干等。

实训步骤及内容

1. 软件仿真

首先打开 Multisim 软件,新建一名为"共集电极基本放大电路"的原理图文件,按照图 2.43 正确连接电路,设置并显示元件的标号与数值等。三极管为 2N2222A($\beta=200$)。

1) 静态工作点分析

通过调节放大电路基极电阻 R_B,可改变 U_{BEQ} 的大小,从而改变三极管的静态工作点,用示波器观察输出波形,当 R_B 调到 50% 时电路处于放大状态,这时进行静态工作点分析。

选择分析菜单中的直流工作点分析选项(Analysis/DC Operating Point),如图 2.44 所示。将数据记录在表 2.9 中。分析结果表明晶体管 Q_1 工作在放大状态。

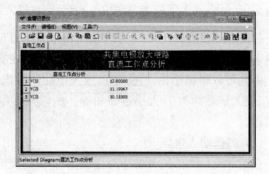

(a) 静态工作点分析设置	(b) 静态工作点分析结果

图 2.44　静态工作点分析

表 2.9　静态工作点测量数据记录

U_{BEQ}	U_{CEQ}	I_{CQ}
677.71 mV	1.48092 V	5.25954 mA

2) 动态分析

在电路处于放大状态没有非线性失真时,分别测量交流电压放大倍数、输入电阻、输出电阻。

（1）测量电压放大倍数

我们可以用示波器测量电压放大倍数。用仪器库的函数发生器为放大器提供幅值为 5 mV,频率为 1 kHz 的正弦输入信号 u_i,用示波器观察输入、输出波形(此时 $R_B=40$ kΩ × 50% = 20 kΩ),如图 2.45 所示,用公式算出放大倍数。

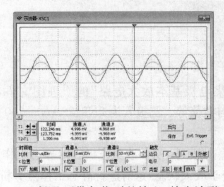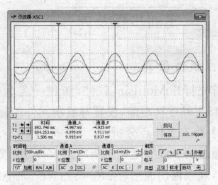

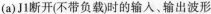

(a)J1断开(不带负载)时的输入、输出波形　　　　(b)J1闭合(带负载)时的输入、输出波形

图 2.45　输入、输出波形

由图 2.45 所示电路仿真结果可知:A 信号通道的坐标为每格 5 mV,而 B 信号通道的坐标为每格 10 mV,放大倍数为 $A_u = 0.5 \times \dfrac{10\ \text{mV}}{5\ \text{mV}} = 1$。通过示波器具体测量可以看出,无论输出端接负载还是不接负载,输出信号和输入信号大小近似相等。当然归于放大倍数的测量,也可以用数字万用表的交流电压挡测量,具体测量方法在实训 2.1.2 和 2.1.3 中有详细介绍。

由此可以得出结论:共集电极放大电路的输出电压和输入电压相位相同,输出信号周期不变,放大倍数约为 1,大小近似相等。所以共集电极放大电路又被称为电压跟随器或射极跟随器。

(2) 测量输入电阻 R_i

在正常放大状态下,用数字万用表 XMM1 的交流电压挡读出电压数据,改变 XMM1 为串联接法,用交流电流挡测得电流数据,如图 2.46 所示,通过公式计算:$R_i = \dfrac{U_i}{I_i} = \dfrac{3.432\ \text{mV}}{207.64\ \text{nA}} \approx 17\ \text{k}\Omega$。

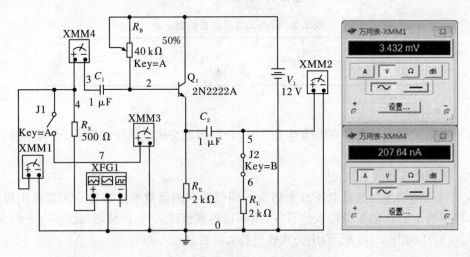

图 2.46　输入电压和输出电流测试结果

(3) 测量输出电阻

用数字万用表的交流电压挡测量 J2 断开(不带负载)时的 U_o 和 J1 闭合(带负载)时的 U_{OL},两种情况下,分别点击数字万用表 XMM2,读出数据,如图 2.47 所示。

(a)开关J2断开时U_o(不带负载)　　　　　　(b)开关J2闭合时U_{oL}(带负载)

图 2.47　带负载和不带负载时输出电压测试结果

计算输出电阻为

$$R_O = (U_O/U_{OL}-1) \times R_L = (3.515/3.494-1) \times 2\ (k\Omega) \approx 0.01\ (k\Omega)$$

(4) 分析数据多次改变输入信号大小和滑动变阻器 R_B 的阻值大小,观察输出信号波形的情况,分析并总结 R_B 的大小和输入信号的大小对共集电极放大电路的性能有何影响。

2. 实践操作

(1) 静态工作点的调测

根据实训电路图 2.43 连接电路,通过调节双路直流稳压电源为 12 V,加入电路(注意正负电源的连接),调节函数发生器的输出端为正弦波输出端。输入、输出分别接双踪示波器的 ch1 和 ch2 通道,用来监测输入、输出电压波形情况。接入频率为 1 kHz,幅度为 5 mV 的正弦波信号 u_i,用示波器观察输出波形的情况,在调好静态工作点的基础上,去掉信号源,将输入端对地短路,用万用表直流电压挡测出三极管的三个极对地电位 U_B、U_C、U_E,改变万用表的接法为串联测得电流 I_C。把测量的结果记录在表 2.10 中。

表 2.10　静态工作点调测数据记录

参　数	U_B	U_C	U_E	I_C
测量值				

(2) 电压放大倍数的测量

重新接上信号源,在输出为最大不失真的基础上,用晶体管毫伏表分别测出 U_i、U_O。闭合开关 J2 测出 U_{OL}。根据放大倍数的计算公式计算出 A_u 和 A_{uL}。结果记录在表 2.11 中。

表 2.11　放大电路放大倍数和输入输出电阻的测试

电　压	U_S	U_i	U_O	A_u	A_{uL}	R_i	R_O
测量值							

(3) 输入电阻和输出电阻的测试

用晶体管毫伏表测出 U_S。根据工作原理计算出 A_u、A_{uL}、R_i 和 R_O。结果填入表 2.11 中。

(4) 观察静态工作点对输出信号波形的影响

调节 R_B 使输出的波形明显出现饱和失真,测一下工作点,与最佳情况进行比较,然后再

调节 R_B 使输出的波形正常,此时加大信号,调 R_B 使输出波形出现截止失真,测量工作点并与正常、饱和情况进行比较,从而可知工作点对输出波形的影响情况。

3. 分析比较

将实践操作测量结果和仿真分析结果进行比较,分析产生误差的原因。

 实训思考

① 通过仿真总结共集电极基本放大电路的放大性能。

② 静态工作点对共集电极基本放大电路的放大性能有何影响?

③ 在共集电极基本放大电路中,电阻 R_B 的大小对输出波形有何影响?

知识 2.4.1　共集电极放大器的组成及性能估算

共集放大电路是指基极输入,发射极输出,电路共用集电极,如图 2.48(a)所示。

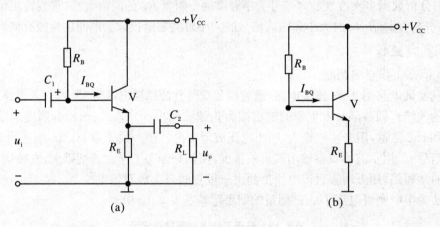

图 2.48　共集放大电路

由于共集放大电路的输出端在发射极上,所以又称为射极输出器。

1. 静态分析

共集放大电路的直流通路如图 2.48(b)所示,根据 KVL 定律,静态时输入回路有

$$V_{CC} - I_{BQ}R_B - U_{BEQ} - I_{EQ}R_E = 0$$

所以

$$I_{BQ} = \frac{V_{CC} - U_{BQ}}{R_B + (1+\beta)R_E} \tag{2.30}$$

$$I_{EQ} \approx I_{CQ} = \beta I_{BQ} \tag{2.31}$$

根据 KVL 定律,输出回路有

$$U_{CEQ} = V_{CC} - I_{EQ}R_E \tag{2.32}$$

2. 动态分析

画出共集放大电路的微变等效电路,如图 2.49 所示,图(a)、图(b)电路相同,均为微变等效电路。

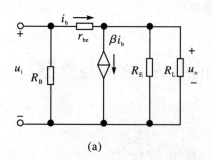 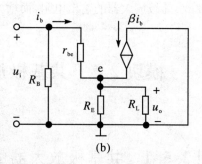

(a)   (b)

图 2.49 共集放大器的微变等效电路

由静态工作点得

$$r_{be} = r_{bb'} + (1+\beta)\frac{26\ (mV)}{I_{EQ}(mA)}$$

因为发射极上有电阻 R_E 和 R_L 并联,所以

$$R'_L = \frac{R_E R_L}{R_E + R_L}, \quad u_i = i_b r_{be} + i_e R'_L$$

则

$$i_b = \frac{u_i}{r_{be} + (\beta+1)R'_L}$$

所以

$$u_o = i_e R'_L = (\beta+1)i_b R'_L = (\beta+1)\frac{u_i}{r_{be} + (\beta+1)R'_L}R'_L$$

$$A_{uL} = \frac{u_o}{u_i} = \frac{(\beta+1)R'_L}{r_{be} + (\beta+1)R'_L} \tag{2.33}$$

由于 $(\beta+1)R_E \gg r_{be}$,所以估算时可将 r_{be} 忽略不计,则有:

带负载放大倍数为

$$A_{uL} \approx 1 \tag{2.34}$$

当输出端不接 R_L 时,放大倍数为

$$A_u = \frac{u_o}{u_i} = \frac{(\beta+1)R_E}{r_{be} + (\beta+1)R_E} \approx 1 \tag{2.35}$$

放大倍数恒等于1,这说明输出电压和输入电压相位相同、大小近似相等,所以共集电极放大电路又被称为电压跟随器或射极跟随器。

输入电阻

$$R_i = R_B /\!/ r_{be} + (\beta+1)R'_L \tag{2.36}$$

输出电阻

$$R_o \approx R_E /\!/ \frac{r_{be}}{1+\beta} \tag{2.37}$$

通过以上分析可以看出,共集放大电路虽然没有电压放大作用,但具有电流放大作用,电流放大倍数约为 β,所以共集放大器具有电流和功率放大作用,常用作功率放大器。由于共集放大器的输入电阻高,输出电阻低,电压放大倍数恒定,所以也常用在多级放大电路中:因为输入电阻高,所以可用作输入级,以尽量减小信号源的电压损耗;因为输出电阻低,所以可用作输出级,以增强放大器的带负载能力;也可用作中间级,连接两个原来不匹配的放大器,能减小前级放大器的输出电阻,而增大后级的输出电阻。

模块 2.5　共基极放大器的组成、分析与检测

实训 2.5.1　共基极放大器的仿真、调试与检测

 实训目的

① 通过仿真加深理解共基极基本放大电路的工作原理。
② 熟练掌握共基极基本放大电路的调试检测方法。
③ 熟练掌握测量共基极基本放大电路静态工作点和动态性能指标的方法。

 实训测试电路

电路如图 2.50 所示。

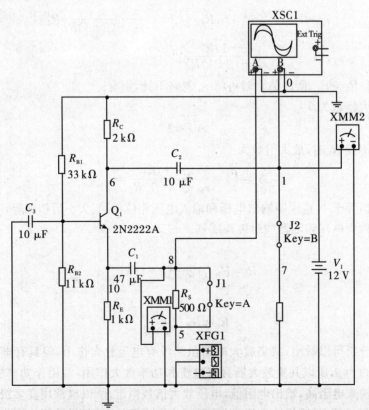

图 2.50　共基极基本放大电路

 实训环境

① 软件环境：Multisim 软件。
② 硬件环境：PC 机、信号发生器、直流稳压电源、晶体管毫伏表、万用表、双踪示波器。

 实训器材

① 三极管：2N2222A×1。
② 电阻：2 kΩ×1，500 Ω×1，11 kΩ×1，33 kΩ×1，10 kΩ×1。
③ 电容：47 μF×1，10 μF×2。
④ 面包板一块、导线若干等。

 实训步骤及内容

1. 软件仿真

首先打开 Multisim 软件，新建一名为"共基极基本放大电路"的原理图文件，按照图 2.50 正确连接电路，设置并显示元件的标号与数值等。

1) 静态工作点分析

选择分析菜单中的直流工作点分析选项（Analysis/DC Operating Point），如图 2.51 所示。将数据记录在表 2.12 中。分析结果表明晶体管 Q_1 工作在放大状态。

(a) 静态工作点设置

(b) 静态工作点的分析结果

图 2.51　静态工作点分析

表 2.12　静态工作点测量数据记录

U_{BEQ}	U_{CEQ}	I_{CQ}
645.74 mV	5.3118 V	2.50095 mA

2) 动态分析

在输出信号没有非线性失真时，分别测量交流电压放大倍数、输入电阻、输出电阻。

（1）测量电压放大倍数

用示波器测量电压放大倍数。用仪器库的函数发生器为放大器提供幅值为 5 mV，频率

为 1 kHz 的正弦输入信号 u_i，用示波器观察输入、输出波形，如图 2.52 所示。

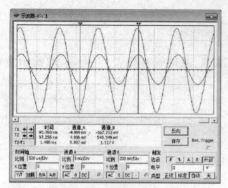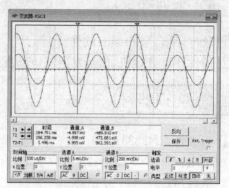

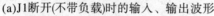

(a)J1断开(不带负载)时的输入、输出波形　　　(b)J1闭合(带负载)时的输入、输出波形

图 2.52　输入、输出波形

由图 2.52(a)电路仿真结果可见，A 信号通道的坐标为每格 5 mV，而 B 信号通道的坐标为每格 200 mV，放大倍数为 $A_u = 2.8 \times \dfrac{200 \ (\text{mV})}{5 \ (\text{mV})} = 112$。经过示波器具体测量，A 通道送入信号源为 4.891 mV 的正弦交流信号，经过共基极放大电路后输出信号为 559.218 mV，输出电压放大了约 114 倍，周期不变，输出电压与输入电压同相。因此，共基放大电路的电压放大倍数较大，放大性能较好。由图 2.53(b)电路仿真结果：A 信号通道的坐标为每格 5 mV，而 B 信号通道的坐标为每格 200 mV，放大倍数为 $A_u = 2.5 \times \dfrac{200 \ (\text{mV})}{5 \ (\text{mV})} = 100$。经过示波器具体测量，A 通道送入信号源为 4.880 mV 的正弦交流信号，经过共基极放大电路后负载上得到的输出信号为 482.810 mV，输出电压放大了约 100 倍，周期不变，输出电压与输入电压同相。因此，共基放大电路的电压放大倍数也较大，放大性能较好。

（2）测量输入电阻 R_i

如图 2.53 所示，在正常放大状态下，点击 J1 使 J1 断开，用数字万用表 XMM1 的交流电压挡读出电压数据，用 XMM3 交流电流挡测得电流数据，计算：

$$R_i = \frac{U_i}{I_i} = \frac{116.59 \ \mu\text{V}}{6.843 \ \mu\text{A}} \approx 0.017 \ \text{k}\Omega$$

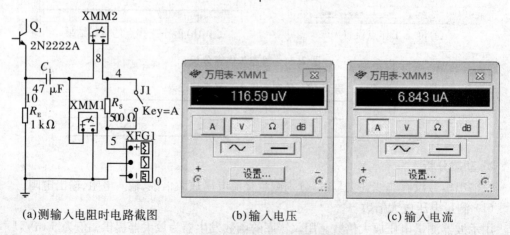

(a)测输入电阻时电路截图　　　　(b)输入电压　　　　(c)输入电流

图 2.53　输入电压和输出电流测试结果

（3）测量输出电阻 R_O

用数字万用表的交流电压挡测量 J2 断开（不带负载）时的 U_O 和 J2 闭合（带负载）时的 U_{OL}，两种情况下，分别点击数字万用表 XMM2，读出数据，如图 2.54 所示。由此，计算输出电阻为

$$R_O = (U_O/U_{OL} - 1) \times R_L = (404.315/349.917 - 1) \times 10 \text{ k}\Omega \approx 2 \text{ k}\Omega$$

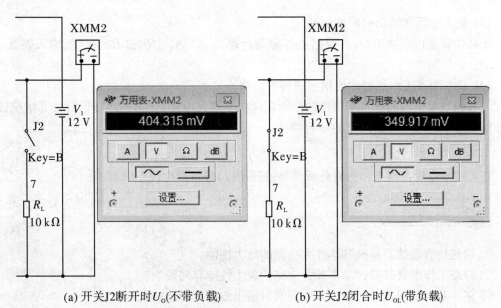

(a) 开关 J2 断开时 U_o(不带负载)   (b) 开关 J2 闭合时 U_{oL}(带负载)

图 2.54 带负载和不带负载时输出电压测试结果

（4）观察静态工作点对输出电压波形的失真影响情况

① 输入信号频率不变，增大输入信号幅度，观察输出电压波形的失真情况。

② 继续增大输入信号幅度，同时观察截止失真和饱和失真情况，并多次仿真分析总结静态工作点与失真之间的关系。

2. 实践操作

（1）静态工作点的调测

根据实训电路图 2.50 连接电路，通过调节双路直流稳压电源为 12 V，加入电路(注意正负电源的连接)，调节函数发生器的输出端为正弦波输出端。输入输出分别接双踪示波器的 ch1 和 ch2 通道，用来监测输入输出电压波形情况。接入频率为 1 kHz，幅度为 5 mV 的正弦波信号 u_i；用示波器观察输出波形的情况，在调好静态工作点的基础上，去掉信号源，将输入端对地短路，用万用表直流电压挡测出三极管的三个极对地电位 U_B、U_C、U_E，改变万用表的接法为串联测得电流 I_C。把测量的结果记录在表 2.13 中。

表 2.13 静态工作点调测数据记录

参数	U_B	U_C	U_E	I_C
测量值				

（2）电压放大倍数的测量

重新接上信号源，在输出为最大不失真的基础上，用晶体管毫伏表分别测出 U_i、U_o。闭

合开关 J2 测出 U_{OL}。根据放大倍数的计算公式计算出 A_u 和 A_{uL}。结果记录在表 2.14 中。

表 2.14　放大电路放大倍数和输入输出电阻的测试

电压	U_S	U_i	U_O	A_u	A_{uL}	R_i	R_O
测量值							

（3）输入电阻和输出电阻的测试

用晶体管毫伏表测出 U_S。根据工作原理计算出 A_u、A_{uL}、R_i 和 R_O。结果填入表 2.14 中。

（4）观察静态工作点对输出信号波形的影响

调节函数发生器的输出端输出波形明幅度在不同大小时,分别观察波形的失真情况,从而总结静态工作点对输出波形的影响情况。

3. 分析比较

将实践操作测量结果和仿真分析结果进行比较,分析产生误差的原因。

 实训思考

① 通过仿真总结共基极基本放大电路的放大性能。

② 静态工作点对共基极基本放大电路的放大性能有何影响?

③ 在共基极基本放大电路中哪些因素对输出波形有影响?

④ 试采用仪表在直流通路中测量电路的静态工作点并与实验中所测数据进行比较。

⑤ 试采用数字万用表的交流电压挡测量放大倍数。

知识 2.5.2　共基极放大器的组成及性能估算

共基放大电路是指发射极输入、集电极输出、共用基极的电路,如图 2.55(a)所示。

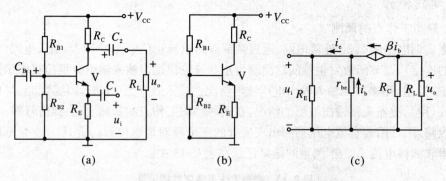

图 2.55　共基放大电路及其直流通路和微变等效电路

1. 静态分析

共基极放大电路的直流通路如图 2.55(b)所示,该直流通路与分压式偏置放大器完全相同,所以静态工作点求法与分压式偏置放大器相同,这里不再叙述。

2. 动态分析

共基极放大电路的微变等效电路如图 2.55(c) 所示。由静态工作点得

$$r_{be} = r_{bb'} + (1+\beta)\frac{26 \ (mV)}{I_{EQ}(mA)}$$

因为输入端在发射极,所以有

$$u_i = -i_b r_{be}$$

则

$$i_b = -\frac{u_i}{r_{be}}$$

所以

$$u_o = -i_C R'_L = -\beta i_b R'_L = \beta \frac{u_i}{r_{be}} R'_L$$

$$R'_L = \frac{R_C R_L}{R_C + R_L}$$

$$A_{uL} = \frac{u_o}{u_i} = \beta \frac{R'_L}{r_{be}}$$

输入电阻

$$R_i = R_E // \frac{r_{be}}{\beta+1} \approx \frac{r_{be}}{\beta+1}$$

输出电阻

$$R_o = R_C$$

由上面的分析可知,共基放大电路的电压放大倍数较大,输出电压与输入电压同相,输入电阻很小,而输出电阻很大,在低频电子线路中较少使用。由于这个电路的频率特性较好,常用于高频放大电路。

【例 2.5】 有放大电路如图 2.55(a) 所示,晶体三极管的 $\beta = 160$,$R_{B1} = 120$ kΩ,$R_{B2} = 30$ kΩ,$R_C = 10$ kΩ,$R_L = 15$ kΩ,$V_{CC} = 12$ V,$R_E = 4.7$ kΩ,$r_{bb'} = 300$ Ω,u_{BEQ} 忽略不计。① 求静态工作点。② 计算晶体三极管的 r_{be}。③ 画出微变等效电路。④ 计算 A_u、R_i、R_O。

解:① 静态工作点:

$$U_{BQ} \approx \frac{R_{B2}}{R_{B1} + R_{B2}} V_{CC} = \frac{30}{120+30} \times 12 = 2.4 \ (V)$$

$$I_{CQ} \approx I_{EQ} = \frac{U_{BQ} - U_{BEQ}}{R_E} = \frac{2.4 \ V - 0.7 \ V}{4.7 \ k\Omega} \approx 0.36 \ mA$$

$$U_{CEQ} = V_{CC} - I_{CQ}(R_C + R_E) = 12 - 0.36 \ mA \times (10+4.7) \ k\Omega = 6.708 \ V$$

② 晶体三极管的等效电阻

$$r_{be} = r_{bb'} + (1+\beta)\frac{26 \ (mV)}{I_{EQ}(mA)} = 300 + \frac{161 \times 26 \ (mV)}{0.36 \ (mA)} \approx 12 \ (k\Omega)$$

③ 微变等效电路如图 2.55(c) 所示。

④ 动态性能

$$R'_L = \frac{R_C R_L}{R_C + R_L} = \frac{10 \times 15}{10+15} = 6 \ (k\Omega)$$

$$A_{uL} = -\beta \frac{R'_L}{r_{be}} = -\frac{160 \times 6}{12} = -80$$

输入电阻

$$R_i = R_E // \frac{r_{be}}{\beta+1} \approx \frac{r_{be}}{\beta+1} = \frac{12}{161} \approx 0.07 \ (k\Omega)$$

输出电阻

$$R_o = R_C = 10 \ k\Omega$$

模块 2.6　多级放大电路的组成与分析

实训 2.6.1　多级放大电路的检测

 实训目的

① 加深对多级（本实训内容采用的是两级阻容耦合放大电路）放大电路调试的一般方法。
② 掌握电压放大倍数和幅频特性的测量方法。
③ 熟练掌握 Multisim 仿真软件在多级放大电路检测过程中的应用。

 实训测试电路

电路如图 2.56 所示。

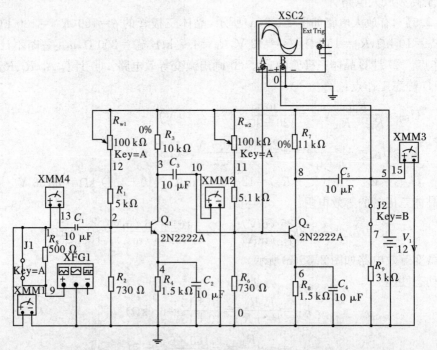

图 2.56　阻容耦合多级放大电路仿真电路图

实训环境

① 软件环境:Multisim 软件。

② 硬件环境:计算机、函数信号发生器、双路直流稳压电源、晶体管毫伏表、万用表、双踪示波器。

实训器材

① 三极管:2N2222A×2。

② 电阻:5 kΩ×1,5.1 kΩ×1,500 Ω×1,730 Ω×2,10 kΩ×1,1.5 kΩ×2,10 kΩ×1,11 kΩ×1,3 kΩ×1。

③ 电位器:10 μF×5。

④ 电容:100 kΩ×2。

⑤ 面包板一块、导线若干等。

实训步骤及内容

1. 软件仿真

首先打开 Multisim 软件,新建一名为"阻容耦合多级放大电路"的原理图文件,按照图 2.56 正确连接电路,设置并显示元件的标号与数值等。三极管 2N2222A($\beta=200$)。

1) 静态工作点分析

用示波器观察输出波形不失真,电路处于放大状态,这时进行静态工作点分析。选择分析菜单的直流工作点分析选项,如图 2.57 所示。将数据记录在表 2.15 中。

(a)静态分析设置图

(b)静态工作点分析结果

图 2.57　静态工作点分析

表 2.15　静态工作点测量数据记录

实测数据(第一级)			实测数据(第二级)		
三极管 Q_1 放大倍数 $\beta_1=200$			三极管 Q_2 放大倍数 $\beta_2=200$		
参数	仿真数据	实践操作数据	参数	仿真数据	实践操作数据
U_{BQ1}	1.52587 V		U_{BQ2}	1.49964 V	
U_{CQ1}	5.93215 V		U_{CQ2}	5.51725 V	
U_{EQ1}	0.91706 V		U_{EQ2}	0.89089 V	

2）动态分析

在电路处于放大状态没有非线性失真时，分别测量交流电压放大倍数、输入电阻、输出电阻。

（1）测量电压放大倍数

用仪器库的函数发生器为放大器提供幅值为 1 mV，频率为 1 Hz 的正弦输入信号 u_i，用示波器观察输入、输出波形，如图 2.58 所示。从信号波形的对比可以看出，电压放大倍数约为：$A_{u1}=1.1\times\dfrac{10\ (\mathrm{mV})}{1\ (\mathrm{mV})}=11$，当输入信号为 992.721 μV 时，输出信号约为 10.017 mV，所以放大倍数约为 10 倍。

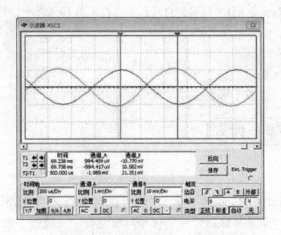

图 2.58　第一级放大器输入、输出波形

从图 2.59(a)信号波形的对比可以看出，J2 断开（不加负载 RL）时，电压放大倍数约为 $A_{u2}=1.5\times\dfrac{1\ (\mathrm{V})}{10\ (\mathrm{mV})}=150$，当输入信号为 10.067 mV 时，输出信号约为 1.553 V，所以放大倍数约为 154 倍。从图 2.59(b)信号波形的对比可以看出，J2 闭合（带负载）时，电压放大倍数约为 $A_{u2L}=0.43\times\dfrac{1\ (\mathrm{V})}{10\ (\mathrm{mV})}=43$，当输入信号为 10.116 mV 时，输出信号约为 422.817 mV，所以放大倍数约为 42 倍。

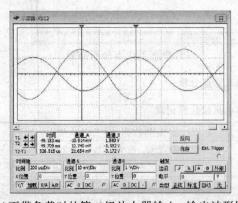 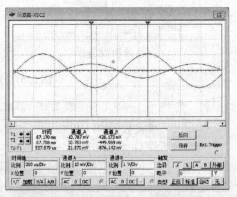

(a)不带负载时的第二级放大器输入、输出波形图　　(b)带负载时的第二级放大器输入、输出波形

图 2.59　第二级放大器输入输出波形

方法二:用数字万用表的交流电压挡测量。

分别点击 J2 开关,在 J2 断开(不带负载)和 J2 闭合(带负载)两种情况下,使输入的信号源 u_i 不变,用仪器库中的数字万用表的交流挡分别测量两级放大电路的输入电压 u_i 和输出电压 u_o,点击数字万用表 XMM1、XMM2 和 XMM3,如图 2.60 和图 2.61 所示,将实际测量数据记录在表 2.16 中。同时,根据 $A_u = u_o/u_i$ 计算出电压放大倍数 A_u 和 A_{uL},将数据记录在表 2.16 中。

图 2.60　J2 断开不接负载时数字万用表的数据

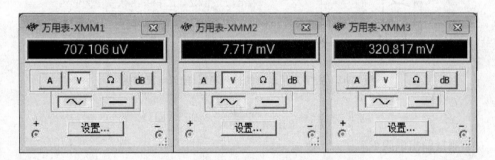

图 2.61　J2 闭合接负载时数字万用表的数据

表 2.16　实验数据记录表

测试条件	J2 断开,不接负载 R_L			J2 闭合,接负载 R_L		
电路级别	参数	仿真数据	实践操作数据	参数	仿真数据	实践操作数据
	输入 $U_i(\mu V)$	707.106 μV		输入 $U_i(\mu V)$	707.106 μV	
第一级放大电路	第一级放大输出(峰峰值) $U_{O1}(mV)$	7.694 mV		第一级放大输出(峰峰值) $U_{O1}(mV)$	7.717 mV	
	第一级放大倍数 A_{u1}	10.9		第一级放大倍数 A_{u1}	10.9	
第二级放大电路	第二级放大输出(峰峰值) $U_O(V)$	1.146 V		第二级放大输出(峰峰值) $U_O(V)$	320.817 mV	
	第二级放大倍数 A_{u2}	148.9		第二级放大倍数 A_{u2}	41.5	
整体二级放大电路	总电压放大倍数 A_u	1622		总电压放大倍数 A_u	454	

（2）测量输入电阻 R_i

点击开关 J1，打开开关，接入 R_s，在正常放大状态下，用数字万用表 XMM1 的交流电压挡读出电压数据，改变 XMM1 为串联接法，用交流电流挡测得电流数据，在输入回路中串联接入数字万用表 XMM4，如图 2.62 所示，通过公式计算：

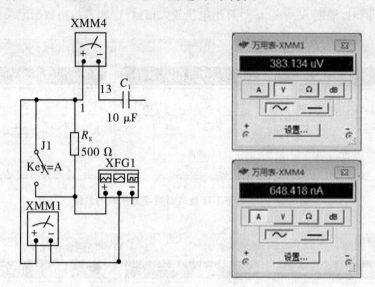

图 2.62　数字万用表测的输入电压、输入电流数据

$$R_i = \frac{U_{i1}}{I_{i1}} = \frac{383.134 \ (\mu V)}{648.418 \ (nA)} \approx 0.6 \ (k\Omega)$$

（3）测量输出电阻 R_O

用数字万用表的交流电压挡测量 J2 断开（不带负载）时的 U_O 和 J2 闭合（带负载）时的 U_{OL}，两种情况下，分别点击数字万用表 XMM2，读出数据，如图 2.60 和图 2.61 所示。J2 断开时（不接负载），$U_O = 1.146$ V，J2 闭合时（接上负载），$U_{OL} = 320.817$ mV。由此，计算输出电阻为

$$R_O = (U_O/U_{OL} - 1) \times R_L = (1146/320.816 - 1) \times 3 \ k\Omega = 9 \ k\Omega$$

2. 实践操作

（1）静态工作点的调测

根据图 2.56 正确连接电路，调节直流稳压电源为 12 V，加入电路。在放大电路的输入端加入 $f = 1$ kHz 的正弦信号，用示波器观察输出电压的波形，反复调节电位器 R_{W1}、R_{W2} 和输入信号 u_i 的大小，使输出电压 u_o 为最大不失真输出电压。然后，断开输入信号，将输入端对地短路，用万用表测试电路的静态工作点，将结果填入表 2.15 中，并与仿真结果进行比较。

（2）测量电压放大倍数

当输入信号 $U_i = 1$ mV、$f = 1$ kHz 时，用示波器观察各输出信号的波形，在波形不失真的情况下，用晶体管毫伏表测出表 2.16 中的一些参数，算出各级放大器的电压放大倍数和总的电压放大倍数。测试结果填入表 2.16 中，并与仿真数据进行比较。

　实训思考

① 如何测量输入电阻和输出电阻?

② 怎样测量电压放大倍数? 接入负载和不接入负载对放大倍数有何影响?

③ 如果让你设计多级放大电路,你如何分配各级电路的电压放大倍数? 分配的依据是什么?

④ 如果在电路中引入负反馈,效果如何?

知识 2.6.1　多级放大电路的组成及性能估算

微弱的电信号经过一级放大器放大后往往不能满足输出端负载或系统的要求。为了获得更高的放大倍数,常需要将放大器一级一级的连接起来,这样的电路称为多级放大电路,简称多级放大器。其中接入信号的是第一级,也称为输入级;接下来顺次为第二级、第三级,直至末级。前级相当于后级的信号源,后级相当于前级的负载。

1. 多级放大器的耦合方式

多级放大器级与级之间的连接方式称为耦合。多级放大器级间耦合方式一般有三种方式,即变压器耦合、阻容耦合和直接耦合。为保证耦合前后电路能正常工作,级间耦合一般满足下面的两个基本条件:

① 保证耦合前后信号可以顺利地由前级传递到后级,并尽可能减小功率损耗和波形失真。

② 耦合前后,对各级静态工作点没有影响,或者保证静态工作点合适。

下面分别讨论这几种耦合方式的特点。

(1) 阻容耦合方式

如图 2.63 所示两级间通过电容与下级输入电阻相连的耦合方式称为阻容耦合。

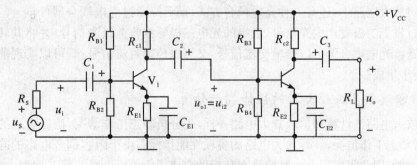

图 2.63　阻容耦合放大电路

阻容耦合通过耦合电容的作用使级间直流工作点互不影响,各级静态值可以独立进行分析计算,且交流信号可以顺利地在级间进行传递,有结构简单、体积小、成本低、频率特性较好等优点,但它不适合传递缓慢变化的信号或直流信号,另外在集成电路中难于制造大容量的电容,因此阻容耦合方式在集成电路中几乎无法应用。

（2）变压器耦合

如图2.64（a）所示，利用变压器原副线圈的"隔直传交"，使得放大器的前后级的静态工作点相互隔离，而交流信号能顺利传递。但变压器耦合由于体积大，成本较高，不便于集成，另外频率特性也不够好，在功率输出电路中已逐步被无变压器的耦合方式所代替，但它仍在高频放大，特别是选频放大电路中具有特殊的地位，比如收音机接收信号就是利用接收天线和耦合线圈来实现的。

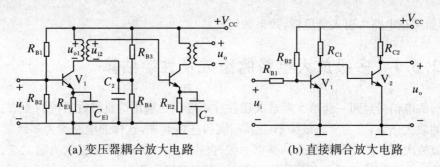

(a) 变压器耦合放大电路　　　　　　(b) 直接耦合放大电路

图2.64　变压器耦合放大电路和直接耦合放大电路

（3）直接耦合

前一级的输出端直接接到下一级的输入端的耦合方式称为直接耦合，如图2.64（b）所示电路。直接耦合方式使信号传输的损耗较小，不仅能对交流信号能进行放大，而且还能放大缓变信号。但由于耦合后前后级直接连接，所以前后级之间的静态工作点不能相互独立，因此，整个放大电路必须统一设置静态工作点。当某一级静态工作点发生变化时，其前后级也将受到影响。例如，在环境温度或电源电压等外界因素影响下，若第一级放大器的静态工作点发生了改变，则这个变化会作为信号被放大器逐级放大，这样一来即使输入信号为零，输出端也会有一个信号输出，这种现象称为零点漂移。这种现象会使有用信号淹没，所以在电路中会采取一定措施来抑制零点漂移现象。由于直接耦合方式便于电路的集成化，所以直接耦合方式的实际应用很广泛。

在多级放大电路中，还有一种光电耦合方式，前后级通过光电耦合器件耦合。前级的输出信号通过发光二极管产生光信号，后级的光电三极管接收前级光信号，并将其转化为电信号向后传送。光电耦合既可以传输交流信号，又可以传输直流信号；既可以实现前后级静态隔离，又便于集成。

2. 阻容耦合多级放大器的性能指标估算

多级放大电路的计算和单级放大电路一样，先分析静态工作情况，确定合适的静态工作点，再分析动态工作情况，计算放大电路的各项性能指标。由于阻容耦合电路的静态工作点是相互独立的，因此阻容耦合电路的静态分析就变成了各单级电路的静态计算。

对多级放大电路进行动态分析时，必须考虑级与级之间的影响，将前级电路作为后级电路的信号源或将后级电路作为前级的负载来考虑。这样，单级放大电路的很多公式和结论都可以直接应用于多级放大电路的计算中。

如图2.65所示，因为多级放大器是多级串联逐级连续放大的，所以总的电压放大倍数是各级放大倍数的乘积，即

$$A_u = A_{u1} \times A_{u2} \times \cdots \times A_{un}$$

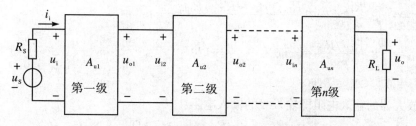

图 2.65　多级放大电路示意图

需注意后级放大器的输入电阻作为负载将会影响前级放大倍数。

若用分贝表示(dB),则多级放大器总的增益是各级放大器增益之和,即

$$A_u(\text{dB}) = A_{u1}(\text{dB}) + A_{u2}(\text{dB}) + \cdots + A_{un}(\text{dB})$$

多级放大器的输入电阻和输出电阻就把多级放大器等效为一个放大器,从输入端看放大器得到的电阻为输入电阻,从输出端看放大器得到的电阻为输出电阻。

【例 2.6】　某三级放大电路中,若 $A_{u1}=10, A_{u2}=1000$,试问总的电压放大倍数是多少? 总的电压增益是多少?

解: 总的电压放大倍数为

$$A_u = A_{u1} \times A_{u2} = 10 \times 1000 = 10^4$$

总的电压增益为

$$A_u(\text{dB}) = A_{u1}(\text{dB}) + A_{u2}(\text{dB}) = 20\lg|A_{u1}| + 20\lg|A_{u2}| = 80(\text{dB})$$

【例 2.7】　如图 2.63 所示的两级阻容耦合放大电路,已知 $\beta_1 = 80, \beta_2 = 60, R_{B1} = 100~\text{k}\Omega, R_{B2} = 25~\text{k}\Omega, R_{c1} = 15~\text{k}\Omega, R_{E1} = 5.1~\text{k}\Omega, R_{B3} = 33~\text{k}\Omega, R_{B4} = 6.8~\text{k}\Omega, R_{c2} = 7.5~\text{k}\Omega, R_{E2} = 2~\text{k}\Omega, C_{e1} = C_{e2} = 100~\mu\text{F}, C_1 = C_2 = C_3 = 47~\mu\text{F}, V_{CC} = 20~\text{V}, R_L = 5~\text{k}\Omega$,信号源内阻 $R_S = 600~\Omega$,设三极管的发射结压降为 0.7 V。试求:

① 两级放大电路的电压放大倍数和源电压放大倍数。

② 两级放大电路的输入电阻和输出电阻。

解: 先求各级静态工作点,并由此得出 r_{be1} 和 r_{be2}:

$$U_{B1Q} \approx \frac{R_{B2}}{R_{B1}+R_{B2}} V_{CC} = \frac{25}{100+25} \times 20 = 4~(\text{V})$$

$$I_{C1Q} \approx I_{E1Q} = \frac{U_{B1Q}-U_{BEQ}}{R_{E1}} = \frac{3.3~(\text{V})}{5.1~(\text{k}\Omega)} = 0.65~(\text{mA})$$

$$U_{CE1Q} = V_{CC} - I_{C1Q}(R_{C1}+R_{E1}) = 20 - 0.65~(\text{mA}) \times (15+5.1)~(\text{k}\Omega) = 7~(\text{V})$$

$$r_{be1} = r_{bb'} + (1+\beta)\frac{26~(\text{mV})}{I_{E1Q}(\text{mA})} = 300 + 81\frac{26}{0.65} = 3.5~(\text{k}\Omega)$$

$$r_{be1} = 3.7~\text{k}\Omega, \quad r_{be2} = 2.2~\text{k}\Omega$$

$$U_{B2Q} \approx \frac{R_{B4}}{R_{B3}+R_{B4}} V_{CC} = \frac{6.8}{33+6.8} \times 20 = 3.4~(\text{V})$$

$$I_{C2Q} \approx I_{E2Q} = \frac{U_{B2Q}-U_{BEQ}}{R_{E2}} = \frac{2.7~(\text{V})}{2~(\text{k}\Omega)} = 1.35~(\text{mA})$$

$$U_{CE2Q} = V_{CC} - I_{C2Q}(R_{C2}+R_{E2}) = 20 - 1.35~(\text{mA}) \times (7.5+2)~(\text{k}\Omega) = 7.18~(\text{V})$$

$$r_{be2} = r_{bb'} + (1+\beta)\frac{26~(\text{mV})}{I_{E2Q}(\text{mA})} = 300 + 61 \times \frac{26}{1.35} \approx 1.5~(\text{k}\Omega)$$

$$r_{i2} = R_{B3} /\!/ R_{B4} /\!/ r_{be2}$$

$$A_{u1} = -\beta_1 \frac{R'_{L1}}{r_{be1}} = -\beta_1 \frac{R_{L1}//r_{be2}//R_{B3}//R_{B4}}{r_{be1}} \approx -43$$

$$A_{u2} = -\beta_2 \frac{R_L//R_{C2}}{r_{be2}} = -60 \times \frac{3}{1.5} = -120$$

$$A_u = A_{u1} \times A_{u2} = 5160$$

多级放大器的输入电阻即输入级的输入电阻：

$$R_i = r_{be1}//R_{B1}//R_{B2} \approx 3 \text{ k}\Omega$$

多级放大器的输出电阻即输出级的输出电阻：

$$R_O = R_{C2} = 7.5 \text{ k}\Omega$$

若对于直接耦合放大电路,各级的静态工作点不独立,要注意级与级之间的相互影响。

模块 2.7　放大器设计

 **实训目的**

① 熟悉基本放大电路的典型结构与组成,学会选用典型电路,依据设计指标要求计算元件参数以及工程上如何选用电路元器件的型号与参数。

② 掌握基本放大电路的调试过程与调试要领,掌握基本放大电路有关参数的实验测量方法。

③ 探索放大电路的设计、仿真与安装的方法。

 **实训要求**

设计一单级放大电路将 5 mV 的信号源放大 40 倍以上,供给 5.1 kΩ 的负载电阻,现有 12 V 直流电源为放大电路供电,信号源内阻 600 Ω,要求输入电阻大于 1 kΩ,输出电阻小于 5 kΩ,频率范围为 100 Hz~100 kHz。

 **实训指导**

1. 选择电路形式

单级放大电路一般选择分压式偏置放大电路,可以获得稳定的静态工作点。

2. 选择晶体三极管

因电路的上限频率较高,所以选择高频小功率管。

放大电路中的晶体三极管的 β 值一般要求比电路的放大倍数要高,所以选取 $\beta > 40$,由于电源电压为 12 V,所以管子的 $U_{BR(CEO)} > 1.5 V_{CC}$,据此选择 3DG100,其参数为 $\beta = 60$,$U_{BR(CEO)} \geqslant$ 20 V,上限频率大于 150 MHz。由于 Multisim 是国外的公司,他所设计的现实模型主要是国外几个大公司的产品,本设计用到 3DG100,也可以用 BJT-NPN-VIRTUAL 代替,而它的典型 β 值为 100,需要修改,修改方法:双击电路窗口中 BJT-NPN-VIRTUAL 的元件符号,打开 BJT-

NPN-VIRTUAL 的属性对话框,如图 2.66 所示。单击"参数"页上的"编辑模型"按钮,出现相应的对话框,如图 2.67 所示。在所有参数中,BF 就是 β,将数值改为 100,然后单击"更换部件模型"按键,回到属性对话框,单击"确定"按钮,完成 BJT-NPN-VIRTUAL 的 β 值的修改。

图 2.66 "BJT-NPN-VIRTUAL"属性设置对话框　　　**图 2.67 "编辑模型"对话框**

3. 选择元器件参数

根据电路形式和三极管参数选择元器件参数,并确定静态工作点。在 Multisim 仿真软件中对设计的电路进行仿真测试,如果有需要,则再进行修改。

4. 安装与调试

对最终确定的方案进行电路的安装与调试。

1. 设计思路和过程参考

根据实训要求,本电路原理图如图 2.42(a)所示,则根据分压式偏置放大电路的静态估算来确定元器件参数。本电路中要求输入电阻 R_i 大于 1 kΩ,即要求 $r_{be} > 1$ kΩ,由此可推出静态工作点,即

$$r_{be} = r_{bb'} + (1+\beta)\frac{26 \ (\text{mV})}{I_{EQ}(\text{mA})} \approx 300 + (1+\beta)\frac{26 \ (\text{mV})}{I_{CQ}(\text{mA})} > 1 \ (\text{kΩ})$$

所以有

$$I_{CQ} < \frac{26\beta}{100-300} \ (\text{mA}) = 2.2 \ (\text{mA})$$

取 $I_{CQ} = 1.8$ mA。

3DG100 是高频小功率硅管,所以取电路的 $U_{BQ} = 3$ V,则

$$R_E = \frac{U_{BQ} - U_{BEQ}}{I_{CQ}} \approx 1.2 \ (\text{kΩ})$$

取 $R_E = 1$ kΩ。

在工程上,通常取 $I_2 \geqslant (5 \sim 10) I_{BQ}$,本电路取 $I_2 = 5 I_{BQ}$ 所以有

$$R_{B2} = \frac{U_{BQ}}{5 I_{CQ}} \beta = 20 \ (\text{kΩ})$$

则

$$R_{B1}=\frac{V_{CC}-U_{BQ}}{U_{BQ}}R_{B2}=60（k\Omega）$$

具体电路连接时,可用 20 kΩ 的固定电阻和 100 kΩ 的电位器串联代替 R_{B1},以方便调整静态工作点。

依上面的静态工作点,可得

$$r_{be}=r_{bb'}+(1+\beta)\frac{26（mV）}{I_{EQ}（mA）}\approx300+(1+\beta)\frac{26（mV）}{I_{CQ}（mA）}\approx1.2\ k\Omega$$

$$A_u=-\beta\frac{R_C//R_L}{r_{be}}=-60\frac{R_L'}{r_{be}}>40$$

所以

$$R_C>1\ k\Omega$$

取

$$R_C=2.5\ k\Omega$$

根据放大器的频率范围还可确定耦合电容的值:

$$C_1=C_2\geqslant(3\sim10)\frac{1}{2\pi f_L(R_S+r_{be})}=8.3（\mu F）$$

取 $C_1=10\ \mu F$。

$$C_E\geqslant(1\sim3)\frac{1}{2\pi f_L(R_E//\dfrac{R_S+r_{be}}{\beta+1})}=98.5（\mu F）$$

取 $C_E=100\ \mu F$。

综上所述,电路元器件基本确定。

2. 利用 Multisim 仿真软件进行仿真实现

在 Multisim 仿真软件中搭建电路,如图 2.68 所示。

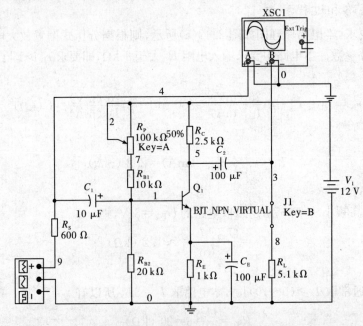

图 2.68　单管共射放大电路

1) 静态仿真分析

当输入信号设置为频率 1 kHz 和大小 5 mV,数字示波器的波形显示如图 2.69 所示。

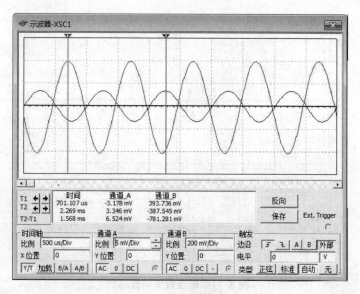

图 2.69 数字示波器的波形

再对静态工作点进行仿真,如图 2.70 所示,可以看出:静态工作点的设置合理,$U_{be} = 0.608$ V,处于放大状态,电路不失真。

(a)静态工作点分析设置

(b)静态工作点分析结果

图 2.70 分压式偏置放大电路静态工作点仿真

2) 动态调试

没有非线性失真时(选用 1 kHz,5 mV 左右正弦波),分别测量交流电压放大倍数、输入电阻、输出电阻。

(1) 测电压放大倍数

使用示波器对输入、输出信号波形进行仿真如图 2.71 所示,从信号波形对比可以看出,电压放大倍数约为

$$A_{uL} = 1.16 \times \frac{200 \ (\text{mV})}{2 \ (\text{mV})} = 116$$

当输入信号峰值 3.359 mV 时,输出信号约为 394.774 mV,所以放大倍数约为 117 倍,满足设计要求。

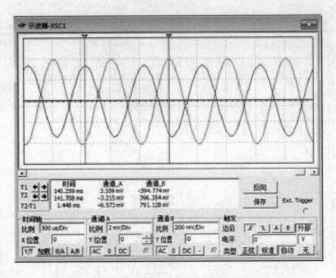

图 2.71 电压放大倍数测试

(2) 测量输入电阻 R_i

测输入电阻的电路和万用表的读数如图 2.72 所示,则有

$$R_i = \frac{U_i}{I_i} = \frac{2.398\ (\text{mV})}{1.905\ (\mu\text{A})} \approx 1.3\ (\text{k}\Omega) > 1\ \text{k}\Omega$$

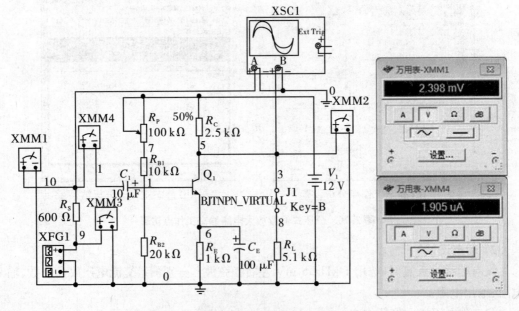

图 2.72 测输入电阻的电路和万用表的读数

(3) 测量输出电阻 R_o。

如图 2.73 所示,读得接负载和不接负载两种情况下输出电压的数据,由此,计算输出电阻为

$$R_O = (U_O/U_i - 1) \times R_L = (436.648/286.799 - 1) \times 5.1 \ (k\Omega) \approx 2.66 \ (k\Omega) < 5 \ k\Omega$$

(a) 开关J1断开不接负载   (b) 开关J1闭合上接负载

图 2.73 读出输出电压数据

与理论值比较,基本一致,符合设计要求。

电路的设计方案不是唯一的,而且参数的选择在满足要求的条件下也不是唯一的,我们要尽量做到能耗低、降低成本且满足设计要求。

2. 电路的安装与调试

按上述电路原理图将各种设备以及元器件配置齐全,连接电路,注意使用一只 10 kΩ 电阻和 100 kΩ 电位器串联代替设计原理图中的 60 kΩ 电阻,以方便调试静态工作点。

(1) 静态工作点的调试

调节直流稳压电源输出为 12 V,接入电路(注意电源正负极),调整基极偏置电阻,即可改变静态时的基极电流 I_{BQ},从而使静态工作点达到最佳。在实际应用中常用动态信号调试法,使用函数发生器产生的信号来调整静态工作点使其达到最佳。

接入频率为 1 kHz 的正弦波信号 u_i,函数发生的正弦波衰减调至 40 dB 位置,正弦波幅度旋从最小开始慢慢加大,即使 u_i 从零开始慢慢增大,在示波器上观察输出波形(输出端先不接入负载),直至放大器出现失真,这时可以调节电位器 R_P 使失真消失(或改善)。再逐渐加大信号,调 R_P,反复调整,直至输出波形 u_o 最大而不失真为止。此时对应的工作点就是最佳工作点。

使用万用表的电压挡测量出放大电路中三极管的 U_{CEQ}、I_{CQ} 等静态工作点的值。在调出最大不失真时,我们可以测出电路的最佳工作点。调节 R_P 使输出的波形明显饱和失真,再测一下工作点,与最佳情况进行比较。然后,再调 R_P 使输出的波形正常,这时加大信号,调 R_P 使输出波形出现截止失真,测量工作点,与正常、饱和情况进行比较,从而可知工作点对输出波形的影响情况。

(2) 动态性能的测定

在找到最佳静态工作点的基础上,在示波器上分别测出 u_i、u_o 的幅值,再在输出端接入负载后测出 u_{OL} 的值,根据放大倍数的计算公式计算出 A_u 和 A_{uL}。

$$A_u = \frac{U_O}{U_i}, \quad A_{uL} = \frac{U_{OL}}{U_i}$$

在上面的基础上,在示波器上分别测出 u_i、u_s、u_o、u_{OL}。根据基本放大电路的输入和输出电阻的计算公式计算出 R_i 和 R_O。

通过以上的测试,本放大电路的各种动静态工作情况均满足设计要求,即可。

项 目 小 结

1. 晶体三极管是三端有源器件,按结构可分为 NPN 型和 PNP 型,当外部工作条件满足发射结正偏、集电结反偏时,有电流放大作用,故可用于构成放大电路。

2. 不同类型的三极管都能具有电流放大作用,只是外加电压的方向不同。NPN 型三极管处于放大状态时,三个电极电位关系为 $V_C > V_B > V_E$;PNP 型三极管处于放大状态时,则三个电极电位关系为:$V_E > V_B > V_C$。

3. 三极管的输出特性总结如表 2.17 所示。

表 2.17　三极管的输出特性

工作状态 \ 特点	PN 结偏置状态	条件	各极电流	等效应用
放大状态	发射结正偏,集电结反偏	$i_B > 0$ 且 $u_{CE} > u_{BE}$	$i_C = \beta i_B$	电流放大器
饱和状态	两结均正偏	$i_B > 0$ 且 $u_{CE} < u_{BE}$	$i_C = i_{C(sat)}$	开关(闭合状态)
截止状态	两结均反偏	$i_B = 0$ 或 $u_{BE} \leqslant 0$	i_B、i_C、$i_E \approx 0$	开关(断开状态)

4. 用来对电信号进行放大的电路称为放大电路或放大器,它的主要动态性能指标有放大倍数、输入电阻和输出电阻等。

5. 晶体三极管组成的基本单元放大电路有共射、共集和共基三种基本组态。共射电路具有倒相放大作用,输入电阻和输出电阻适中,常用作中间放大级;共集放大电路的电压放大倍数小于 1 且近似等于 1,它的输入电阻高、输出电阻低,常用作放大电路的输入级、中间隔离级和输出级;共基极放大电路具有同相放大作用,输入电阻很小而输出电阻较大,它适用于高频或宽带放大。

6. 晶体三极管放大电路的静态分析常采用估算法,利用电路的 KVL 定律和三极管的电流放大特性估算出电路的静态工作点,即 U_{CEQ}、I_{CQ}、I_{BQ}。

7. 晶体三极管放大电路的动态分析(在信号微小时)常采用微变等效电路法,利用三极管的微变等效电路,结合电路的 KVL 定律分析出电路的动态性能。在分析大信号放大电路时,常采用图解分析法。

8. 多级放大电路常用的耦合方式有:阻容耦合、变压器耦合和直接耦合。多级放大电路的电压放大倍数等于各级放大器的放大倍数的乘积。

习　　题

2.1　判断题:

(1) 三极管具有电流放大作用,所以只能用于放大电路。　　　　　　　　　　　　　(　　)

(2) 电流放大作用是三极管的特性,所以在任何条件下都具有此特性。　　　　（　　）

(3) 当三极管内部结构中的两个 PN 结都导通时,三极管才具有电流放大作用。（　　）

(4) 三极管交替工作在饱和区和截止区时,具有开关作用。　　　　　　　　（　　）

(5) 共集放大电路又称射极跟随器,电压放大倍数恒为1,所以没有放大作用。（　　）

(6) 选择三极管用于放大电路时,应选择电流放大系数较大的管子。　　　　（　　）

2.2　填空题:

(1) 三极管内部结构由两个 PN 结将其分为三个区,两个结分别是＿＿＿＿＿＿＿＿和＿＿＿＿＿＿＿＿＿,三个区分别是＿＿＿＿＿＿、＿＿＿＿＿＿＿和＿＿＿＿＿＿。

(2) 在低频小信号放大电路的分析中,直流通路中的电容可视为＿＿＿＿＿＿;交流通路中小容抗的电容可视为＿＿＿＿＿＿,内阻小的直流电源可视为＿＿＿＿＿＿。

(3) 在共射放大电路中,输出电压与输入电压相位＿＿＿＿＿＿;在共集放大电路中,输出电压与输入电压相位＿＿＿＿＿＿;在共基放大电路中,输出电压与输入电压相位＿＿＿＿＿＿。

(4) 某放大器已知负载开路时输出电压为 2 V,接入一 2 kΩ 负载电阻后输出电压变为 1 V,则该放大器的输出电阻约为＿＿＿＿＿＿。

(5) 在三极管的放大区,当管子的 I_B 为 10 μA 时,I_C 约为 1 mA,由此管子的 β 约是＿＿＿＿＿＿。

2.3　已测得电路中的各三极管的各电极对地电位如图 2.74 所示,试判断它们各工作在什么状态?

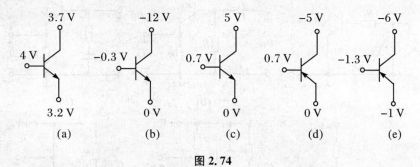

图 2.74

2.4　现测得放大电路中三极管的电极电流或电极电位如图 2.75 所示,在圆圈中画出管子的符号。

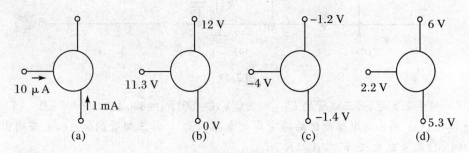

图 2.75

2.5　放大电路及三极管输出特性曲线如图 2.76 所示,$R_B = 300$ kΩ,$R_C = 5$ kΩ,$V_{CC} = 12$ V。(1) 用图解法求静态工作点。(2) 当 R_B 由 300 kΩ 变为 150 kΩ 时,Q 点将如何

移动,是否合适?(3) 当 R_C 由 5 kΩ 变为 4 kΩ 时,Q 点将如何移动,是否合适?(4) 当电源电压 V_{CC} 由 12 V 变为 6 V 时,Q 点将如何移动?

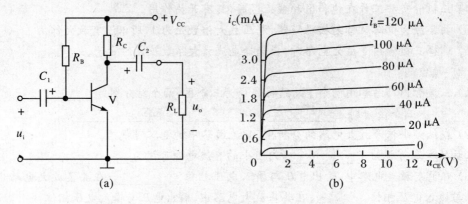

图 2.76

2.6　各放大电路如图 2.77 所示,它们能否放大正弦交流信号? 如不能,改正其错误。设图中电源、电阻、电容大小均为合适值,电容对交流信号均可视为短路。

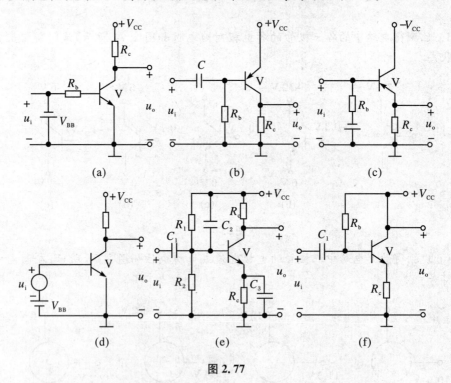

图 2.77

2.7　对于 2.5 题,若三极管的 $U_{BEQ}=0.6$ V,$\beta=50$,$R_B=300$ kΩ,$R_C=4$ kΩ。(1) 试估算 Q 点各值;(2) 画出该电路简化的微变等效电路;(3) 计算三极管的 r_{be};(4) 若输出端接上 $R_L=4$ kΩ 的负载电阻,试求 A_{uL}、R_i、R_o。

2.8　有放大电路如图 2.78 所示,晶体三极管的 $\beta=50$,$R_{B1}=40$ kΩ,$R_{B2}=8$ kΩ,$R_C=3$ kΩ,$R_L=3$ kΩ,$V_{CC}=12$ V,$R_E=1$ kΩ,$R_{bb'}=300$ Ω,U_{BEQ} 可以忽略不计。(1) 求静态工作点;(2) 计算三极管的 r_{be};(3) 画出微变等效电路;(4) 计算 A_u、R_i、R_O;(5) 若电容 C_E 开路,动态性能参数有变化吗? 各是多少?

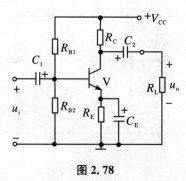

图 2.78

2.9 电路如图 2.79,三极管的 $\beta=80$,$r_{be}=1$ kΩ。$R_B=200$ kΩ,$R_E=3$ kΩ,$R_L=3$ kΩ,$V_{CC}=15$ V,(1) 求静态工作点;(2) 求电路的 A_u、R_i 和 R_O;(3) 若 $R_S=2$ kΩ,求电路的 A_{us}。

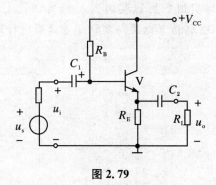

图 2.79

2.10 根据放大电路的三种组态,按要求填写表 2.18。

表 2.18

电路名称	连接方式			性能比较(大、中、小)				
	公共极	输入极	输出极	A_u	A_i	R_i	R_O	其他
共射电路								
共集电路								
共基电路								

2.11 如图 2.80 所示的两级阻容耦合的电路中,已知 $\beta_1=60$,$\beta_2=50$,$R_{B1}=20$ kΩ,$R_{B2}=10$ kΩ,$R_{C1}=2$ kΩ,$R_{E1}=2.2$ kΩ,$R_{B3}=36$ kΩ,$R_{B4}=10$ kΩ,$R_{C2}=3$ kΩ,$R_{E2}=1.5$ kΩ,$C_{E1}=C_{E2}=100$ μF,$C_1=C_2=C_3=47$ μF,$V_{CC}=15$ V,$R_L=5$ kΩ,若两个晶体三极管的输入电阻均为 $r_{be}=1$ kΩ,试求:(1) 各级的输入和输出电阻;(2) 放大器的放大倍数;(3) 放大器的输入和输出电阻。

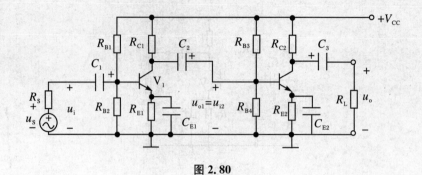

图 2.80

2.12　某三级放大电路中,若 $A_{u1}=10$,$A_{u2}=100$,$A_{u3}=100$,试问总的电压放大倍数是多少? 总的电压增益是多少?

2.13　采用估算法分别对实训 2.2.1、实训 2.3.1、实训 2.4.1、实训 2.5.1、实训 2.6.1 中的实训电路进行估算分析,并将估算结果与实训测量结果进行比较分析。

项目 3 场效应管放大器

学习目标

1. 掌握场效应管的结构、特性和放大电路的仿真与分析方法。
2. 掌握场效应管的原理及伏安特性,了解三极管与场效应管的不同点和相同点。
3. 掌握场效应管的好坏判断和检测方法。
4. 熟悉场效应管基本放大电路的组成及工作原理。

模块 3.1 场效应管的认识与选择

场效应晶体管(Field Effect Transistor,FET)简称场效应管。前面学习的晶体三极管是由两种极性的载流子,即多数载流子和少数载流子参与导电,因此称为双极型晶体管,而场效应管仅由多数载流子参与导电,称为单极型晶体管。晶体三极管属于电流控制型器件,而场效应管属于电压控制型半导体器件,它利用输入电压产生电场效应来控制半导体材料的导电能力。本节主要介绍场效应管的结构、基本特性及其工作原理。

场效应管是继三极管之后发展起来的另一类具有放大作用的半导体器件,其特点是输入阻抗高、噪声低、热稳定性好、抗辐射能力强、制造工艺简单,在集成电路中占有重要地位。

根据结构不同,场效应管分为结型场效应管和绝缘栅型场效应管两大类。结型场效应管又包括 N 沟道和 P 沟道;绝缘栅型场效应管简称 MOS 场效应管,不仅包括 N 沟道和 P 沟道,而且每种沟道又分成增强型和耗尽型。图 3.1 所示为几种常见场效应管。

图 3.1 几种常见的场效应管

实训 3.1.1 结型场效应管的特性测试

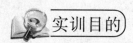 **实训目的**

① 深刻理解结型场效应管的特性。

② 能够在 Multisim 环境下对结型场效应管的特性测试进行仿真。

③ 能够利用面包板连接实际电路,并用仪器与设备调试及检测。

 实训电路

电路如图 3.2 所示。

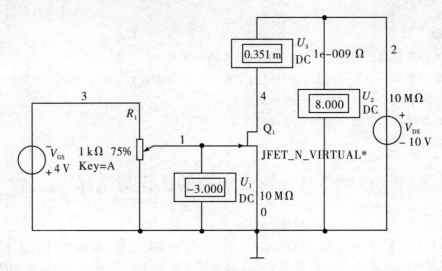

图 3.2　场效应管特性测试电路

 实训环境

① 软件环境:Multisim 软件。

② 硬件环境:计算机、双路直流稳压电源、函数信号发生器、双踪示波器、低频毫伏表、数字万用表。

 实训步骤及内容

① 在 Multisim 软件环境下连接仿真电路,结型场效应管特性测试电路如图 3.2,取 u_{GS} =−4 V。三端电位器是分压接法,调节电位器阻值大小(即滑动端所在位置的百分比),则可以改变加在场效应管栅极和源极之间的电压 u_{GS},并随即观测电流表两端电流值,二者关系如表 3.1 所示。

表 3.1　结型场效应管转移特性的测试结果

栅源电压 u_{GS}(V)	0	−0.5	−1	−1.5	−2	−2.5	−3	−3.5	−4
漏极电流(mA)	5.603	4.240	3.151	2.155	1.402	0.769	0.352	0.082	0

② 有了以上数据,则可用逐点描述法绘出结型场效应管的转移特性曲线。

③ 调节 V_{GG},使 u_{GS} 按表 3.2 中所给定的数值变化;对于每一个 u_{GS},调节 V_{DD},使 u_{DS} 按表 3.2 中所给定的数值变化,测出相应的 i_D 值,并填入表 3.2 中。

表 3.2 结型场效应管输出特性的测试结果

$u_{GS}=0$ V	u_{DS}(V)	10	5	1.0	0.7	0.4	0
	i_D(mA)	5.603	5.601	2.450	1.788	1.064	0
$u_{GS}=-1$V	u_{DS}(V)	15	10	1.0	0.7	0.4	0
	i_D(mA)	3.151	3.151	1.750	1.299	0.784	0
$u_{GS}=-2$V	u_{DS}(V)	15	10	1.0	0.7	0.4	0
	i_D(mA)	1.402	1.401	1.050	0.808	0.504	0
$u_{GS}=-3$V	u_{DS}(V)	15	10	1.0	0.7	0.4	0
	i_D(mA)	0.352	0.351	0.350	0.319	0.224	0
$u_{GS}=-4$V	u_{DS}(V)	15	10	1.0	0.7	0.4	0
	i_D(mA)	0	0	0	0	0	0

④ 由表 3.2 中数据同样可以得到结型场效应管的输出特性曲线。

⑤ 用实际元器件搭接电路进行结型场效应管的特性曲线测试。

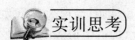 实训思考

① 什么是分压接法?

② 根据仿真测试结果总结结型场效应管的特性曲线有什么特点。

知识 3.1.1 结型场效应管

场效应管分为结型和绝缘栅型两种,结型包括 N 沟道和 P 沟道两种。

1. 结型场效应管的结构和符号

图 3.3 所示为 N 沟道结型场效应管结构示意图以及符号。N 沟道结型场效应管是在 N 型单晶硅片的两侧利用一定的工艺做成高掺杂浓度的 P 型区(用符号 P^+ 表示),形成两个 P^+N 中间一个 N 型区的结构。两侧的 P 区连接在一起,引出一个电极,叫做栅极 g(G),N 区的一端是漏极 d(D),另一端是源极 s(S)。两个 PN 结中间的 N 区称为导电沟道(简称沟道)。如果在漏极和源极之间加上一个正向电压,即漏极接电源正端,源极接电源负端,则 N 型半导体材料中的多数载流子(电子)就会在源极和漏极之间流动形成电流。这种场效应管的导电沟道是 N 型的,所以称为 N 沟道结型场效应管,电路符号如图 3.3(b)所示,电路符号中的箭头由 P^+ 区指向 N 区。

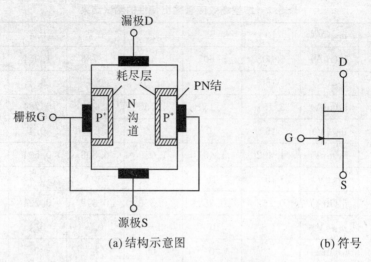

(a) 结构示意图　　　　　　　　　　(b) 符号

图 3.3　N 沟道结型场效应管

　　P 沟道结型场效应管结构示意图以及符号如图 3.4 所示。在一块 P 型晶体材料的两侧做成高掺杂浓度的 N 型区(用符号 N$^+$ 表示),并将其连在一起引出栅极 g(G),P 型硅的一端是漏极 d(D),另一端是源极 s(S)。两个 PN 结中间的 P 区称为导电沟道(简称沟道)。如果在漏极和源极之间加上一个正向电压,则在 P 型半导体材料即导电沟道中形成电流。这种场效应管的导电沟道是 P 型的,所以称为 P 沟道结型场效应管,电路符号如图 3.4(b)所示,电路符号中的箭头由 N$^+$ 区指向 P 区。

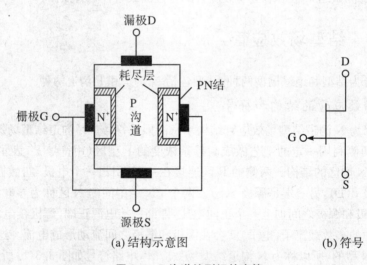

(a) 结构示意图　　　　　　　　　　(b) 符号

图 3.4　P 沟道结型场效应管

　　以上两种场效应管工作原理是类似的。下面我们以 N 沟道结型场效应管为例,介绍它们的工作原理及其特性曲线。

2. 结型场效应管的特性曲线

　　场效应管的特性曲线有转移特性曲线和输出特性曲线,分别描述了场效应管的输入和输出端的电压与电流之间的关系。根据表 3.1 中的测试结果,即根据表 3.1 和表 3.2 中的数据用逐点法作出结型场效应管的转移特性曲线和输出特性曲线,如图 3.5 所示。

（1）转移特性

当场效应管的漏源之间的电压 u_{DS} 某一固定值时，漏极电流 i_D 与栅源之间的电压 u_{GS} 的关系称为转移特性，其表达式如下：

$$i_D = f(u_{GS})\,|\,u_{DS}=常数$$

转移特性描述的是栅源之间的电压 u_{GS} 对漏极电流 i_D 的控制作用。N 沟道结型场效应管的转移特性曲线如图 3.5(a) 所示。从图中看出，当 $u_{GS}=0$ 时，i_D 达到最大值，u_{GS} 负值越大，i_D 越小。当 u_{GS} 等于 $U_{GS(off)}$ 时，漏极电流 $i_D=0$，$U_{GS(off)}$ 称为夹断电压。

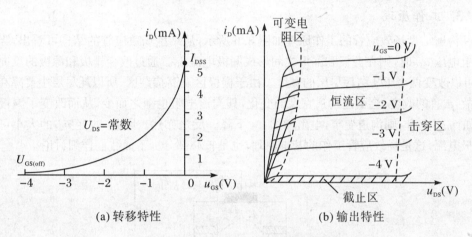

图 3.5　N 沟道结型场效应管的特性曲线

从转移特性曲线上可以得到两个重要参数：一个是转移特性曲线与横坐标轴的交点处电压，它表示漏极电流 $i_D=0$ 时的 u_{GS}，即为夹断电压 $U_{GS(off)}$；另外一个参数是转移特性曲线与纵坐标轴交点处的电流，它表示当 $u_{GS}=0$ 时的漏极电流，称为饱和漏极电流，用符号 I_{DSS} 表示。

（2）输出特性

场效应管的输出特性表示当栅源之间的电压 u_{GS} 为某一固定值时，漏极电流 i_D 与漏源之间电压 u_{DS} 的关系，即

$$i_D = f(u_{DS})\,|\,u_{GS}=常数$$

N 沟道结型场效应管的输出特性曲线如图 3.5(b) 所示。该特性是一族曲线。结型场效应管的输出特性曲线也分为以下几个区：

① 可变电阻区：对应 u_{DS} 较小时的工作区。对于一定的 u_{GS}，i_D 随 u_{DS} 的增加而直线上升，二者之间基本上是线性关系，此时场效应管相当于一个线性电阻；而对不同的 u_{GS}，特性曲线的斜率也不相同，即相当于不同阻值的电阻。因此在可变电阻区，场效应管的漏极与源极之间可以看成是一个受 u_{GS} 控制的可变电阻即压控电阻，所以称为可变电阻区。u_{GS} 值愈小，特性曲线斜率也愈小，则相应的电阻值愈大。

② 恒流区：特性曲线中间近似水平的部分称为恒流区（也称饱和区）。该工作区的特点是：对应于某一 u_{GS} 的值，i_D 基本不随 u_{DS} 而变化，而对不同的 u_{GS} 各自有一个基本不变 i_D，因此恒流区是一族近似水平于 u_{DS} 轴的曲线。该区域是线性放大区，结型场效应管作为放大元件时一般工作在这个区域。在组成放大电路时，为了防止出现非线性失真，应将工作点设置在此区域内。

③ 击穿区:u_{DS}很大,超过 PN 结所能承受的反向电压时,i_D 急剧上升,PN 结被击穿,管子不能正常工作,甚至损坏,所以通常结型场效应管不允许工作在这个区域。

④ 截止区:输出特性曲线靠近 u_{DS} 轴的部分称为截止区(也称夹断区),它对应结型场效应管的导电沟道完全被夹断时,此时 $i_D \approx 0$。

在结型场效应管中,由于栅极与导电沟道之间的 PN 结被反向偏置,所以栅极基本上不取电流,其输入电阻很高,可达 10^7 Ω 以上。但是,在某些情况下希望得到更高的输入电阻,此时可以考虑采用绝缘栅场效应管。

*3. 工作原理

N 沟道结型场效应管的工作原理如图 3.6 所示,从结型场效应管的结构可看出,当 D、S 间加上电压 u_{DS} 时,则在源极和漏极之间形成漏极电流 i_D。通过改变栅极和源极的反向电压 u_{GS},可以改变两个 PN 结耗尽层的宽度。由于栅极区是高掺杂区,所以耗尽层主要降在沟道区。故 $|u_{GS}|$ 的改变,会引起沟道宽度的变化,其沟道电阻也随之而变,从而改变了漏极电流 i_D。如 $|u_{GS}|$ 上升,则沟道变窄,电阻增加,i_D 下降。反之亦然。因此,改变 u_{GS} 的大小可以控制漏极电流,这是场效应管工作的基本原理,也是核心部分。下面我们详细讨论。

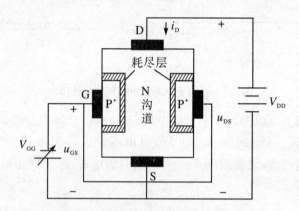

图 3.6 N 沟道结型场效应管工作原理

(1) 结型场效应管的栅极和源极之间的电压 u_{GS} 对漏极电流 i_D 的控制作用

首先假设漏—源极间所加的电压 $u_{DS} = 0$:

① 当 $u_{GS} = 0$ 时,两个 PN 结的耗尽层均很薄,导电沟道较宽,其电阻较小。

② 当 $u_{GS} < 0$,且其大小增加时,在这个反偏电压的作用下,两个 PN 结间的耗尽层将加宽,向 N 沟道中扩展,使沟道变窄,沟道电阻增大。当 $|u_{GS}|$ 进一步增大到一定值 $|U_{GS(off)}|$ 时,两侧的耗尽层将在沟道中央合拢,沟道被夹断。由于耗尽层中没有载流子,因此这时漏—源极间的电阻将趋于无穷大,即使加上一定的电压 u_{DS},漏极电流 i_D 也将为零。这时的栅—源电压 u_{GS} 称为夹断电压,用 $U_{GS(off)}$ 表示。由以上分析可知 N 沟道结型场效应管的夹断电压 $U_{GS(off)}$ 是一个负值。

综上所述,因为 $u_{DS} = 0$,所以当 u_{GS} 变化时,虽然导电沟道随之发生变化,但漏极电流 i_D 总是等于零。同时表明栅源之间的电压 u_{GS} 可以有效地控制沟道电阻的大小。

(2) 当 u_{GS} 为某一固定值时,漏源之间的电压 u_{DS} 的变化对耗尽层和漏极电流 i_D 的影响

在漏极和源极之间加上一定的正向电压后,将会在沟道中产生电流 i_D,在 u_{GS} 一定时,i_D 的大小与 u_{DS} 有关,u_{DS} 通过对沟道宽度的控制,改变沟道的等效电阻及 i_D 的值。

若假设 u_{GS} 值固定,并且 $U_{GS(off)} < u_{GS} < 0$:

① 当漏—源电压 u_{DS} 从零开始增大时,沟道中有电流 i_D 流过。

② u_{DS} 对导电沟道的影响:由于沟道两端加有电压 u_{DS},因此,沿沟道产生的电压降使沟道内各点的电位不再相等,漏极端电位最高,源极端电位最低。这就使栅极与沟道内各点间的电位差不再相等,其绝对值沿沟道从漏极到源极逐渐减小,在漏极端最大,即加到该处 PN 结上的反偏电压最大,这使得沟道两侧的耗尽层从源极到漏极逐渐加宽,沟道宽度不再均匀,而呈楔形。

③ 在 u_{DS} 较小时,i_D 随 u_{DS} 增加而几乎呈线性地增加。它对 i_D 的影响应从两个角度来分析:一方面 u_{DS} 增加时,沟道的电场强度增大,i_D 随着增加;另一方面,随着 u_{DS} 的增加,沟道的不均匀性增大,即沟道电阻增加,i_D 应该下降,但是在 u_{DS} 较小时,沟道的不均匀性不明显,在漏极附近的区域内沟道仍然较宽,即 u_{DS} 对沟道电阻影响不大,故 i_D 随 u_{DS} 增加而几乎呈线性地增加。随着 u_{DS} 的进一步增加,靠近漏极一端的 PN 结上承受的反向电压增大,这里的耗尽层相应变宽,沟道电阻相应增加,i_D 随 u_{DS} 上升的速度趋缓。

④ 当 u_{DS} 增加到 $u_{DS} = u_{GS} - U_{GS(off)}$ 时,即 $u_{GD} = u_{GS} - u_{DS} = U_{GS(off)}$(夹断电压)时,沟道预夹断,即漏极附近的耗尽层在某一点处合拢,这种状态称为预夹断。与前面讲过的整个沟道全被夹断不同,预夹断后,漏极电流 $i_D \neq 0$。因为这时沟道仍然存在,沟道内的电场仍能使多数载流子(电子)作漂移运动,并被强电场拉向漏极。

⑤ 若 u_{DS} 继续增加,使 $u_{DS} > u_{GS} - U_{GS(off)}$,即 $u_{GD} < U_{GS(off)}$ 时,耗尽层合拢部分会有增加,即自合拢处向源极方向延伸,夹断区的电阻越来越大,但此时的漏极电流 i_D 不再随 u_{DS} 的增加而增加,基本上趋于饱和,因为这时夹断区电阻很大,u_{DS} 的增加量主要降落在夹断区电阻上,沟道电场强度增加不多,因而 i_D 基本不变。但当 u_{DS} 增加到大于某一极限值(用 $U_{(BR)DS}$ 表示)后,漏极一端 PN 结上反向电压将使 PN 结发生雪崩击穿,i_D 会急剧增加,正常工作时 u_{DS} 不能超过 $U_{(BR)DS}$。

综上分析可知,沟道中只有一种类型的多数载流子参与导电,所以场效应管也称为单极型三极管。结型场效应管是电压控制电流器件,i_D 受 u_{GS} 控制。预夹断前 i_D 与 u_{DS} 呈近似线性关系;预夹断后,i_D 趋于饱和。另外,在栅极和源极之间加一个反向偏置电压,使 PN 结反向偏置,此时可以认为栅极基本上不取电流,因此,场效应管的输入电阻很高。P 沟道结型场效应管工作时,电源的极性与 N 沟道结型场效应管的电源极性相反。

实训 3.1.2　MOS 场效应管的特性测试

实训目的

① 深刻理解 MOS 场效应管的特性。

② 能够在 Multisim 环境下对 MOS 场效应管的特性测试进行仿真。

③ 能够利用面包板连接实际电路,并用仪器与设备调试及检测。

 **实训电路**

电路如图 3.7 所示。

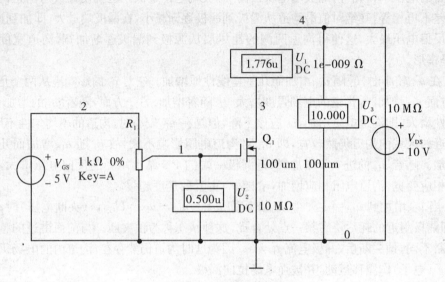

图 3.7　MOS 场效应管特性测试电路

 **实训环境**

① 软件环境:Multisim 软件。

② 硬件环境:计算机、双路直流稳压电源、函数信号发生器、双踪示波器、低频毫伏表、数字万用表。

 **实训步骤及内容**

① 在 Multisim 软件环境下连接如图 3.7 所示电路进行仿真测试。如图 3.7 所示测试电路中,增强型 N 沟道 MOS 场效应管漏极和源极之间加电压 u_{DS},栅极和源极之间加电压 $u_{GS} > 0$,实验测定两项内容:一增强型 N 沟道 MOS 场效应管的转移特性,二增强型 N 沟道 MOS 场效应管的输出特性。

② 取 $u_{GS} = 5\ V, V_{DS} = 10\ V$。三端电位器是分压接法,调节电位器阻值大小(即滑动端所在位置的百分比),则可以改变加在场效应管栅极和源极之间的电压 u_{GS},并随即观测电流表两端电流值,二者关系如表 3.3 所示。

表 3.3　MOS 场效应管转移特性的测试结果

栅源电压 u_{GS}(V)	0	0.5	1	1.5	2	3	4	5
漏极电流(mA)	0	0	0.012	0.025	0.043	0.092	0.162	0.252

③ 有了以上数据,则可用逐点描述法绘出结型场效应管的转移特性曲线。

④ 调节 V_{GG},使 u_{GS} 按表 3.4 中所给定的数值变化;对于每一个 u_{GS},调节 V_{DD},使 u_{DS} 按

表 3.4 中所给定的数值变化,并测出相应的 i_D 值,填入表 3.4 中。

表 3.4　MOS 场效应管输出特性的测试结果

$u_{GS}=5$ V	u_{DS}(V)	0	0.1	0.5	1	2	6
	i_D(mA)	0	0	0.048	0.090	0.161	0.252
$u_{GS}=4$V	u_{DS}(V)	0	0.1	0.5	1	2	6
	i_D(mA)	0	0	0.078	0.070	0.120	0.161
$u_{GS}=3$V	u_{DS}(V)	0	0.1	0.5	1	2	6
	i_D(mA)	0	0	0.028	0.050	0.081	0.091
$u_{GS}=2$V	u_{DS}(V)	0	0.1	0.5	1	2	6
	i_D(mA)	0	0	0	0	0	0
$u_{GS}=1$V	u_{DS}(V)	0	0.1	0.5	1	2	6
	i_D(mA)	0	0	0	0	0	0

⑤ 由表 3.4 中数据同样可以得到绝缘栅型场效应管的输出特性曲线。

⑥ 搭建实际电路进行测量。

实训思考

① 如何在 Multisim 环境下对 MOS 场效应管的特性测试进行仿真?

② 根据仿真测试结果总结结型场效应管的特性曲线的特点。

知识 3.1.2　绝缘栅型场效应管

绝缘栅型场效应管简称 MOS 场效应管,是金属—氧化物—半导体场效应管的简称。MOS 场效应管具有制造工艺简单、面积小、成本低、功耗小等优点,因此在集成电路,特别是大规模和超大规模集成电路中得到广泛应用。

MOS 场效应管分成 N 沟道和 P 沟道,每类又包括增强型和耗尽型两种。它们的结构和工作原理大致相同,因此,这里以增强型 N 沟道为例,介绍 MOS 场效应管的特性。

1. N 沟道增强 MOS 型管

(1) 结构与符号

图 3.8(a)为 N 沟道增强型 MOS 管的结构示意图。用一块 P 型半导体为衬底,在衬底上面的左、右两边制成两个高掺杂浓度的 N 型区,用 N^+ 表示,在这两个 N^+ 区各引出一个电极,分别称为源极 S 和漏极 D,管子的衬底也引出一个电极称为衬底引线 B。管子在工作时 B 通常与 S 相连接。在这两个 N^+ 区之间的 P 型半导体表面做出一层很薄的二氧化硅绝缘层,再在绝缘层上面喷一层金属铝电极,称为栅极 G。图 3.8(b)是 N 沟增强型 MOS 管的符号。

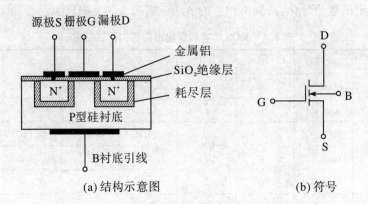

(a) 结构示意图　　　　　　　　(b) 符号

图 3.8　N 沟道增强型 MOS 管的结构和符号

从结构上看,场效应管的栅极与源极、栅极与漏极均无电接触,故称之为绝缘栅场效应管。它们的 S、G、D 极分别对应晶体管的 E、B、C 极。

(2) 特性曲线

绝缘栅型场效应管和结型场效应管一样都是由转移特性曲线和输出曲线来描述其电压与电流之间的关系的。下面我们详细介绍一下 N 沟道增强型绝缘栅 MOS 管的两种特性曲线。

转移特性是指 u_{DS} 为固定值时,i_D 与 u_{GS} 之间的关系,表示了 u_{GS} 对 i_D 的控制作用,即

$$i_D = f(u_{GS})\big|_{u_{DS}=常数}$$

由于 u_{DS} 对 i_D 的影响较小,所以不同的 u_{DS} 所对应的转移特性曲线基本上是重合在一起的,如图 3.9(a) 所示。这时 i_D 可以近似地表示为

$$i_D = I_{DO}\left(\frac{u_{GS}}{U_{GS(th)}} - 1\right)^2 \tag{3.1}$$

式中 I_{DO} 是 $u_{GS}=2U_{GS(th)}$ 时的 i_D 值。另外在使用时要注意,其中的 u_{GS} 必须大于 $U_{GS(th)}$,否则 $i_D=0$。

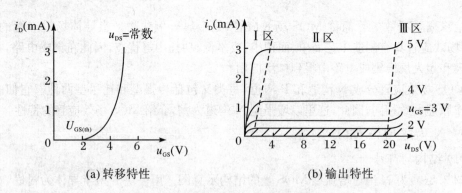

(a) 转移特性　　　　　　　　(b) 输出特性

图 3.9　N 沟道增强型 MOS 管特性曲线

由图 3.9(a) 可知,当 $u_{GS}=0$ 时,$i_D=0$;当 $u_{GS}>U_{GS(th)}$ 时,输出电流 i_D 随着 u_{GS} 的增大而增大。

输出特性是指 u_{GS} 为一固定值时,i_D 与 u_{DS} 之间的关系,即

$$i_D = f(u_{DS})\big|_{u_{GS}=常数}$$

如图 3.9(b) 所示,它描述了当加在栅极和源极之间的电压 $u_{GS}>U_{GS(th)}$ 并保持不变时,漏极电流 i_D 随着漏源之间的电压 u_{DS} 变化的曲线。同三极管一样,输出特性可分为三个区:

可变电阻区,恒流区和截止区。

图 3.9(b)中的 I 区为可变电阻区。该区中 $u_{GS}>U_{GS(th)}$,但 u_{DS} 很小,满足 $u_{GD}=u_{GS}-u_{DS}>U_{GS(th)}$。在该区中,若 u_{GS} 不变,i_D 随着 u_{DS} 的增大而线性增加,可以看成是一个电阻,对应不同的 u_{GS} 值,各条特性曲线直线部分的斜率不同,即阻值发生改变。因此该区是一个受 u_{GS} 控制的可变电阻,工作在这个区的场效应管相当于一个压控电阻。

图 3.9(b)中的 II 区即恒流区(亦称饱和区,放大区)。该区对应 $u_{GS}>U_{GS(th)}$,且 u_{DS} 较大,在该区中若 u_{GS} 固定为某个值时,随 u_{DS} 的增大,i_D 不变,特性曲线近似为水平线,因此称为恒流区。而对应同一个 u_{DS} 值,不同的 u_{GS} 值可感应出不同宽度的导电沟道,产生不同大小的漏极电流 i_D,也就是说在此区内,漏极电流 i_D 只随栅源之间的电压 u_{GS} 的增大而增大,曲线的间隔反映出 u_{GS} 对 i_D 的控制作用。

击穿区即图 3.9(b)中的 III 区。当 u_{DS} 增大到某一值时,漏极电流 i_D 急剧增大,漏极和源极之间的 PN 结会被反向击穿,使 i_D 急剧增加,如不加限制,会造成管子损坏。

*(3) 工作原理

现以图 3.10 所示电路为例来讨论场效应管的工作原理。这是一个 N 沟道增强型绝缘栅场效应管,在它的漏极 D 与源极 S 之间加上工作电压 u_{DS} 后,管子的输出电流 i_D 就受栅源之间的电压 u_{GS} 的控制。当栅极和源极之间所加的电压 $u_{GS}=0$ 时,由于漏源之间无原始导电沟道,漏极 D 与衬底 B 之间 PN 反向偏置,漏极电流表显示电流为零,管子处于截止状态。

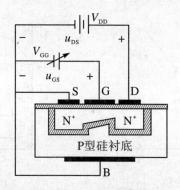

图 3.10　N 沟道增强型绝缘栅场效应管的工作原理

当栅源之间所加电压 $u_{GS}>0$ 时,靠绝缘层一侧的 P 型衬底就会感应出一层电子,即为 N 型层。当 u_{GS} 增加至某个临界电压 $U_{GS(th)}$ 时,两个分离的 N^+ 区便会接通,形成 N 型导电沟道,于是产生漏极电流 i_D,管子处于导通状态。这个临界电压 $U_{GS(th)}$ 称为开启电压。场效应管的开启电压相当于晶体管的死区电压,但不同的是突破死区电压后晶体管基极 B 开始有基极电流,而此时的栅极 G 并没有栅极电流。显然,继续加大 u_{GS},导电沟道就会愈宽,在同样的 u_{DS} 作用下,i_D 也就愈大,这就是 MOS 管中 u_{GS} 控制的原理。它是利用外加电压 u_{GS} 控制半导体表面的金属——SiO_2 中的电场效应,改变导电沟道厚薄来控制 i_D 大小。这种 $u_{GS}=0$ 时没有导电沟道,$u_{GS} \geqslant U_{GS(th)}$ 后才有导电沟道,而且 u_{GS} 越大 i_D 越大的现象,正是"增强型"的含义。

2. N 沟道耗尽型 MOS 管

N 沟道耗尽型 MOS 管的结构与增强型一样,所不同的是在制造过程中,在 SiO_2 绝缘层中掺入大量的正离子。当 $u_{GS}=0$ 时,由正离子产生的电场就能吸收足够的电子产生原始沟道,如果加上正向 u_{DS} 电压,就可在原始沟道中产生电流。其结构、符号如图 3.11 所示。

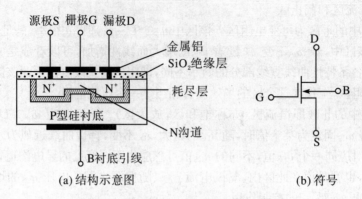

图 3.11　N 沟道耗尽型绝缘栅型场效应管

当 u_{GS} 正向增加时,将增强由绝缘层中正离子产生的电场,感应的沟道加宽,i_D 将增大;当 u_{GS} 加反向电压时,将削弱由绝缘层中正离子产生的电场,感应的沟道变窄,i_D 将减小;当 u_{GS} 达到某一负电压值 $U_{GS(off)}$ 时,完全抵消了由正离子产生的电场,则导电沟道消失,使 $i_D \approx 0$,$U_{GS(off)}$ 称为夹断电压。

在 $u_{GS} > U_{GS(off)}$ 后,漏源之间的电压 u_{DS} 对 i_D 的影响较小。它的特性曲线形状与增强型 MOS 管类似,如图 3.12 所示。

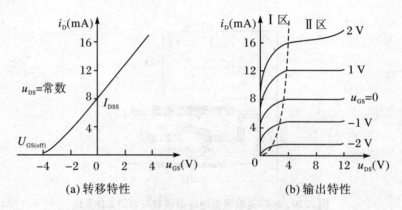

图 3.12　N 沟道耗尽型绝缘栅场效应管特性曲线

由以上可知,耗尽型 MOS 管在 $u_{GS} = 0$ 时,导电沟道便已经形成,当 u_{GS} 由零减小到 $U_{GS(off)}$ 时,沟道逐渐变窄而夹断,故称为"耗尽型"。耗尽型 MOS 管不论栅源电压 u_{GS} 是正、负或零值都能控制漏极电流 i_D,这是与增强型 MOS 管不同的一个重要特点。

P 沟道 MOS 管和 N 沟道 MOS 管的主要区别在于作为衬底的半导体材料的类型不同。P 沟道 MOS 管是以 N 型硅作为衬底,而漏极和源极从 P^+ 区引出,形成的导电沟道为 P 型。对于耗尽型 P 沟道 MOS 管,在二氧化硅绝缘层中掺入的是负离子,在这里不再赘述。

知识 3.1.3　场效应管的主要参数及性能比较

1. FET 的性能参数

① 开启电压 $U_{GS(th)}$(或 U_T):$U_{GS(th)}$ 是在 u_{DS} 为一常量时,使 i_D 大于零所需的最小 u_{GS} 值。对

于 N 沟道管子,$U_{GS(th)}$ 为正值;对于 P 沟道管子,$U_{GS(th)}$ 为负值。它是增强型 MOS 管的参数。

② 夹断电压 $U_{GS(off)}$(或 U_P):$U_{GS(off)}$ 是在 u_{DS} 为某一固定值时,使管子处于刚开始截止的栅源之间的电压 u_{GS}。N 沟道管子的 $U_{GS(off)}$ 为负值。它是结型场效应管和耗尽型 MOS 管的参数。

③ 饱和漏极电流 I_{DSS}:在 $u_{GS}=0$ 情况下产生预夹断时的漏极电流定义为 I_{DSS}。

④ 直流输入电阻 R_{GS}:R_{GS} 是指在漏、源极间短路的条件下,栅源电压 u_{GS} 与栅极电流 i_G 之比,即栅源之间的直流电阻。对于结型管 u_{GS} 反偏,R_{GS} 大于 10^7 Ω;而对于绝缘栅场效应管,R_{GS} 大于 10^9 Ω。

⑤ 输出电阻 R_{DS}:输出电阻 R_{DS} 是输出特性曲线某一点切线斜率的倒数,即

$$R_{DS}=\frac{\Delta u_{DS}}{\Delta i_D}\bigg|_{u_{GS}=常数} \tag{3.2}$$

输出电阻 R_{DS} 说明了 u_{DS} 对 i_D 的影响。在饱和区(即恒流区),i_D 随 u_{DS} 改变很小,因此 R_{DS} 的数值很大,一般在几十千欧到几百千欧之间。

⑥ 低频跨导 g_m:指在 u_{DS} 为某一固定的值时,漏极电流 i_D 的微变化量和引起它变化的 u_{GS} 微变化量的比值,即

$$g_m=\frac{\Delta i_D}{\Delta u_{GS}}\bigg|_{u_{DS}=常数} \tag{3.3}$$

g_m 数值的大小表示 u_{GS} 对 i_D 的控制能力,单位是西门子 S,也常用 mS,一般场效应管的跨导为零点几到几十毫西门子。

⑦ 极间电容:C_{GS} 为 $1\sim3$ pF;C_{DS} 为 $0.1\sim1$ pF。在高频电路中应考虑极间电容的影响。

2. 极限参数

① 最大漏极电流 I_{DM}:I_{DM} 是管子正常工作时漏极电流的上限值。

② 击穿电压:管子进入恒流区后,使 i_D 骤然增大的 u_{DS} 称为漏源击穿电压 $U_{(BR)DS}$,u_{DS} 超过此值会使管子烧坏。最大栅源电压 $U_{(BR)GS}$ 表示栅源之间开始击穿的电压值。

③ 最大漏极耗散功率 P_{DM}:指场效应管正常工作时 P_{DM} 的最大值,耗散功率过大会使管子发热温度升高,管子易烧坏。

【例 3.1】 已知图 3.13 所示为某场效应管的输出特性曲线,试分析该管的类型。

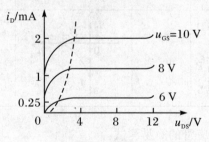

图 3.13 输出特性曲线

解: 从 i_D 为正或 $u_{DS}>0$、$u_{GS}>0$ 可知,该管为 N 沟道管;从输出特性曲线可知开启电压 $U_{GS(th)}=4$ V>0,说明该管为增强型 MOS 管,所以该管为 N 沟道增强型 MOS 管。

3. 各种场效应管特性的比较

表 3.5 总结列举了 6 种类型场效应管在电路中的符号,偏置电压的极性和特性曲线。

读者可以通过比较予以区别。

表 3.5　各种场效应管的符号、转移特性和输出特性

结构类型		图形符号	电压极性	转移特性	输出特性
结型	N沟道 耗尽型	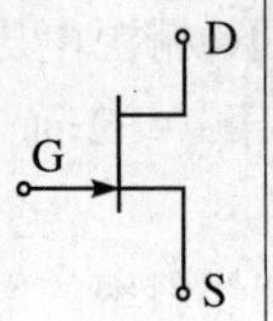 D G S	$u_{GS} \leqslant 0$ $u_{DS} > 0$	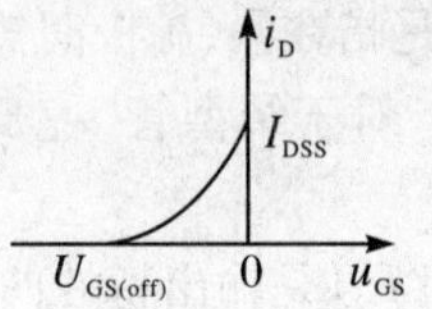 i_D，I_{DSS}，$U_{GS(off)}$，u_{GS}	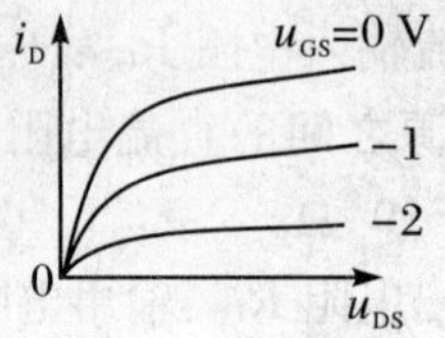 i_D，$u_{GS}=0\,V$，-1，-2，u_{DS}
	P沟道 耗尽型	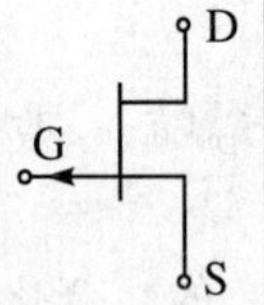 D G S	$u_{GS} \geqslant 0$ $u_{DS} < 0$	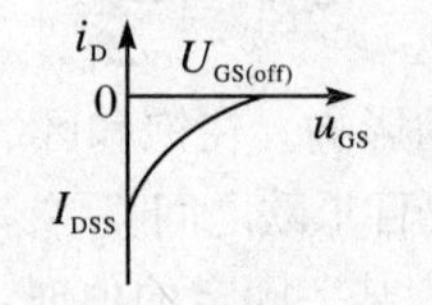 i_D，$U_{GS(off)}$，u_{GS}，I_{DSS}	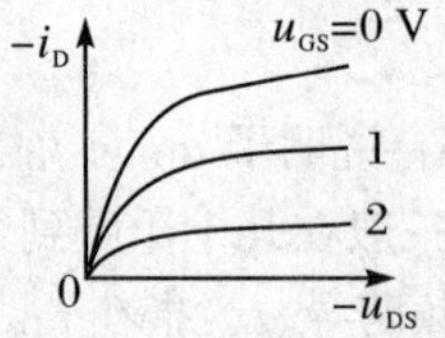 $-i_D$，$u_{GS}=0\,V$，1，2，$-u_{DS}$
绝缘栅型	N沟道 增强型	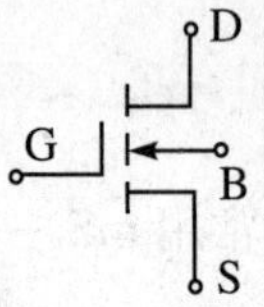 D G B S	$u_{GS} > 0$ $u_{DS} > 0$	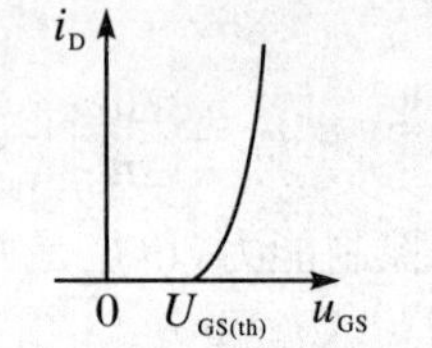 i_D，$U_{GS(th)}$，u_{GS}	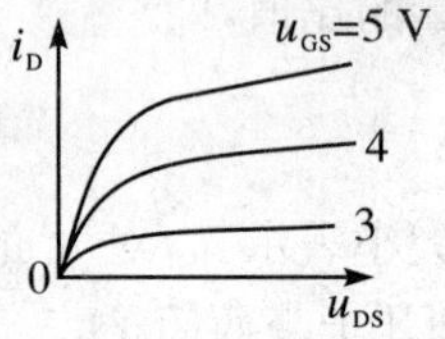 i_D，$u_{GS}=5\,V$，4，3，u_{DS}
	P沟道 增强型	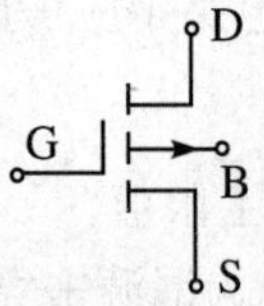 D G B S	$u_{GS} < 0$ $u_{DS} < 0$	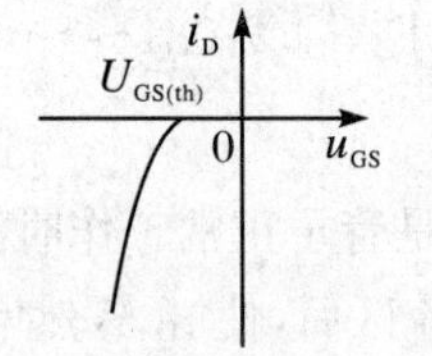 i_D，$U_{GS(th)}$，u_{GS}	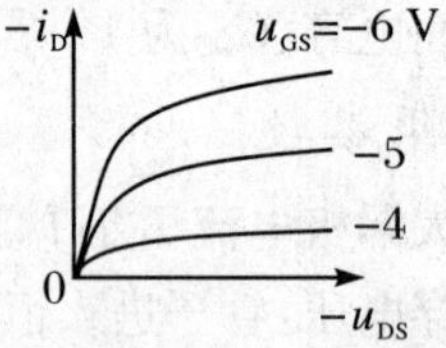 $-i_D$，$u_{GS}=-6\,V$，-5，-4，$-u_{DS}$
	N沟道 耗尽型	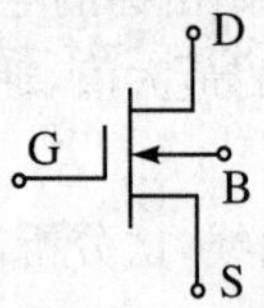 D G B S	$u_{DS} > 0$	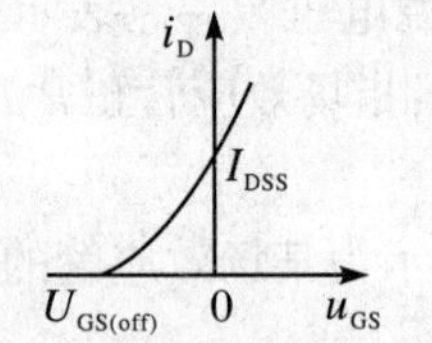 i_D，I_{DSS}，$U_{GS(off)}$，u_{GS}	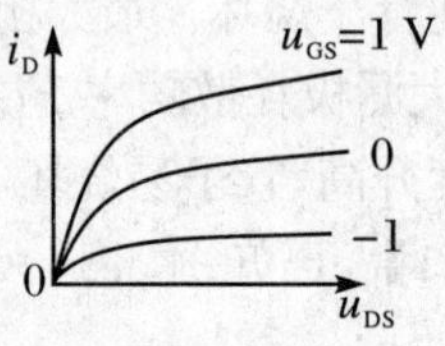 i_D，$u_{GS}=1\,V$，0，-1，u_{DS}
	P沟道 耗尽型	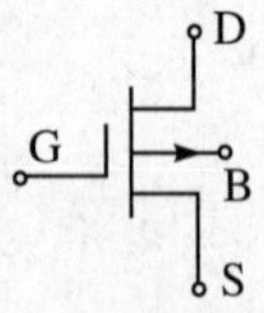 D G B S	$u_{DS} < 0$	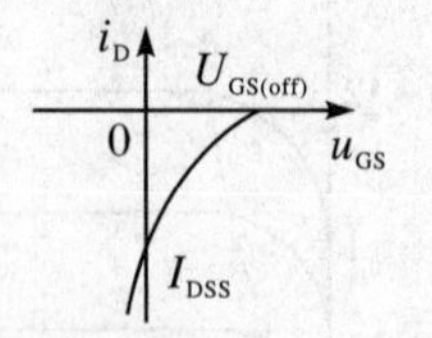 i_D，$U_{GS(off)}$，u_{GS}，I_{DSS}	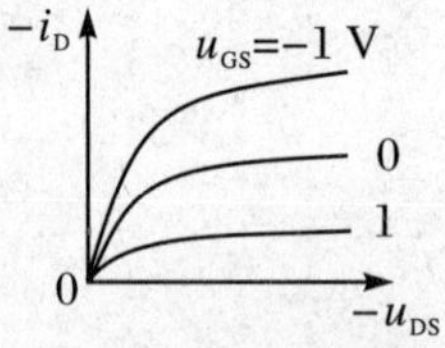 $-i_D$，$u_{GS}=-1\,V$，0，1，$-u_{DS}$

【应用技能】　结型场效应管的简易测试：

1）判别结型场效应管的电极

（1）用指针式万用表测电阻的方法测量

根据场效应管的 PN 结正、反向电阻值不一样的现象，可以判别出结型场效应管的三个电极。具体方法：将指针式万用表拨在 $R \times 1\,k$ 挡上，任选两个电极，分别测出其正、反向电阻值。当某两个电极的正、反向电阻值相等且为几千欧时，则该两个电极分别是漏极 D 和源极 S。因为对结型场效应管而言，漏极和源极可互换，剩下的电极肯定是栅极 G。也可以将万用表的黑表笔(红表笔也行)任意接触一个电极,另一只表笔依次去接触其余的两个电极,测其电阻值。当出现两次测得的电阻值近似相等时,则黑表笔所接触的电极为栅极,其余两电极分别为漏极和源极。若两次测出的电阻值均很大,说明是 PN 结的反向,即都是反向电阻,可以判定是 P 沟道场效应管,且黑表笔接的是栅极;若两次测出的电阻值均很小,说明是正向 PN 结,即是正向电阻,判定为 N 沟道场效应管,黑表笔接的也是栅极。若不出现上述情况,可以调换黑、红表笔按上述方法进行测试,直到判别出栅极为止。

(2) 用数字式万用表测量二极管导通电压的方法测量

首先找出栅极:根据栅极相对于源极和漏极都是 PN 结,用类似测量二极管的方法,把栅极找出。然后根据导通时万用表表笔极性和栅、源、漏极连接关系判断沟道类型,若导通时红表笔接公共端栅极,则场效应管为 N 沟道型。而结型场效应管的源极和漏极一般可对调使用,所以不必区分。

2) 用测电阻法判别场效应管的好坏

测电阻法是用万用表测量场效应管的源极与漏极、栅极与源极、栅极与漏极之间的电阻值同场效应管手册标明的电阻值是否相符去判别管的好坏。具体方法:首先将万用表置于 $R \times 10$ 或 $R \times 100$ 挡,测量源极 S 与漏极 D 之间的电阻,通常在几十欧到几千欧范围(在手册中可知,各种不同型号的管子,其电阻值是各不相同的)。如果测得阻值大于正常值,可能是由于内部接触不良;如果测得阻值是无穷大,可能是内部断路。然后把万用表置于 $R \times 10\text{ k}$ 挡,再测栅极与源极、栅极与漏极之间的电阻值,当测得其各项电阻值均为无穷大,则说明管子是正常的;若测得上述各阻值太小或为通路,则说明管子是坏的。

3) 用感应信号输入法估测场效应管的放大能力

具体方法:用万用表电阻的 $R \times 100$ 挡,红表笔接源极 S,黑表笔接漏极 D,给场效应管加上 1.5 V 的电源电压,此时表针指示出漏源极间的电阻值。然后用手捏住结型场效应管的栅极 G,将人体的感应电压信号加到栅极上。这样,由于管子的放大作用,漏源电压 u_{DS} 和漏极电流 i_D 都要发生变化,也就是漏源极间电阻发生了变化,由此可以观察到表针有较大幅度的摆动。如果手捏栅极表针摆动较小,说明管的放大能力较差;表针摆动较大,表明管的放大能力大;若表针不动,说明管是坏的。

根据上述方法,我们用万用表的 $R \times 100$ 挡,测结型场效应管 3DJ2F,先将管的 G 极开路,测得漏源电阻 R_{DS} 为 600 Ω,用手捏住 G 极后,表针向左摆动,指示的电阻 R_{DS} 为 12 kΩ,表针摆动的幅度较大,说明该管是好的,并有较大的放大能力。

模块 3.2　场效应管放大器的组成、分析及检测

场效应管的栅极、漏极和源极,分别对应晶体三极管的基极、集电极和发射极。因此场效应管放大电路也有三种基本组态,按交流信号的输入端和输出端的连接方式分为共源放大电路、共栅放大电路、共漏放大电路。不管是什么连接方式,场效应管都要工作在输出特性曲线的恒流区内。

实训 3.2.1　共源放大器的仿真、调试与检测

 实训目的

① 掌握共源放大器的电路组成。

② 能够在 Multisim 环境下对共源放大器进行仿真。

③ 能够利用面包板连接实际电路，并用仪器与设备调试及检测。

 实训电路

电路如图 3.14 所示。

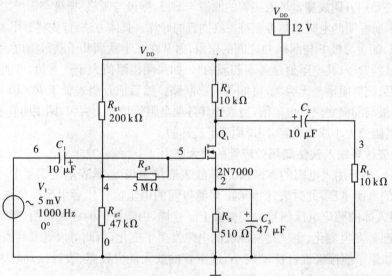

图 3.14　共源放大器电路

 实训环境

① 软件环境：Multisim 软件。

② 硬件环境：计算机、双路直流稳压电源、函数信号发生器、双踪示波器、低频毫伏表、数字万用表。

 实训器材

① 场效应管：3DJ6(2N7000)×1。

② 电阻：510×1,47 kΩ×1,10 kΩ×2,200 kΩ×1,5 MΩ×1。

③ 电容器：10 μF×1,10 μF×1,47 μF×1。

④ 面包板一块。

 实训步骤及内容

1. 静态工作点的测试

在 Multisim 环境下运行"Simulate/Analyses/DC Operating Point"命令,弹出如图 3.15 所示对话框,选择"V(1)""V(2)""V(5)"运行仿真,显示结果如图 3.16 所示,并将结果填入表 3.6 中,最后经计算可求出 I_D 和 U_{DS}。

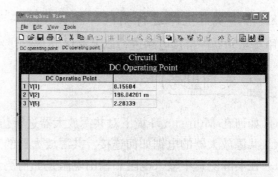

图 3.15　静态工作点分析　　　　　　　　图 3.16　静态工作点分析结果

表 3.6　静态工作点的调试

u_G(V)	u_S(V)	u_D(V)	$I_D = U_S/R_S$(mA)	$u_{DS} = U_D - U_S$(V)
2.283	0.196	8.156	0.384	7.96

2. 放大指标的测试

(1) 测试电压放大倍数

在放大电路输入端加上 $f = 1$ kHz,有效值为 5 mv 的正弦信号,用示波器观察输出电压的波形,在输出波形不失真的情况下,测试放大电路带载和空载时的电压放大倍数。测试结果填入表 3.7 中。

表 3.7　电压放大倍数的测试

负载 R_L	u_i(mV)	u_O(mV)	$A_u = u_O/u_i$
∞	5	439.248	−87.85
10 kΩ	5	219.626	−43.93

(2) 输出电阻的测试

保持输入信号 U_i 不变,在输出电压波形不失真的情况下,测试输出端开路的输出电压 u_O 和带载时的输出电压 u_{OL},则输出电阻为

$$R_O = (u_O/u_{OL} - 1)R_L$$

(3) 输入电阻的测试

在放大电路输入端串联一个 $R = 1$ MΩ 的电阻,如图 3.17 所示。在输出电压不失真的情况下,分别测出输入信号电压 u_S 和 u_i,则输入电阻为

$$R_i = RU_i/(u_S - u_i)$$

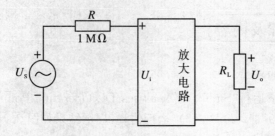

图 3.17 输入电阻测试电路

3. 搭建实际电路进行测试

用实际元器件搭接电路进行以上测试,记录实验结果,并进行比较。

 实训思考

① 如何在 Multisim 环境下对共源放大器进行仿真?
② 共源放大器的电锯如何连接? 共源放大器的工作原理是什么?
③ 在实际测量中输入电阻和输出电阻是如何测量的?
④ 谈谈你对本次实训的体会。

知识 3.2.1 共源放大电路的分析

场效应管放大电路的分析与双极型晶体管放大电路一样,包括静态分析和动态分析。

1. 静态分析

(1) 自偏压放大电路

自给偏压的场效应管放大电路如图 3.18 所示。需要说明的是,这种偏置方法只适用于由结型场效应管和耗尽型的 MOS 管组成的电路。因为这两种管子都属耗尽型的场效应管,即使栅源之间的电压 $u_{GS}=0$,只要有漏源之间的电压 u_{DS},管子就会有电流 i_D 从漏极流过,所以在该电路中并没有直接用直流电源给栅源之间加电压,而是通过在场效应管的源极接入一源极电阻 R_s 后,漏极电流 I_{DQ} 通过它产生一个大小等于 $I_{DQ}R_S$ 的电压降,由图 3.18 易知,$U_{GSQ}=-I_{DQ}R_S<0$,因此在电路中产生了一个负的栅源偏置电压 U_{GSQ},此时的 U_{GSQ} 是由场效应管自身的电流提供的,故称自给偏压,正好满足电路中 N 沟道耗尽型场效应管工作于放大区时对 u_{GS} 的要求。

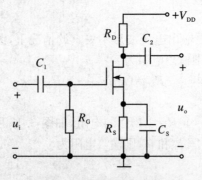

图 3.18 自给偏压电路

那为什么这种偏置方法不适用于增强型的 MOS 管呢？因为增强型的 MOS 管在 $u_{GS}=$ 0 时，漏极电流 $i_D=0$，只有当栅极与源极之间的电压达到开启电压 $U_{GS(th)}$ 时，才有漏极电流，简单的说就是，对于增强型的 MOS 管来说产生漏极电流的前提是"开启"导电沟道，而这个导电沟道的开启是需要在栅源之间加电压。电路中各元件的作用如下：

R_S 为源极电阻，静态工作点受它控制。

R_D 为漏极电阻，能使放大电路具有电压放大作用。

R_G 为栅极电阻，用以构成栅源极间的直流通路，它不能太小，否则会影响放大电路的输入电阻。

C_S 为源极电阻上的交流旁路电容。

C_1 和 C_2 分别为输入端和输出端的耦合电容。

场效应管放大电路的静态工作点的分析方法也有图解法和估算法两种。图解法的作图过程较为麻烦，很少使用。下面以图 3.18 所示电路为例，估算自给偏压电路的静态工作点。当场效应管工作于恒流区时，耗尽型的场效应管应满足下面的关系：

$$I_{DQ}=I_{DSS}\left(1-\frac{U_{GSQ}}{U_{GS(off)}}\right)^2 \tag{3.4}$$

式中 I_{DSS} 为栅源之间处于零偏（即 $u_{GS}=0$）时的漏极电流，称为漏极饱和电流。

由图 3.15 可见：

$$U_{GSQ}=-I_{DQ}R_S \tag{3.5}$$

$$U_{DSQ}=V_{DD}-I_{DQ}(R_S+R_D) \tag{3.6}$$

根据式(3.4)～式(3.6)就可确定自偏压电路的静态工作点。注意，在得出 Q 点值后，还必须要判断其是否满足 $U_{DSQ}>U_{GSQ}-U_{GS(off)}$，若满足则说明场效应管工作于恒流区，否则表明电路中的场效应管没有工作在恒流区，因此所求得的 Q 点值没有任何实际意义。

【例 3.2】　如图 3.18 所示电路，已知 $V_{DD}=30$ V，$R_D=3$ kΩ，$R_S=1$ kΩ，$R_G=1$ MΩ，漏极饱和电流 $I_{DSS}=7$ mA，$U_{GS(off)}=-8$ V，试求 I_{DQ}、U_{GSQ} 和 U_{DSQ}。

解：由式(3.4)、式(3.5)可得

$$I_{DQ}=I_{DSS}\left(1-\frac{U_{GSQ}}{U_{GS(off)}}\right)^2=7 \text{ mA}\times\left(1+\frac{U_{GSQ}}{8 \text{ V}}\right)^2$$

$$U_{GSQ}=-I_{DQ}R_S=-I_{DQ}\times1 \text{ kΩ}$$

联立以上两式求得

$$I_{DQ}=2.9 \text{ mV}$$

$$U_{GSQ}=-2.9 \text{ V}$$

由式(3.6)可得

$$U_{DSQ}=V_{DD}-I_{DQ}(R_S+R_D)=30 \text{ V}-2.9 \text{ mV}\times(1 \text{ kΩ}+3 \text{ kΩ})=18.4 \text{ V}$$

（2）分压式偏置电路

分压式偏置电路也是一种常用的偏置电路，其栅源之间的电压除与 R_S 有关外，还随 R_{G1} 和 R_{G2} 的分压比而改变，所以这种偏置电路适用于所有类型的场效应管，如图 3.19 所示。这种偏置电路由于有 R_{G1} 和 R_{G2} 的分压，提高了栅极电位，使 $U_{GQ}>0$。这样既有可能使 $I_{DQ}R_S>U_{GQ}$，满足 N 沟道结型场效应管对栅源之间电压的要求（$U_{GQ}<0$）；也有可能使 $I_{DQ}R_S<U_{GQ}$，满足 N 沟道增强型的 MOS 管对 $U_{GSQ}>U_{GS(th)}>0$ 的要求。由于耗尽型 MOS 管的 U_{GSQ} 可"正"可"负"，这种偏置电路总是适用的。为了不使分压电阻 R_{G1}、R_{G2} 对放大电路的输

入电阻影响太大,故通过电阻 R_{G3} 与栅极相连。

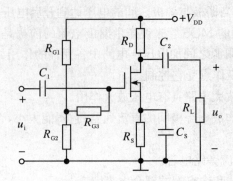

图 3.19　分压式偏置电路

因为场效应管栅源之间的电阻极高,根本没有栅极电流流过电阻 R_{G3} ,所以栅极电位为电源电压在 R_{G1} 、R_{G2} 上的分压,由图 3.19 可得栅源之间的电压 U_{GSQ} 为

$$U_{GSQ}=U_{GQ}-U_{SQ}=\frac{R_{G2}}{R_{G1}+R_{G2}}V_{DD}-I_{DQ}R_S \tag{3.7}$$

$$I_{DQ}=I_{DSS}\left(1-\frac{U_{GSQ}}{U_{GS(off)}}\right)^2 \tag{3.8}$$

根据式(3.7)、式(3.8)就可以确定分压式偏置电路的静态工作点。由式(3.7)可见, U_{GSQ} 可正可负,所以这种偏置电路也适用于增强型场效应管。

2. 动态分析

1) 场效应管的微变等效电路

与双极型晶体管一样,场效应管也是一种非线性器件,其输入电阻极高,输入电流几乎为零,它是通过改变栅源之间的电压来控制漏极电流 i_D 的。在低频小信号情况下,也可以由它的线性等效电路——微变等效电路来代替:由于在输入端栅极电流几乎为零,故可看成一个阻值极高的 R_{GS} ,通常视为开路;输出端的漏极电流 i_D 主要受栅源之间电压的控制,当有输入信号时 $i_D=g_m u_{GS}$ 。所以输出回路可等效为一个受电压控制的电流源和输出电阻 R_{DS} 并联,一般负载电阻比 R_{DS} 小很多,故可认为 R_{DS} 开路。因此,场效应管的微变等效电路如图 3.20 所示。

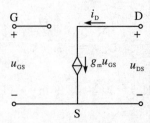

图 3.20　场效应管的微变等效电路图

2) 应用微变等效电路法分析场效应管放大电路

典型的共源极放大电路如图 3.19 所示,图 3.21 为其微变等效电路,分析步骤和三级管放大电路相同。

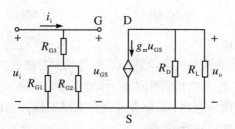

图 3.21　电路的微变等效电

（1）电压放大倍数 A_u

由图 3.21 可得图 3.19 所示电路的电压放大倍数为

$$A_u = \frac{u_o}{u_i} = \frac{-g_m u_{GS}(R_D//R_L)}{u_{GS}} = -g_m(R_D//R_L) \tag{3.9}$$

（2）输入电阻 R_i

从输入端看进去，电路的输入电阻为

$$R_i = \frac{u_i}{i_i} = R_{G3} + R_{G1}//R_{G2} \tag{3.10}$$

（3）输出电阻 R_o

若 $u_i = 0$，即 $u_{GS} = 0$，则受控电流源 $g_m u_{GS} = 0$，相当于开路，所以可求得放大电路的输出电阻为

$$R_o = R_D \tag{3.11}$$

【例 3.3】　如图 3.19 所示放大电路，已知场效应管的参数为 $I_{DSS} = 1$ mA，$U_{GS(off)} = -5$ V，$g_m = 0.312$ mS，$R_{G1} = 150$ kΩ，$R_{G2} = 50$ kΩ，$R_G = 1$ MΩ，$R_S = 10$ kΩ，$R_D = 10$ kΩ，$R_L = 10$ kΩ，$V_{DD} = 20$ V。试求放大电路的静态工作点，电压放大倍数 A_u、输入电阻 R_i 和输出电阻 R_o。

解：（1）静态分析

由式（3.7）和式（3.8）可得

$$U_{GS} = \frac{R_{G2}}{R_{G1} + R_{G2}} U_{DD} - I_D R_S = \frac{50}{150 + 50} \times 20 - 10 I_D = 5 - 10 I_D$$

$$I_D = I_{DSS}\left(1 - \frac{U_{GS}}{U_{GS(off)}}\right)^2 = 1 \times \left(1 + \frac{U_{GS}}{5}\right)^2$$

联立求解方程的解为

$$\begin{cases} U_{GS} = -11.4 \text{ V}, I_D = 1.64 \text{ mA} \\ U_{GS} = -1.1 \text{ V}, I_D = 0.61 \text{ mA} \end{cases}$$

第 1 组解因为 $U_{GS} < U_{GS(off)}$，场效应管已截止，应舍去，所以静态工作点为

$$U_{GS} = -1.1 \text{ V}$$

$$I_D = 0.61 \text{ mA}$$

$$U_{DS} = U_{DD} - I_D(R_D + R_S) = 20 - 0.61 \times (10 + 10) = 7.8 \text{ (V)}$$

（2）动态性能分析

由式（3.9）～式（3.11）可得

$$A_u = -g_m(R_D//R_L) = -0.312 \times \frac{10 \times 10}{10 + 10} = -1.56 \quad (\text{输出与输入反相})$$

$$R_i = R_{G3} + (R_{G1} // R_{G2}) = 1000 + \frac{150 \times 50}{150 + 50} = 1.04 \text{ (M}\Omega)$$

$$R_o \approx R_D = 10 \text{ k}\Omega$$

从本例可见,场效应管共源极放大电路与三极管共发射极放大电路的性能类似:有电压放大能力,并且输出电压与输入电压的相位相反,输入电阻较高。但共源极放大电路的电压放大能力通常低于共射极放大电路,而共源极放大电路的输入电阻高于共射极放大电路的输入电阻,常用于多级放大电路的输入级。

知识 3.2.2　共漏放大电路的分析

共漏极放大电路如图 3.22 所示。由图可见,共漏极放大电路的直流偏置电路与共源极放大电路完全相同,静态工作点的分析方法也和共源极放大电路相同,但输出电压从源极取出。

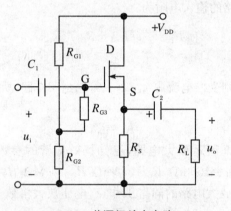

3.22　共漏极放大电路

场效应管共漏极放大电路的特点:电压放大倍数小于且接近于 1。输出电压的相位与输入电压的相位相同,输出电压的波形与输入电压的波形一样,故又名源极跟随器。共漏组态放大电路的输入电阻高,输出电阻低,具有阻抗变换的特点,有较强的带负载能力,常用于多级放大电路的输入级和输出极。

场效应管放大电路除上述共源、共漏极放大电路之外,还有共栅放大电路。该组态电路直流分析与共源组态放大电路相同,交流性能也具有自己的特点。为了为便于读者学习,现将场效应管的三种基本放大电路的性能列于表 3.8 中,以资比较。

表 3.8　场效应管三种基本放大电路比较

	共源极电路	共漏极电路（源极输出器）	共栅极电路
电路形式			
电压放大倍数 A_u（未考虑极间电容时）	$A_u = -g_m R_D$	$A_u = \dfrac{g_m R_S}{1 + g_m R_S}$	$A_u = g_m R_D$
输入电阻 R_i	R_G	$R_{G1} // R_{G2}$	$R_S // \dfrac{1}{g_m}$
输入电容 C_i	$C_{GS} + (1 - A_u) C_{DG}$	$C_{DG} + C_{GS}(1 - A_u)$	C_{GS}
输出电阻 R_O	R_D	$R_S // \dfrac{1}{g_m}$	R_D
特点	1. 电压增益大； 2. 输入电压与输出电压反相； 3. 输入电阻高，输入电容大； 4. 输出电阻主要由负载电阻 R_D 决定	1. 电压增益小于 1，但接近 1； 2. 输入电压与输出电压同相； 3. 输入电阻高，输入电容小； 4. 输出电阻小，可作阻抗变换	1. 电压增益大； 2. 输入与输出电压同相； 3. 输入电阻小，输入电容小； 4. 输出电阻小

知识 3.2.3　场效应管电路的特点和使用注意事项

场效应管放大电路具有输入电阻极高,噪声低,热稳定性好等特点。同时因为场效应管的跨导较小,所以场效应管放大电路的放大倍数较低。

场效应管的使用注意事项:

① 从场效应管的结构上看,其源极和漏极是对称的,因此源极和漏极可以互换。但有些场效应管在制造时已将衬底引线与源极连在一起,这种场效应管的源极和漏极就不能互换了。

② 场效应管各极间电压的极性应严格按要求接入,要遵守场效应管偏置的极性,结型场效应管的栅源电压 u_{GS} 的极性不能接反。为了安全使用场效应管,在线路的设计中不能超过管的耗散功率、最大漏源电压、最大栅源电压和最大电流等参数的极限值。

③ 当 MOS 管的衬底引线单独引出时,应将其接到电路中的电位最低点(对 N 沟道 MOS 管而言)或电位最高点(对 P 沟道 MOS 管而言),以保证沟道与衬底间的 PN 结处于反向偏置,使衬底与沟道及各电极隔离。

④ MOS 管的栅极是绝缘的,感应电荷不易泄放,而且绝缘层很薄,极易击穿,所以栅极不能开路,存放时应将各电极短路。

⑤ 在安装场效应管时,注意安装的位置要尽量避免靠近发热元件;为了防止管件振动,有必要将管壳体紧固起来;管脚引线在弯曲时,应在大于根部尺寸 5 mm 处进行,以防止弯断管脚和引起漏气等;焊接时,电烙铁必须可靠接地,或者断电利用烙铁余热焊接,并注意对交流电场的屏蔽。

⑥ 为了防止场效应管栅极感应击穿,要求一切测试仪器、工作台、电烙铁、线路本身都必须有良好的接地;管脚在焊接时,先焊源极;在连入电路之前,管的全部引线端保持互相短接状态,焊接完后才把短接材料去掉;从元器件架上取下管时,应以适当的方式确保人体接地,如采用接地环等。

模块 3.3　场效应管放大电路的安装与调试

 实训目的

① 了解结型场效应管的性能和特点,掌握共源放大电路的特点。
② 进一步熟练掌握放大电路动态参数的测试方法。

 实训测试原理

场效应管是一种利用电场效应来控制其电流大小的半导体器件,按结构可分为结型和绝缘栅型两种。由于场效应管输入电阻很高(一般可达上百兆欧),热稳定性好,抗辐射能力

强,噪声系数小,加之制造工艺较简单,便于大规模集成,因此得到越来越广泛的应用。

由场效应管组成的放大电路和晶体管一样,要建立合适的静态工作点,所不同的是场效应管是电压控制器件,因此它需要有合适的栅极电压。图 3.23 为结型场效应管组成的分压式自偏压共源放大电路。

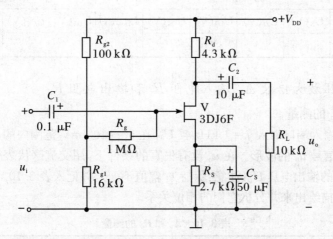

图 3.23　分压式自偏压共源放大电路

输入电阻测量原理:

由于场效应管的 R_i 比较大,限于测量仪器的输入电阻有限,常利用被测放大电路的隔离作用,通过测量输出电压 U_O 来计算输入电阻。其测量电路如图 3.24 所示。

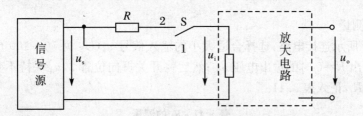

图 3.24　输入电阻测量电路

在放大电路的输入端口串联电阻 R,把开关 S 掷向位置 1($R=0$),测量放大电路的输出电压 $u_{o1}=A_u u_s$;保持 u_s 不变,再把 S 掷向 2(接入 R),测量放大电路的输出电压 u_{o2}。由于两次测量中 A_u 和 u_s 保持不变,故

$$U_{o2}=A_u U_i=\frac{R_i}{R+R_i}U_S A_u$$

即

$$R_i=\frac{U_{o2}}{U_{o1}-U_{o2}}R$$

式中,R 和 R_i 不要相差太大,本实验可取 $R=100\sim200$ kΩ。

　**实训步骤及内容**

1. 测量和调整静态工作点

按图 3.23 所示连接电路,令 $u_i=0$,接通 +12 V 电源,用直流电压表测量 U_G、U_S 和 U_D。

检查静态工作点是否在特性曲线放大区的中间部分,如合适则把结果记入表3.9;若不合适,则适当调整 R_{g2} 或替换 R_S,调好后,再测量并记录。

表3.9 静态工作点测量和比较

测 量 值						计 算 值		
U_G(V)	U_S(V)	U_D(V)	U_{DS}(V)	U_{GS}(V)	I_D(mA)	U_{DS}(V)	U_{GS}(V)	I_D(mA)

2. 测量电压放大倍数 A_u、输入电阻 R_i 和输出电阻 R_o

(1) A_u 和 R_o 的测量

在放大器的输入端口加入 $f=1$ kHz 且 U_{PP} 在 $50\sim100$ mV 范围内的正弦信号,用示波器观察输出电压信号 u_o 的波形。在 u_o 没有失真的条件下,用交流毫伏表分别测量 $R_L=\infty$ 和 $R_L=10$ kΩ 时的输出电压 U_o(注意:保持 u_i 幅值不变),并记入表3.10。用示波器同时观察 u_i 和 u_o 波形,描绘出来并分析它们的相位关系。

表 3.10 A_u 和 R_o 的测量

	测 量 值				理论计算值	
	U_i(V)	U_O(V)	A_u	R_O(kΩ)	A_u	R_O(kΩ)
$R_L=\infty$						
$R_L=10$ kΩ						

(2) R_i 的测量

按图 3.24 所示连接电路,选择合适大小的输入信号 u_s(U_s 为 $50\sim100$ mV),将开关 S 掷向位置 1,测出 $R=0$ 时的输出电压 u_{o1};然后将开关掷向位置 2,u_s 保持不变,再测出 u_{o2},根据公式求出 R_i,记入表 3.11。

表 3.11 R_i 的测量

测 量 值			理论计算值
U_{o1}(V)	U_{o2}(V)	R_i(kΩ)	R_i(kΩ)

 实训思考

① 整理测试数据,将测得的 A_u、R_i、R_o 与理论计算值进行比较。

② 把场效应管放大电路与晶体管放大电路进行比较,总结场效应管放大电路的特点。

③ 场效应管放大电路输入回路的电容 C_1 为什么可以取得小一些(可以取 $C_1=0.1$ μF)?

④ 在测量场效应管静态工作电压 U_{GS} 时,能否用直流电压表直接并联在 G、S 两端测量?为什么?

⑤ 为什么测量场效应管输入电阻时要用测量输出电压的方法?

项 目 小 结

1. 场效应管有结型和绝缘栅型两大类,属于单极性电压控制型器件。结型场效应管分为 N 沟道耗尽型和 P 沟道耗尽型两种。绝缘栅型场效应管有增强型 N 沟道和增强型 P 沟道,耗尽型 N 沟道和耗尽型 P 沟道四种,它们的结构、电路、工作条件、特性曲线不同。

2. 结型场效应管是通过改变 u_{GS},从而改变 PN 结宽度,即导电沟道宽度,最终控制漏极电流大小;绝缘栅场效应管的栅极被绝缘层绝缘,故其输入电阻很大,栅极电流近似为零。耗尽型绝缘栅场效应管的 u_{GS} 可为正值,也可为负值。这与结型场效应管不同。

3. 转移特性曲线和输出特性曲线描述了 u_{GS}、u_{DS} 和 i_D 三者之间的关系。与三极管相类似,场效应管有截止区(即夹断区)、恒流区(即放大区)和可变电阻区三个工作区域。在恒流区,可将 i_D 看成受电压 u_{GD} 控制的电流源。g_m、$U_{GS(off)}$(或 $U_{GS(th)}$)、I_{DSS}、I_{DM}、P_{DM}、$U_{(BR)DS}$ 和极间电容是场效应管的主要参数。

4. 在使用场效应管时不能超过其极限参数。因为场效应管的跨导比三极管的电流放大系数小得多,故场效应管放大电路的电压放大倍数较小。在保存和使用绝缘栅场效应管时,应采取安全措施。

5. 在场效应管放大电路中,直流偏置电路常采用自偏压电路(仅适合于耗尽型场效应管)和分压式自偏压电路。场效应管放大电路有共源极、共漏极和共栅极三种基本组态。场效应管共源极放大电路与三极管共发射极放大电路相对应。场效应管共源极及共漏极放大电路分别与三极管共射极及共集电极放大电路相对应,但比三极管放大电路输入电阻高、噪声系数低、电压放大倍数小。二者都称为电压跟随电路。前者又叫源极输出器,后者又叫射极输出器。

习　　题

3.1　填空题:

(1) 场效应管是_____器件。

(2) 场效应管是利用外加电压产生的_____来控制漏极电流的大小的。

(3) 绝缘栅场效应管的类型有_____和_____。

(4) 结型场效应管利用栅源极间所加的_____来改变导电沟道的电阻。

(5) 场效应管的电极分别是_____、_____和_____。

(6) P 沟道结型场效应管的夹断电压为_____值,N 沟道结型场效应管的夹断电压为_____值。

(7) 表征场效应管放大能力的重要参数是_____。

3.2　如图 3.25 所示场效应管放大电路未画完整,试将合适的场效应管接入电路,使之能够正常放大。要求给出两种方案。

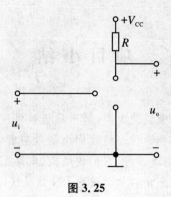

图 3.25

3.3 图 3.26 所示各电路中存在错误,试将错误改正过来,使它们有可能放大正弦波电压。要求保留电路的共漏接法。

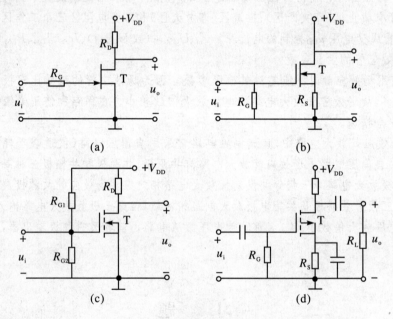

(a)   (b)

(c)   (d)

图 3.26

3.4 MOSFET 转移特性如图 3.27 所示(漏极电流 i_D 的方向是它的实际方向)。试求:(1)该管是耗尽型还是增强型? 是 N 沟道还是 P 沟道? (2)从这个转移特性上可求出该 FET 的夹断电压 $U_{GS(off)}$ 还是开启电压 $U_{GS(th)}$? 其值等于多少?

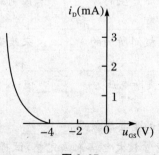

图 3.27

3.5 电路如图 3.28 所示，已知场效应管的低频跨导为 g_m，试写出 A_u、R_i 和 R_o 的表达式。

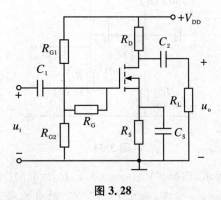

图 3.28

3.6 已知图 3.29 所示电路中场效应管的转移特性和输出特性分别如图 3.29(b)所示。试求：(1) 利用图解法求解 Q 点；(2) 利用等效电路法求解 A_u、R_i 和 R_o。

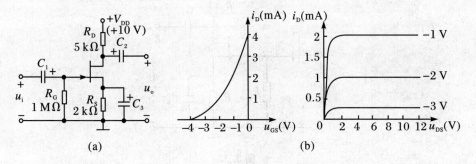

图 3.29

3.7 电路如图 3.30(a)所示，场效应管 T 的输出特性曲线如图 3.30(b)所示。(1) 画出 T 在恒流区的转移特性曲线；(2) 分析当 u_I 为 4 V、8 V、12 V 三种情况下场效应管分别工作在什么区域？

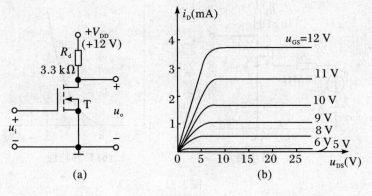

图 3.30

3.8 源极输出器电路如图 3.31 所示，已知 FET 工作点上的互导 $g_m=0.9$ S，其他参数如图所示。求电压增益 A_u、输入电阻 R_i、输出电阻 R_o。

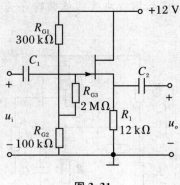

图 3.31

3.9 电路如图 3.32 所示,已知$-V_{DD}=-40$ V,$R_G=1$ MΩ,$R_D=12$ kΩ,$R_S=1$ kΩ,场效应管的 $I_{DSS}=-6$ mA,$U_{GS(off)}=6$ V,电容 C_1、C_2、C_S 的电容量均足够大。试求:(1) 电路的静态工作点 I_{DQ}、U_{GSQ}、U_{DQ} 的值;(2) 电路的 A_u、R_i、R_o 值。

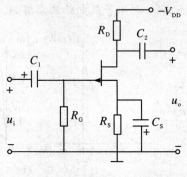

图 3.32

3.10 已知图 3.33(a)所示电路中场效应管的转移特性如图 3.33(b)所示,试求电路的 Q 点和 A_u。

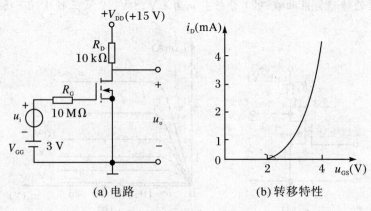

图 3.33

项目 4 负反馈放大器

学习目标

1. 了解反馈极性,掌握反馈类型的判断方法。
2. 理解负反馈对放大电路性能的影响。
3. 能正确引入负反馈。
4. 掌握深度负反馈电路交流性能指标的估算。
5. 掌握负反馈放大电路性能的测试方法。

模块 4.1 负反馈放大器

反馈在电子电路中应用十分广泛,反馈有正反馈和负反馈之分。理论和实践证明,引入负反馈以后,可以大大改善放大电路的性能指标,正反馈则用于各种振荡电路。

实训 4.1.1 负反馈放大器的仿真调试与检测

 **实训目的**

① 掌握利用 Multisim 软件对负反馈放大电路的仿真测试方法。
② 深刻理解负反馈放大电路的工作原理。
③ 熟练掌握电压并联负反馈和电流串联负反馈的原理与区别。
④ 分析负反馈放大电路与无反馈放大电路的性能区别。

 **实训测试电路**

电路如图 4.1 所示。

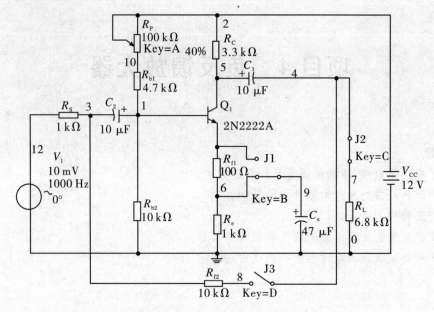

图 4.1　带有负反馈的放大电路

 **实训环境**

① 软件环境:Multisim 软件。
② 硬件环境:计算机。

 **实训步骤及内容**

图 4.1 为带有负反馈的共射放大电路,在电路中通过反馈支路把输出电压引回到输入端,根据反馈的判断法可知,R_{f1} 引入电流串联负反馈,R_{f2} 引入电压并联负反馈。

1. 无交流负反馈时 A_u、R_i 和 R_O 的测试

在 Multisim 环境下连接如图 4.1 所示电路,开关 J1 置于"11",K 和 J3 置于断开状态。在输入端加入有效值为 10 mV,频率为 1000 Hz 的正弦波信号,调节 R_P 使电路的静态工作点相对合适(40%左右),利用软件提供的功能完成表 4.1 的测试。

表 4.1　无交流负反馈时的测试

V_B	V_C	V_E	U_S	U_i	U_O	U_{OL}
2.12 V	7.55 V	1.49 V	20 mV	13.95 mV	1.788 V	1.316 V

通过上述数据,我们可以得到在无反馈时:

$$A_u = \frac{U_O}{U_i} = -\frac{1788}{13.95} = -128.2$$

$$R_i = \frac{U_i}{U_s - U_i} R_s = \frac{13.95}{20 - 13.95} \times 1 \text{ k}\Omega = 2.3 \text{ k}\Omega$$

$$R_{O} = \left(\frac{U_{O}}{U_{OL}} - 1\right) \times R_{L} = \left(\frac{1.788}{1.316} - 1\right) \times 6.8 \text{ k}\Omega = 2.44 \text{ k}\Omega$$

2. 电压并联负反馈实训

在上面无反馈的基础上，闭合开关 J3，这样就形成了电压并联负反馈电路，然后完成表 4.2 中的内容。并与无反馈时进行比较，得出什么结论？

表 4.2　电压并联负反馈时的测试

U_S	U_{if}	U_{Of}	U_{OLf}	A_{uf}	R_{if}	R_{Of}
20 mV	1.61 mV	175.39 mV	169.40	−108.3	88 Ω	240 Ω

3. 电流串联负反馈实训

在上面无反馈的基础上，断开开关 J3，将开关 J1 合向"6"，这样就形成了电流串联负反馈电路，然后完成表 4.3 所示内容。并与无反馈时进行比较，得出什么结论？

表 4.3　电流串联负反馈时的测试

U_S	U_{if}	U_{Of}	U_{OLf}	A_{uf}	R_{if}	R_{Of}
20 mV	16.88 mV	444.94 mV	306.02 mV	−26.4	5.4 kΩ	3.1 kΩ

4. 改善波形失真实训

在无交流反馈时，增大信号或调节 R_P 使输出波形明显失真，然后加上交流负反馈（电压并联负反馈或电流串联负反馈），观察输出电压波形的变化情况，如图 4.2 所示。

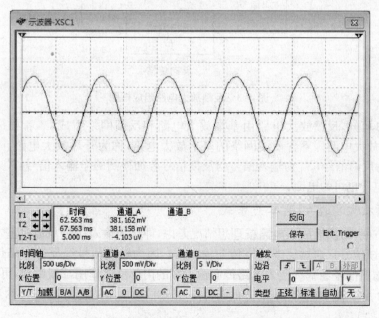

图 4.2　交流负反馈改善后输出波形无失真

实训思考

① 通过仿真总结反馈放大电路的放大性能。

② 电流串联负反馈和无反馈的共射极放大电路性能有何区别？

③ 电压并联负反馈和无反馈的共射极放大电路性能有何区别？

④ 如何调测电路才能改善波形失真情况？

知识 4.1.1　反馈的基本概念、类型与判断

所谓反馈，就是将放大电路输出量（电压或电流）的一部分或全部，以一定的方式回送到输入回路，并影响输入量（电压或电流）和输出量，这种电压或电流的回送过程称为反馈。若引回的信号削弱了输入信号，就称为负反馈；若引回的信号增强了输入信号，就称为正反馈。

在放大电路中，信号的传输从输入端到输出端为正向传输。反馈是将输出信号取样后送回到输入回路，与原输入信号进行叠加再作用到放大电路的输入端，与正向传输方向相反称为反向传输。含有反馈的放大电路称为反馈放大电路，其示意图如图 4.3 所示。

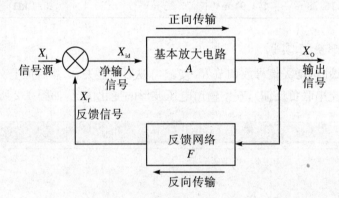

图 4.3　反馈放大电路组成框图

由图 4.3 可知，反馈放大电路由基本放大电路和反馈网络组成，二者构成一个闭环系统，称为闭环放大电路。不含反馈网络的基本放大电路，称为开环放大电路。图中 X_i 为输入信号，X_f 为反馈信号，X_{id} 为输入信号与反馈信号叠加得到的净输入信号，X_o 为输出信号。它们既可为电压也可为电流。

1. 反馈放大电路的基本关系式

为分析方便，对反馈放大电路按理想情况考虑，即认为输入信号只通过基本放大电路传向输出端，反馈信号只通过反馈网络传向输入端。因为输入信号经反馈网络传向输出端的直通信号和输出信号经基本放大电路传向输入端的内部反馈作用都很微弱，可以忽略。

从图 4.2 反馈放大电路组成的方框图可得，基本放大电路的放大倍数（又称开环增益）为

$$A = \frac{X_o}{X_{id}} \tag{4.1}$$

反馈网络的反馈系数为

$$F = \frac{X_f}{X_o} \tag{4.2}$$

由于

$$X_{id} = X_i - X_f \tag{4.3}$$

所以

$$X_o = A(X_i - X_f) = A(X_i - FX_o) = AX_i - AFX_o$$

故反馈放大电路的放大倍数（又称闭环增益）用 A_f 表示为

$$A_f = \frac{X_o}{X_i} = \frac{A}{1+AF} \tag{4.4}$$

式(4.4)称为反馈放大电路的基本关系式，它表示了闭环放大倍数、开环放大倍数、反馈系数之间的关系。$1+AF$ 称为反馈深度，是描述反馈强弱的物理量。

当 $|1+AF| > 1$，$A_f < A$ 时，因为反馈的存在，消弱了进入基本放大电路的净输入信号，使闭环放大倍数下降，为负反馈。

当 $|1+AF| < 1$，$A_f > A$ 时，因为反馈的存在，加强了进入基本放大电路的净输入信号，使闭环放大倍数增大，为正反馈。

当 $|1+AF| = 0$，$A_f = \infty$ 时，表示电路在没有信号输入时也有输出信号，这种现象称为自激。

当 $|1+AF| \gg 1$ 时，称为深度负反馈。此时，$A_f = \dfrac{1}{F}$，即闭环放大倍数仅决定于反馈系数而与电路参数无关，所以只要 F 为定值，放大倍数就能稳定。

2. 反馈电路的类型及判别

反馈可从不同角度进行分类，按反馈信号的信号性质来分，可分为交流反馈、直流反馈和交直流反馈；按反馈的极性来分，可分为正反馈和负反馈；按反馈信号与输出信号的关系来分，可分为电压反馈和电流反馈；按反馈信号与输入回路的关系来分，可分为串联反馈和并联反馈。

（1）交流反馈和直流反馈及其判别

由放大电路的分析可知：放大电路中存在着直流分量和交流分量。反馈信号也是这样，如果反馈信号中只有直流成分，称为直流反馈；如果反馈信号中只有交流成分，称为交流反馈；如果反馈信号中既有交流成分又有直流成分，则称为交直流反馈。直流反馈可以稳定放大电路的静态工作点；交流反馈可以改善放大电路的性能。

交流反馈和直流反馈可以根据放大电路交、直流通路来进行判断：若直流通路中含有反馈支路，则为直流反馈；若交流通路中含有反馈支路，则为交流反馈。

（2）正反馈和负反馈及其判别

按反馈信号对净输入信号的影响，将反馈分成正反馈和负反馈。如果反馈信号消弱输入信号使净输入信号减小，则该反馈为负反馈；如果反馈信号加强输入信号使净输入信号变大，则该反馈为正反馈。负反馈可以改善放大电路的性能指标，正反馈多用于各种振荡电路。

正负反馈可利用瞬时极性法进行判断：假设从放大电路的输入端输入一个极性为正的瞬时信号，并在输入端标上"＋"，表示输入端瞬时电位升高，然后按照信号的传输途径，根据三极管各极的电压相位关系，依次用"＋"或"－"标出三极管各极的瞬时极性。如果反馈信号与输入信号在输入端的同一个电极上，经瞬时极性判断，反馈信号与输入信号极性相同，为正反馈；极性相反为负反馈。如果反馈信号与输入信号在输入端的不同电极上，经瞬时极性判断，反馈信号与输入信号极性相同，为负反馈；极性相反为正反馈。

（3）电压反馈和电流反馈及其判断

在反馈放大电路的输出端，如果反馈网络与基本放大电路（全部或一部分）、负载相并联，即反馈信号取样于输出电压，称这种反馈为电压反馈，在反馈放大电路的输出端，如果反馈网络与基本放大电路、负载相串联，即反馈信号取样于输出电流，称这种反馈为电流反馈。

电压反馈具有以下特征：反馈网络与负载 R_L 并联，反馈信号 u_f 与输出电压 U_O 成正比，当负载被短路时 $U_O = 0$，反馈信号 u_f 也消失。电压反馈具有稳定输出电压的作用，即当电路因某种因素使输出电压增大时，反馈信号 u_f 也增大，反馈到输入端后，使净输入信号 $u'_i = u_i - u_f$ 减小，进而使输出信号减小，稳定了输出电压。

电流反馈具有以下特征：反馈网络与负载 R_L 串联，反馈信号与输出电流成正比，当负载被短路时 $u_o = 0$，反馈信号仍存在。电流反馈具有稳定输出电流的作用，即当电路因某种因素使输出电流增大时，反馈信号 u_f 也增大，反馈到输入端后，使净输入信号 $u_i = u_i - u_f$ 减小，进而使输出信号减小，稳定了输出电流。

实际电路中电压反馈、电流反馈可采用短路法进行判断：假定放大电路的输出端短路即 $u_o = 0$ 时，反馈信号 u_f 也为零，则该反馈为电压反馈。假定放大电路的输出端短路即 $u_o = 0$ 时，反馈信号仍存在，则该反馈为电流反馈。

（4）串联反馈和并联反馈及其判断

根据反馈网络与基本放大电路输入端的连接方式不同，将反馈放大电路分为串联反馈和并联反馈。

在反馈放大电路的输入端，如果反馈网络与基本放大电路相串联，就称为串联反馈，反馈网络与基本放大电路相并联，就称为并联反馈。

由于串联反馈，反馈网络必然与信号源和基本放大电路组成串联回路，所以反馈信号和输入信号在输入端以电压方式相加减。而并联反馈，反馈网络与基本放大电路并联连接，所以反馈信号和输入信号在输入端以电流方式相加减。

实际电路中串联反馈和并联反馈可根据反馈信号与信号源的输入信号在放大电路输入端的接入点进行判断：如果反馈信号与信号源的输入信号不在同一点接入放大电路的输入端，此反馈就是串联反馈；如果反馈信号与信号源的输入信号在同一点接入放大电路的输入端，此反馈就是并联反馈。

【例 4.1】 试分析如图 4.4 所示电路是否存在反馈，反馈元件是什么，是正反馈还是负反馈，是交流反馈还是直流反馈。

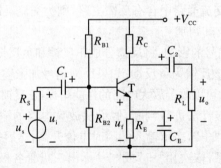

图 4.4 反馈电路举例

解：（1）判断电路中有无反馈

　　判断一个电路中有无反馈,要看此电路的输入回路和输出回路之间是否存在起联系作用的元件或网络,如有则反馈存在。起反馈作用的元件称为反馈元件。

　　图 4.4 中元件 R_E 并联旁路电容 C_E,是输入回路和输出回路的共用支路,为反馈元件,因此电路存在反馈。

　　(2) 判断反馈极性

　　用瞬时极性法判断如下:假定输入电压 u_i 的瞬时极性对地为"+",根据电路中电流的实际流向可确定电阻 R_E 上的反馈信号 u_f 方向为上正下负,放大电路的净输入信号 $u_{id} = u_i - u_f$,因此,u_f 削弱了净输入信号 u_{id},故为负反馈。

　　(3) 判断交、直流反馈

　　反馈元件 R_E 并联了旁路电容 C_E,对交流信号短路,所以 R_E 只存在于直流通路中,故放大器只有直流反馈。

知识 4.1.2　负反馈放大电路的基本类型及分析

　　反馈放大电路可以分成很多不同的类型,就负反馈而言,根据反馈网络与输入、输出端的连接方式的不同,可将负反馈放大电路分成四种不同的类型,即电压并联负反馈、电压串联负反馈、电流并联负反馈和电流串联负反馈。下面分别对这四种基本类型进行分析。

1. 电压串联负反馈

　　图 4.5(a)所示为电压串联负反馈电路示意图。

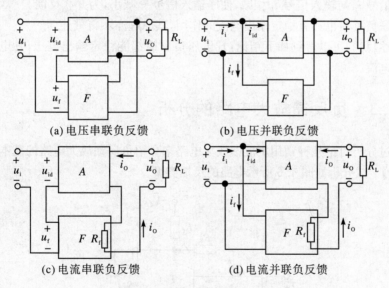

(a) 电压串联负反馈　　　　　　(b) 电压并联负反馈

(c) 电流串联负反馈　　　　　　(d) 电流并联负反馈

图 4.5　四种基本类型的负反馈

　　该电路输出端反馈信号取自输出电压 u_o,负载 R_L 短路,u_o 为零时,反馈信号 u_f 也为零,为电压反馈。输入端反馈网络与基本放大电路串联连接,实现了反馈信号 u_f 与输入信号 u_i 相减,使净输入信号 u_{id} 减小,为串联反馈。

　　电压串联负反馈能稳定输出电压,其原理如下:在输入电压 u_i 时,若由于负载 R_L 的变化,使输出电压 u_o 增大,则反馈信号 u_f 也增大,而净输入信号 $u_{id} = u_i - u_o$ 减小,使输出电压 u_o 减小,从而输出电压稳定。

2. 电压并联负反馈

图 4.5(b)所示为电压并联负反馈电路示意图。

该电路输出端反馈信号取自输出电压 u_o，负载 R_L 短路，u_o 为零时，反馈信号 u_f 也为零，为电压反馈。输入端反馈网络与基本放大电路并联连接，实现了反馈信号 i_f 与输入信号 i_i 相减，使净输入信号 i_{id} 减小，为并联反馈。

电压并联负反馈也具有稳定输出电压的作用，其原理不再赘述。

3. 电流串联负反馈

图 4.5(c)所示为电流串联负反馈示意图。

该电路输出端反馈信号取自输出电流 i_o，负载 R_L 短路，u_o 为零时，反馈支路电流 i_f 仍然存在，即反馈信号 u_f 依然存在，为电流反馈。输入端反馈网络与基本放大电路串联连接，实现了反馈信号 u_f 与输入信号 u_i 相减，使净输入信号 u_{id} 减小，为串联反馈。

电流串联负反馈能稳定输出电流，其原理如下：在输入电压 u 时，若由于负载 R_L 的变化，使输出电流 i_o 增大，则反馈信号 u_f 也增大，而净输入信号 $u_{id} = u_i - u_o$ 减小，迫使输出电流 i_o 减小，从而稳定输出电流。

4. 电流并联负反馈

图 4.5(d)所示为电流并联负反馈示意图。

该电路输出端反馈信号取自输出电流 i_o，负载 R_L 短路，u_o 为零时，反馈支路电流 i_f 仍然存在，即反馈信号 u_f 依然存在，为电流反馈。输入端反馈网络与基本放大电路并联连接，实现了反馈信号 i_f 与输入信号 i_i 相减，使净输入信号 i_{id} 减小，为并联反馈。

电流并联负反馈也具有稳定输出电流的作用，其原理亦不再赘述。

综上所述，我们可以得到如下结论：凡电压负反馈都能稳定输出电压，凡电流负反馈都能稳定输出电流。

知识 4.1.3　负反馈放大电路的分析

下面通过分析讨论几种常用负反馈放大电路来介绍负反馈放大电路的基本分析方法。

【例 4.2】　试分析如图 4.6 所示电路的反馈类型。

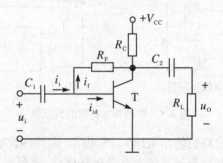

图 4.6　电压并联负反馈放大电路

解：① 通过 R_F 的不仅有输出信号，而且也有输入信号，因而它能将输出信号的一部分取出来馈送给输入回路，从而影响原输入信号。由此，R_F 是该电路的反馈元件，电路存在着反馈。

② 将负载电阻短路，则 R_F 也短路到地反馈信号消失，因此，从输出端看，反馈属电压反

馈。从输入端看，反馈信号与信号源信号同时加在三极管的基极，故为并联反馈。

③ 设信号源瞬时极性为上正下负，三极管基极电位上升，三极管的集电极电位下降，则流经 R_F 的电流 i_f 的方向为从左到右，$i_{id}=i_i-i_f$，它使流入基极的纯输入信号电流比原输入信号电流小，故是负反馈。

根据以上分析，R_F 引入的为电压并联负反馈。

【例 4.3】 试分析如图 4.7 所示电路的反馈类型。

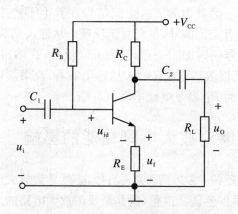

图 4.7 电流串联负反馈放大电路

解：① 发射极电阻 R_E 是输入回路和输出回路的共用电子，能将输出信号的一部分取出来馈送给输入回路，从而影响原输入信号。因此，R_E 是该电路的反馈元件，电路存在着反馈。

② 设信号源瞬时极性为上正下负，三极管发射极电压与基极同相位，三极管的射极电压就是反馈信号电压 u_f，$u_{id}=u_i-u_f$，使加到发射结的纯输入信号电压比原输入信号电压减小，所以是负反馈。

③ 将负载电阻短路，则输出回路并不因负载短路而使反馈信号消失，因此，反馈属电流反馈。从输入端看，信号源信号与反馈信号分别加在三极管的基极和发射极，为串联反馈。

根据以上分析，R_E 引入的为电流串联负反馈。

【例 4.4】 分析图 4.8 所示放大电路的反馈：在图中找出反馈元件；判断是正反馈还是负反馈；对交流负反馈，判断其反馈组态。

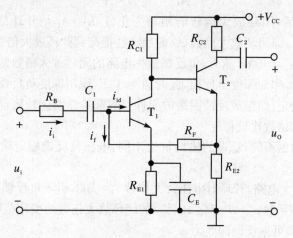

图 4.8 多级反馈放大电路

解:① 电阻 R_F 连接在 T_2 的输出端和 T_1 的输入端之间,引入的是级间负反馈,属级间反馈元件。R_{E1} 为第一级级内反馈元件,R_{E2} 为第二级反馈元件。

② 设信号源瞬时极性为上正下负,T_1 管基极电位上升,集电极电位下降,即 T_2 管的基极电位下降,发射极电位也下降,则流经 R_F 的电流 i_f 的方向为从左到右,则 $i_{id}=i_i-i_f$,它使流入基极的纯输入信号电流比原输入信号电流小,故是负反馈。R_{E1}、R_{E2} 都接在本级的发射极,电压变化与基极同相,皆为负反馈。

③ 由于电阻 R_{E1} 并联了旁路电容 C_E,交流信号在其上不产生压降,所以是直流反馈;R_F、R_{E2} 上既有直流信号又有交流信号,是交直流反馈。从输入端看,R_F 接在三极管的基极,因此反馈信号与信号源信号同时加同一点,故为并联反馈;在输出端令 $u_o=0$ 时,输出电流仍分流产生反馈电流 i_f,反馈依然存在,因此,从输出端看,反馈属电流反馈;所以 R_F 引入的是级间电流并联负反馈。而 R_{E2} 则是电流串联负反馈。

知识 4.1.4　负反馈对放大电路性能的影响

在放大电路中引入负反馈,减少了净输入信号,必然导致放大倍数的降低。但是降低了放大倍数,却换取了放大电路性能的改善,这是负反馈放大电路的非常重要的优点。本节将分别讨论负反馈对放大电路性能的影响。

1. 提高放大倍数的稳定性

实际应用过程中,放大电路的放大倍数会因电路参数的变化、环境温度的变化、负载的改变等许多因素的变化而发生改变,放大电路引入负反馈后最直接效果是降低了放大倍数,但提高了放大倍数的稳定性,即以牺牲放大倍数来换取放大倍数的稳定。为了表征放大倍数的稳定性,引入放大倍数的相对变化量,即用放大倍数的相对变化量的大小来表示放大倍数稳定性的优劣,相对变化量越小,则稳定性越好。

在放大电路的中频段,由反馈电路的基本关系式(4.4)可知,对于负反馈而言,闭环放大倍数是开环放大倍数的 $1/(1+AF)$。

对式(4.4)求微分可得

$$\frac{dA_f}{A_f}=\frac{1}{1+AF}\frac{dA}{A} \tag{4.5}$$

可见,负反馈引入以后,闭环放大倍数的相对变化量 dA_f/A_f 是开环放大倍数相对变化量 dA/A 的 $1/(1+AF)$,即闭环放大倍数 A_f 的稳定性提高到开环放大倍数 A 的 $1+AF$ 倍,由反馈深度 $1+AF$ 决定,$1+AF$ 越大,负反馈放大电路的闭环放大倍数的稳定性越好。

当 $1+AF\gg1$ 时,称为深度负反馈,此时 $A_f\approx1/F$,说明深度负反馈时,电路的放大倍数基本上由反馈网络决定,而组成反馈网络的元件一般都是性能比较稳定的电阻,所以深度负反馈放大电路的放大倍数比较稳定。

由于反馈的类型的不同,稳定的输出量也不同:电压负反馈稳定输出电压,电流负反馈稳定输出电流。

【例 4.5】 某放大电路,开环时电压放大倍数 $A=103$,引入负反馈后,闭环放大倍数 A_f 为 10。试求:① 反馈系数;② A 变化 10% 时的闭环放大倍数的变化范围。

解:① 由式(4.4)可得反馈深度为

$$1+AF=100$$

则有

$$F=(100-1)/A=99/10^3=0.099$$

② A 变化 10%，闭环放大倍数的相对变化量为

$$\frac{\mathrm{d}A_\mathrm{f}}{A_\mathrm{f}}=\frac{1}{1+AF}\frac{\mathrm{d}A}{A}=\frac{1}{100}\times(\pm10\%)=\pm0.1\%$$

此时的闭环放大倍数为

$$A'_\mathrm{f}=A_\mathrm{f}\left(1+\frac{\mathrm{d}A_\mathrm{f}}{A_\mathrm{f}}\right)=10(1+0.1\%)$$

即 A 在 900 和 1100 之间变化时，A_f 在 9.99 和 10.01 之间变化。

2. 对输入电阻和输出电阻的影响

放大电路引入负反馈以后，根据反馈组态的不同，对输入电阻和输出电阻将产生不同的影响。

1) 对输入电阻的影响

负反馈对放大电路输入电阻的影响主要取决于输入端的反馈类型，而与输出端的取样方式无关。因此负反馈对放大电路输入电阻的影响与是串联反馈还是并联反馈直接有关。

（1）串联负反馈提高输入电阻

图 4.9(a) 所示为串联负反馈示意图，R_i 为基本放大电路的输入电阻，称为开环输入电阻；R_if 为有反馈时的输入电阻，即闭环输入电阻。由图可知，反馈网路与基本放大电路相串联，所以 R_if 必然大于 R_i。

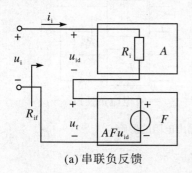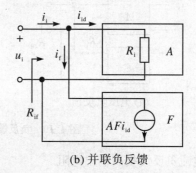

(a) 串联负反馈　　　　　　　　　　(b) 并联负反馈

图 4.9　负反馈对输入电阻的影响

由输入电阻定义及负反馈基本关系式可得

$$R_\mathrm{if}=\frac{u_\mathrm{i}}{i_\mathrm{i}}=\frac{u_\mathrm{id}+u_\mathrm{f}}{i_\mathrm{i}}=\frac{u_\mathrm{id}+AFu_\mathrm{id}}{i_\mathrm{i}}=(1+AF)\frac{u_\mathrm{id}}{i_\mathrm{i}}$$

即

$$R_\mathrm{if}=(1+AF)R_\mathrm{i} \tag{4.6}$$

上式表明：在串联负反馈放大电路中闭环输入电阻是开环输入电阻的 $1+AF$ 倍，即串联负反馈使放大电路的输入电阻增大。

（2）并联负反馈降低输入电阻

图 4.9(b) 所示为并联负反馈示意图。反馈网路与基本放大电路相并联，所以 R_if 必然小于 R_i。

由输入电阻定义及负反馈基本关系式可得

$$R_{if}=\frac{u_i}{i_i}=\frac{u_i}{i_{id}+i_f}=\frac{u_i}{i_{id}+AFi_{id}}=\frac{1}{1+AF}\frac{u_i}{i_{id}}$$

即

$$R_{if}=\frac{1}{1+AF}R_i \tag{4.7}$$

上式表明:在并联负反馈放大电路中闭环输入电阻是开环输入电阻的 $1/(1+AF)$ 倍,即并联负反馈使放大电路的输入电阻减小。

2) 对输出电阻的影响

负反馈对放大电路输出电阻的影响主要取决于反馈取样方式,而与输入端的反馈类型无关。因此负反馈对放大电路输出电阻的影响与是电压反馈还是电流反馈直接有关。

(1) 电压负反馈降低输出电阻

图 4.10(a)所示为电压负反馈示意图。反馈信号取样于输出电压与基本放大电路输出电阻相并联,所以 R_{of} 必然小于 R_o,即 $R_{of}=R_o//R_f$。

由反馈的基本关系式可以推出:

$$R_{of}=\frac{1}{1+A'F}R_o \tag{4.9}$$

式中 A' 为负载开路时的开环放大倍数。上式表明电压负反馈使放大电路的输出电阻减小。另外电压负反馈能够稳定输出电压,在输入信号一定时,电压负反馈放大电路相当于一个恒压源,输出电阻越小越好。

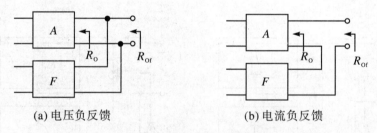

(a) 电压负反馈   (b) 电流负反馈

图 4.10 负反馈对输出电阻的影响

(2) 电流负反馈提高输出电阻

图 4.10(b)所示为电流负反馈示意图。反馈信号取样于输出电流与基本放大电路输出电阻相串联,所以 R_{of} 必然大于 R_o,即 $R_{of}=R_o+R_f'$。

由反馈的基本关系式可以推出:

$$R_{of}=(1+A''F)R_o \tag{4.10}$$

式中 A'' 为负载短路时的开环放大倍数。上式表明电流负反馈使放大电路的输出电阻增大。另外电流负反馈能够稳定输出电流,在输入信号一定时,电压负反馈放大电路相当于一个恒流源,输出电阻越大越好。

3. 减小非线性失真

三极管、场效应管等有源器件具有非线性的特性,因而由它们组成的基本放大电路的电压传输特性也是非线性的,会造成输出电压的非线性失真,引入负反馈后可以消除这种失真。

加入负反馈改善非线性失真,可通过图 4.11 来加以说明。失真的反馈信号使净输入信号产生相反的失真,从而弥补了放大电路本身的非线性失真。其原理如下:

如果正弦输入信号 x_i 在无反馈时经放大电路输出为正半周幅度大,负半周幅度小的失真输出信号 x_o,如图 4.11(a)所示。引入负反馈后,这种失真形成的反馈信号 x_f 也是正半周幅度大,负半周幅度小,而净输入信号 $x_{id}=x_i-x_f$,所以 x_{id} 的波形应为正半周幅度小,负半周幅度大。也就是,通过反馈使净输入信号产生了与基本放大电路的失真相反的预失真,结果使输出信号的正负半周幅度接近一致,从而减小了放大电路的非线性失真,如图 4.11(b)所示。可以证明,引入负反馈以后,闭环放大电路的非线性失真减小为开环时的 $1/(1+AF)$。

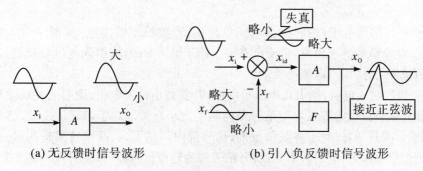

(a) 无反馈时信号波形   (b) 引入负反馈时信号波形

图 4.11 负反馈减小非线性失真

4. 扩展通频带

由于放大电路中存在电抗元件,三极管的一些参数也会随频率而变化,使得放大电路对不同频率的信号的放大效果不完全一样。具体表现为,基本放大电路在低频区和高频区的放大倍数将下降,这可理解为因输入信号的频率变化而引起的放大倍数的变化。引入负反馈后,因为负反馈能增加放大倍数的稳定性,使放大倍数在相对小的范围内变化。

图 4.12 所示为基本放大电路和负反馈放大电路的幅频特性 $A(f)A_f(f)$,图中 A_m、f_L、f_H、BW 和 A_{mf}、f_{Lf}、f_{Hf}、BW_f 分别为基本放大电路和负反馈放大电路的中频放大倍数、下限频率、上限频率和通频带。可见,加入负反馈后的通频带比无负反馈时的大,原因是:当输入等幅不同频率的信号时,高频段和低频段的输出信号比中频段的小,因此反馈信号也小,对净输入信号的削弱作用小,所以放大倍数在高、低段的下降速度减慢,幅频特性变得比较平坦,从而扩展了通频带。

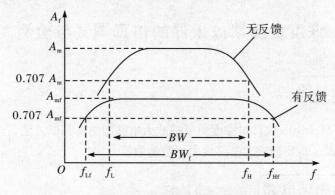

图 4.12 负反馈扩展通频带

由分析可知

$$BW_f=(1+AF)BW \tag{4.11}$$

值得注意的是:负反馈在扩展了放大电路的通频带的同时付出了放大倍数下降的代价。

5. 引入负反馈的一般原则

实用放大电路引入负反馈的目的是稳定静态工作点和改善动态性能。不同组态的交流负反馈将对放大电路的性能产生不同的影响,所以在不同的需求下,应引入不同的反馈。一般原则如下:

① 若要稳定静态工作点,则应引入直流负反馈;若要改善动态性能,则应引入交流负反馈。

② 若要稳定输出电压,则应引入电压负反馈;若要稳定输出电流,则应引入电流负反馈。换言之,从负载的需求出发,希望电路输出趋于恒压源的,应引入电压负反馈;希望电路输出趋于恒流源的,应引入电流负反馈。

③ 若要提高输入电阻,则引入串联负反馈;若要减小输入电阻,则引入并联负反馈。串联负反馈和并联负反馈的效果均与信号源内阻的大小有关。对于串联负反馈,信号源内阻越小,负反馈效果越明显;对于并联负反馈,信号源内阻越大,负反馈效果越明显。换言之,信号源为近似恒压源的,应引入串联反馈;信号源为近似恒流源的,应引入并联反馈。

④ 根据输入信号对输出信号的控制关系引入交流负反馈,若用输入电压控制输出电压,则应引入电压串联负反馈;若用输入电流控制输出电压,则应引入电压并联负反馈;若用输入电压控制输出电流,则应引入电流串联负反馈;若用输入电流控制输出电流,则应引入电流并联负反馈。

模块 4.2　深度负反馈放大电路的分析与检测

在前面的学习中,我们对基本放大电路的分析多采用微变等效电路法,而对于负反馈放大电路再采用上述方法就比较麻烦。实际中,随着电子技术的发展,集成运放及各种模拟集成电路得到广泛应用,它们一般都具有很高的开环放大倍数,很容易满足深度负反馈的条件。所以本节着重讨论深度负反馈的特点和电路分析方法。

实训 4.2.1　深度负反馈放大器的仿真调试与检测

 **实训目的**

① 掌握利用 Multisim 软件对深度负反馈放大电路的仿真测试方法。
② 深刻理解深度负反馈放大电路放大倍数的估算方法。

 **实训测试电路**

电路如图 4.13 所示。

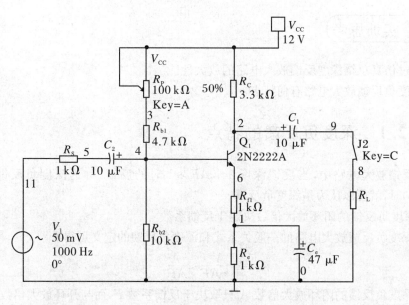

图 4.13　带有负反馈的放大电路

实训环境

① 软件环境：Multisim 软件。
② 硬件环境：计算机。

实训步骤及内容

图 4.13 为带有深度负反馈的共射放大电路,在电路中通过反馈支路把输出电压引回到输入端,根据反馈的判断法可知,R_{fl} 引入电流串联负反馈。

深度负反馈电路放大倍数、输入电阻的测试:

在 Multisim 环境下连接如图 4.13 所示电路,开关 J1 置于"11",K 和 J3 置于断开状态。在输入端加入有效值为 50 mV,频率为 1000 Hz 的正弦波信号,调节 R_{P} 使电路的静态工作点相对合适(40%左右),利用软件提供的功能完成表 4.4 的测试。

表 4.4　深度负反馈放大电路的测试

U_{S}	U_{i}	U_{f}	U_{OL}
50 mV	44.51 mV	42.677 mV	70.045 mV

通过上述数据,我们可以计算出以下结果:

$$A_{\mathrm{uL}}=\frac{U_{\mathrm{OL}}}{U_{\mathrm{i}}}=-\frac{70.045}{44.51}=1.57\approx\frac{R_{\mathrm{c}}//R_{\mathrm{L}}}{R_{\mathrm{fl}}}=1.65$$

$$R_{\mathrm{i}}=\frac{U_{\mathrm{i}}}{U_{\mathrm{s}}-U_{\mathrm{i}}}R_{\mathrm{s}}=\frac{44.51}{50-44.51}\times1\ \mathrm{k\Omega}=8.1\ \mathrm{k\Omega}$$

U_{i} 和 U_{f} 大小差不多,近似相等。

 实训思考

① 通过仿真总结深度反馈放大电路的放大性能。

② 深度负反馈放大电路有何特点?

知识 4.2.1 深度负反馈的特点

在负反馈放大电路中,当反馈深度 $1+AF \gg 1$ 时的反馈,称为深度负反馈。一般在 $1+AF \geqslant 10$ 时,就可以认为是深度负反馈。

(1) 深度负反馈的闭环放大倍数决定于反馈系数

根据深度负反馈放大电路的一般关系式和深度负反馈的定义可得

$$A_f = \frac{A}{1+AF} \approx \frac{A}{AF} = \frac{1}{F} \tag{4.12}$$

上式说明深度负反馈的闭环放大倍数 A_f 只取决于反馈系数 F,而与开环放大倍数无关。

(2) 外加输入信号近似等于反馈信号

由式(4.4)和式(4.11)可知

$$X_o = X_i / F$$

又因为 $X_f = FX_o$,所以有

$$X_i = X_f \tag{4.13}$$

式(4.13)表明:在深度负反馈条件下,反馈信号 X_f 与输入信号 X_i 近似相等,也就是说,深度负反馈放大电路的净输入信号 $X_{id} \approx 0$。对于串联负反馈,$u_{id} = u_i - u_f \approx 0$,即 $u_i \approx u_f$;对于并联负反馈 $i_{id} = i_i - i_f \approx 0$,即 $i_i \approx i_f$。

(3) 深度负反馈放大电路的输入电阻近似为零或无穷大

根据深度负反馈放大电路的净输入信号 $X_{id} \approx 0$,对串联负反馈 $u_{id} = 0$,相当于输入端短路,输入电阻 R_i 近似为零。另一方面,串联负反馈使放大电路的输入电阻增大,对于深度串联负反馈,理想情况下,输入电阻又可看成无穷大。而并联负反馈 $i_{id} = 0$,相当于输入端开路,输入电阻为无穷大。再从并联负反馈使输入电阻减小的角度,理想情况下深度并联负反馈的输入电阻应近似为零。

由以上分析可知:深度负反馈放大电路的输入端既可看成虚拟短路又可看成虚拟断路,简称"虚短"和"虚断"。

此外,理想情况下,深度电压负反馈的输出电阻趋向于零;深度电流负反馈的输出电阻趋于无穷大。

知识 4.2.2 深度负反馈放大电路的估算

根据深度负反馈的特点,我们可以对深度负反馈放大电路的放大倍数进行估算。

【例 4.6】 如图 4.14 所示电路中,R_{E1} 较大,是深度负反馈放大电路,试估算其电压放大倍数。

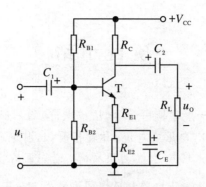

图 4.14　电流串联负反馈放大电路的估算

解： 因为 R_{E1} 引入的电流串联负反馈，且 R_{E1} 较大构成深度负反馈，所以由图可得

$$u_i \approx u_f = i_o R_{E1}$$

$$u_o = -i_o (R_C // R_L)$$

因此，该放大电路的闭环电压放大倍数 A_{uf} 为

$$A_{uf} = \frac{u_o}{u_i} = -\frac{R_C // R_L}{R_{E1}}$$

【例 4.7】　图 4.15 电路为深度负反馈放大电路，求电路的电压放大倍数。

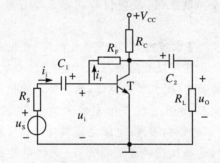

图 4.15　电压并联负反馈放大电路的估算

解： 该电路为电压并联负反馈电路，在深度负反馈条件下，由图可知

$$i_i \approx i_f$$

$$i_i \approx \frac{u_S}{R_S}$$

$$i_f \approx \frac{u_i - u_o}{R_F} \approx -\frac{u_o}{R_F}$$

因此

$$\frac{u_S}{R_S} = -\frac{u_o}{R_F}$$

所以该电路的闭环电压放大倍数 A_{uf} 为

$$A_{uf} = \frac{u_o}{u_S} = -\frac{R_F}{R_S}$$

项 目 小 结

1. 所谓反馈，就是将放大电路输出量（电压或电流）的一部分或全部，以一定的方式回送到输入回路，并影响输入量（电压或电流）和输出量，这种电压或电流的回送过程称为反馈。若引回的信号削弱了输入信号，就称为负反馈。若引回的信号增强了输入信号，就称为正反馈。反馈放大电路由基本放大电路和反馈网路组成。其基本关系式为 $A_f = \dfrac{A}{1+AF}$。

2. 反馈放大电路，按反馈极性可分为正反馈和负反馈；按反馈信号的成分可分为直流反馈、交流反馈和交直流反馈；按反馈信号与输出端的连接方式可分为电压反馈和电流反馈；按反馈信号与输入端的连接方式可分为串联反馈和并联反馈。反馈信号使净输入信号增大，为正反馈；反馈信号使净输入信号减小则为负反馈。反馈信号中只有直流成分是直流反馈；反馈信号中只包含交流成分，则为交流反馈；反馈信号中既包含直流成分又包含交流成分，称为交直流反馈。反馈信号取自输出端，输出端短路反馈信号消失，为电压反馈；反馈信号取自非输出端，输出端短路反馈信号不消失，则为电流反馈。反馈信号在输入端与输入信号以电压的形式相加减，是串联反馈；反馈信号在输入端与输入信号以电流的形式相加减，是并联反馈。

3. 负反馈放大电路有四种基本组态：电压串联负反馈、电压并联负反馈、电流串联负反馈、电流并联负反馈。直流负反馈可以稳定静态工作点；交流负反馈可以在多方面改善放大电路的性能：提高放大倍数的稳定性、扩展通频带、改变输入输出电阻（串联反馈使输入电阻增大，并联反馈使输入电阻减小，电压反馈使输出电阻减小，电流反馈使输出电阻增大）等。不同类型的负反馈对放大到了的影响不同：电压负反馈可以稳定输出电压；电流负反馈可以稳定输出电流。实际应用时，选择反馈类型的依据是：欲稳定什么量，就选择什么类型的负反馈。

4. 在负反馈放大电路中，当反馈深度 $1+AF \gg 1$ 时的反馈，称为深度负反馈。深度负反馈的闭环放大倍数 A_f 只决定于反馈系数 F，而与开环放大倍数无关。深度负反馈放大电路的输入端既可看成虚拟短路又可看成虚拟断路，简称"虚短"和"虚断"。由上述特点出发，深度负反馈放大电路的性能可以采用估算法很方便地求出。

习　　题

4.1　填空题：

（1）对于放大电路，若无反馈网络，称为_____放大电路；若存在反馈网络，则称为_____放大电路。

（2）反馈放大电路由_____电路和_____网络组成。

（3）根据反馈信号在输出端的取样方式不同，可分为_____反馈和_____反馈，根据反馈信号和输入信号在输入端的比较方式不同,可分为_____反馈和_____反馈。

(4) 负反馈对输入电阻的影响取决于_____端的反馈类型,串联负反馈能够_____输入电阻,并联负反馈能够_____输入电阻。

(5) 负反馈对输出电阻的影响取决于_____端的反馈类型,电压负反馈能够_____输出电阻,电流负反馈能够_____输出电阻。

4.2　判断题:

(1) 负反馈是指反馈信号与放大器原来的输入信号相位相反,会削弱原来的输入信号,在实际中应用较少。　　　　　　　　　　　　　　　　　　　　　　　　(　　)

(2) 若放大电路引入负反馈,则负载电阻变化时,输出电压基本不变。　　(　　)

(3) 在放大电路中引入负反馈后,能使输出电阻降低的是电压反馈。　　(　　)

(4) 加入反馈后,使净输入信号减小,为负反馈。　　　　　　　　　　　(　　)

(5) 若放大电路的放大倍数为负,则引入的反馈一定是负反馈。　　　　(　　)

(6) 因为深度负反馈能增加放大倍数的稳定性,所以在深度负反馈电路中的各元件不必考虑性能的稳定性。　　　　　　　　　　　　　　　　　　　　　　　　(　　)

(7) 负反馈放大电路中既能使输出电压稳定又有较高输入电阻的负反馈是电压串联负反馈。　　　　　　　　　　　　　　　　　　　　　　　　　　　　　　　(　　)

4.3　要满足下列要求,应引入何种类型的负反馈?

(1) 稳定静态工作点;

(2) 增大输入电阻,稳定输出电流;

(3) 减小输入电阻,稳定输出电压;

(4) 增大输入电阻,稳定输出电压;

(5) 减小输入电阻,稳定输出电流;

(6) 增大输入电阻,减小输出电阻。

4.4　某负反馈放大电路的闭环放大倍数为 100,当开环放大倍数变化 10% 时闭环放大倍数的变化不超过 1%,试求其开环放大倍数和反馈系数。

4.5　判断图 4.16 所示各电路中是否引入了反馈,是直流反馈还是交流反馈,是正反馈还是负反馈,是电压反馈还是电流反馈,是并联反馈还是串联反馈。设图中所有电容对交流信号均可视为短路。

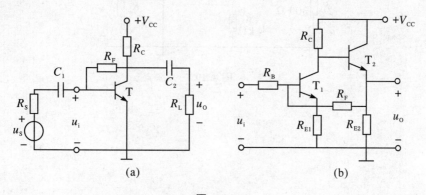

(a)　　　　　　　　　　　　　　　(b)

图 4.16

4.6　反馈放大电路如图 4.17 所示,试判断图中反馈的极性、组态,并求出深度负反馈下的闭环电压放大倍数。

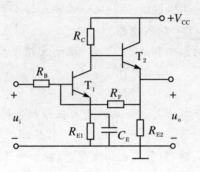

图 4.17

4.7　电路如图 4.18 所示,假设各电路都设置有合适的静态工作点。(1) 指出其级间反馈的极性,若为负反馈说明组态;(2) 写出其中的负反馈电路在深度负反馈条件下的电压放大倍数表示式。

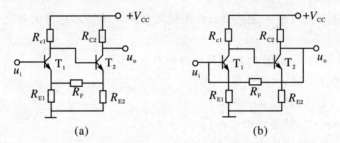

(a)　　　　　　　　　　　　　(b)

图 4.18

4.8　电路如图 4.19 所示,设电路满足深度负反馈条件,电容 C_1、C_2 的容抗很小,可以忽略不计。(1) 试判断级间反馈的极性和组态;(2) 估算共闭环电压放大倍数。

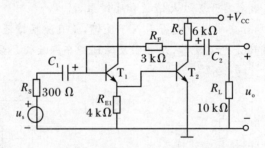

图 4.19

项目 5　集成运算放大器应用电路的分析与检测

1. 掌握差动放大电路及集成运算放大器的结构、特性、仿真与分析方法。
2. 掌握差动放大电路放大倍数和共模抑制比的测量方法。
3. 学会使用集成运算放大器。
4. 能熟练掌握集成运算放大器的线性应用和非线性应用。
5. 能够设计集成运算放大器应用电路。

模块 5.1　差动放大电路的组成与分析

差动放大电路又称为差分放大电路,它的输出电压与输入电压之差成正比,因此而得名。由于它具有较高的差模电压放大倍数,以及抑制零点漂移、便于集成等特点,广泛应用于集成电路。所谓的零点漂移是指放大电路即使在输入信号为零时,输出端仍有信号输出,这种现象称为"零点漂移",简称"零漂"。抑制零点漂移最有效的措施就是采用差动放大电路。

差动放大电路的基本结构主要有三种形式:基本形式、长尾式以及恒流源式,其电路结构的区别如图 5.1 所示。

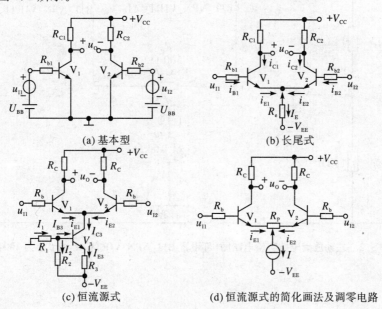

(a) 基本型　　　　　　　　　　(b) 长尾式

(c) 恒流源式　　　　　(d) 恒流源式的简化画法及调零电路

图 5.1　差动放大电路

实训 5.1.1　差动放大电路的仿真、调试与检测

实训目的

① 能够熟练使用 Multisim 软件完成差动放大电路的连接。

② 能够使用 Multisim 软件完成差动放大电路的静态测试和动态测试。

③ 能够在面包板上完成差动放大电路的连接，并能够利用实验仪器设备完成差动放大电路的静态测试和动态测试。

④ 将仿真数据与实测数据比较，并分析原因。

实训测试电路

电路如图 5.2 所示。

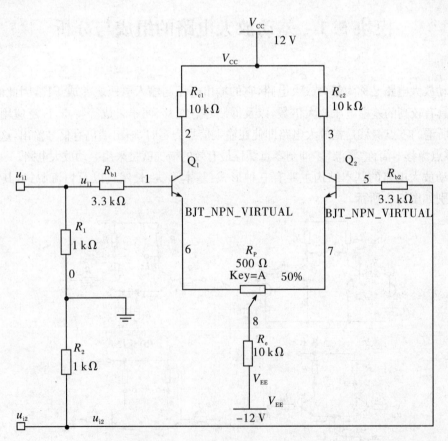

图 5.2　差动放大电路实验电路图（可设置 **BJT_NPN_VIRTUAL** 的 **β** 值为 100）

实训环境

① 软件环境:Multisim 软件。
② 硬件环境:计算机、函数信号发生器、晶体管毫伏表、万用表、双踪示波器。

实训器材

① 三极管:9013×2。
② 电阻:3.3 kΩ×2,1 kΩ×2,10 kΩ×3。
③ 电位器:R_P=500 Ω×1。
④ 面包板一块、导线若干等。

实训步骤及内容

1. 软件仿真

首先打开 Multisim 软件,新建一名为"差动放大电路"的原理图文件,按照图 5.2 正确连接电路。其中 u_{i1} 和 u_{i2} 是取 1 kHz 的正弦信号,幅度为 0.1 V,V_{CC} 和 V_{EE} 为直流电源,其大小分别为 12 V 和 -12 V。

1) 静态分析

连接好电路,检查无误后,执行 simulate/analyses/DC operating point… 命令,弹出对话框,按图 5.3 设置。点击"simulate"按钮,即可完成静态工作点的分析,其结果如图 5.4 所示。

图 5.3　静态分析设置　　　　　　　图 5.4　静态工作点分析结果

2) 动态分析

（1）差模放大倍数测试

选择虚拟仪器函数发生器(Fuction Generaror),使之输出频率为 1 kHz 的正弦波,幅度为 200 mV(如图 5.5 所示),连接如图 5.6 所示。此时相当于差动放大电路两输入端接入大小相等、方向相反的差模输入信号,读者可自行验证。

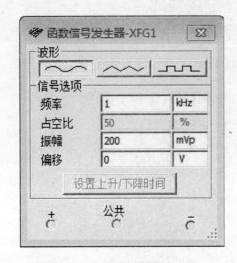

图 5.5　函数发生器设置面板

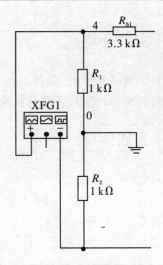

图 5.6　差模输入信号接法

用虚拟仪器示波器观察两输出端波形,如图 5.7 所示,可见加入差模输入信号后,两三极管集电极输出电压大小相等,相位相反。

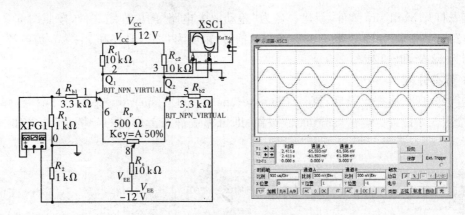

图 5.7　用示波器观察两输出端波形

用万用表的交流电压挡测出其输出电压如图 5.8 所示。

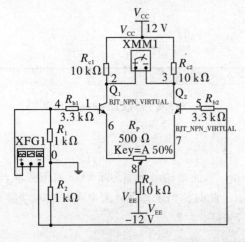

图 5.8　输出电压测试

由输出电压大小可计算差模输入电压放大倍数为 $A_{ud} = \dfrac{u_{od}}{u_{id}} = \dfrac{7.823}{0.2} = 39.115$。

（2）共模放大倍数测试

选择虚拟仪器函数发生器（Fuction Generaror），使之输出频率为 1 kHz 的正弦波，幅度为 200 mV，连接如图 5.9 所示。此时相当于差动放大电路两输入端接入大小相等、方向相同的差模输入信号，读者可自行验证。其测试步骤与差模输入放大倍数相似，测试结果如图 5.9 所示。其中 $f_V = 10^{-15}$ V，可见共模输出电压很小，近似为零，因此共模输入放大倍数很小。

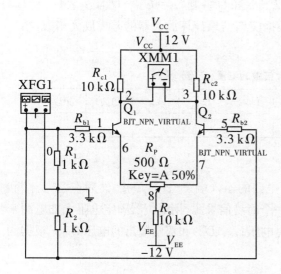 

图 5.9　共模输入放大倍数测试电路

2. 实践操作

（1）静态工作点的调测

① 根据实训电路图连接电路，其中 BJT_NPN_VIRTUAL 可选择 9013 三极管，调节双路直流稳压电源均为 12 V，并加入电路（注意正负电源的连接）。

② 将差动放大器的两个输出端分别对地短路，电路正确无误后接通电源，调节电位器 R_P，使双端输出电压 $U_O = 0$（可用万用表的直流电压挡的 2.5 V 挡监测），然后分别测量两管各电极的相对于地的电压，结果填入表 5.1 中。

表 5.1　差动放大电路静态工作点的测试

电　压	u_{B1}	u_{C1}	u_{E1}	u_{B2}	u_{C2}	u_{E2}
测量值						

（2）测量差模电压放大倍数

① 差模信号为直流信号时。在差动放大电路的输入端（"＋、－"）加直流差模信号 U_{id} ＝±0.1 V 的信号（可自行设计一个简易信号源，用电位器固定电阻上加电源来实现）。然后用万用表测出差动放大器的输出电压 U_{od1}、U_{od2} 和双端输出的电压 U_{od}（注意，测直流输出时 U_{od1} 等于加信号后的 U_{c1} 减去静态时的 U_{c1}，其他同）。根据测试结果计算其放大倍数，结果填入表 5.2 中。

表 5.2 差模放大倍数的测量(直流)

电压	U_{id1}	U_{id2}	U_{id}	U_{od1}	U_{od2}	U_{od}	A_{ud1}	A_{ud2}	A_{ud}
测量值									

② 差模信号为正弦交流信号时。在差动放大电路的输入端("＋、－")加交流差模信号。调节函数发生器,使其输出正弦交流信号频率为 1 kHz,幅度从零开始慢慢加大,并用双踪示波器两通道分别观测两三极管集电极电压的波形的大小和相位关系,使输出波形尽量大,但不失真。然后用晶体管毫伏表测出 U_i、U_{o1} 和 U_{o2},则 $U_o = U_{o1} - U_{o2}$(注意 U_{o1} 和 U_{o2} 相位是相反的,输出电压 U_o 并不等于零)。根据实训结果计算放大器的差模放大倍数,结果填入表 5.3 中。

表 5.3 差模放大倍数的测量(交流)

电 压	U_{id1}	U_{id2}	U_{id}	U_{od1}	U_{od2}	U_{od}	A_{ud1}	A_{ud2}	A_{ud}
测量值									

(3) 测量共模电压放大倍数

＊① 共模信号为直流信号时。差动放大电路的输入端"＋、－"短接,然后在"＋、－"和对地加直流信号 $U_{ic} = \pm 0.5$ V(可自行设计一个简易信号源,用电位器固定电阻上加电源来实现)。然后用万用表测出差动放大器的输出电压 U_{oc1}、U_{oc2} 和双端输出的电压 U_{oc}。根据测试结果计算其放大倍数,结果填入表 5.4 中。

表 5.4 共模放大倍数的测量(直流)

电 压	U_{ic1}	U_{ic2}	U_{ic}	U_{oc1}	U_{oc2}	U_{oc}	A_{uc1}	A_{uc2}	A_{uc}
测量值									

② 差模信号为正弦交流信号时。差动放大电路的输入端"＋、－"短接,然后在"＋、－"和对地加交流信号。调节函数发生器,使其输出正弦交流信号频率为 1 kHz,幅度从零开始慢慢加大,并用双踪示波器两通道分别观测两三极管集电极电压的波形的大小和相位关系,使输出波形尽量大,但不失真。然后用晶体管毫伏表测出 U_i、U_{o1} 和 U_{o2},则 $U_o = U_{o1} - U_{o2}$。根据实训结果计算放大器的共模放大倍数,结果填入表 5.5 中。

表 5.5 共模放大倍数的测量(交流)

电 压	U_{ic1}	U_{ic2}	U_{ic}	U_{oc1}	U_{oc2}	U_{oc}	A_{uc1}	A_{uc2}	A_{uc}
测量值									

(4) 计算共模抑制比

根据上面测量结果,计算出此差动放大电路的共模抑制比 K_{CMR}。

3. 比较分析

将实践操作测量结果和仿真分析结果进行比较,分析原因,进一步加深对差动放大电路的理解。

 实训思考

① 通过本次实训,你能深刻理解差动放大电路的工作原理吗?

② 如何测量差动放大电路动态性能指标?

③ 在面包板上连接差动放大电路,利用什么设备完成差动放大电路的静态测试?

④ 仿真数据与实测数据存在一定误差,试分析产生误差的原因。

知识 5.1.1　差动放大电路的组成与估算

本书主要介绍长尾式差动放大电路(发射极公共电阻 R_e 和负电源 $-V_{EE}$ 就像拖了一个尾巴,故称为长尾式差动放大电路)的结构与分析方法,其他形式的不再一一介绍。

1. 长尾式差动放大电路的基本结构

长尾式差动放大电路的基本结构如图 5.1(b)所示。该电路由两个完全对称的基本放大电路组成。V_1、V_2 是特性参数相同的对称管,两个放大电路对应元件参数一致,即 $R_{b1}=R_{b2}$,$R_{c1}=R_{c2}$。因而有 $I_{BQ1}=I_{BQ2}$,$I_{CQ1}=I_{CQ2}$,$u_{CQ1}=u_{CQ2}$。输出 $u_O=u_{CQ1}-u_{CQ2}=0$。

当温度变化时,工作点 Q 将发生变化,而电路对称将使 U_{CQ1}、U_{CQ2} 变化一致,从而输出保持为零,即电路克服了温度漂移。

当 u_{i1} 与 u_{i2} 为大小相等极性相同的输入信号(称为共模信号)时,差动放大电路对共模信号有很强的抑制作用,在参数完全对称的情况下,共模输出为零。

输入的 u_{i1} 与 u_{i2} 只要有差值,则输出端就有信号输出,因而该电路能够放大差模信号而抑制共模信号,故称为差动放大电路。

2. 长尾式差动放大电路的工作原理

1) 长尾式差动放大电路的静态分析

根据图 5.1(b),我们可以做出长尾式差动放大电路的直流通路,如图 5.10 所示。

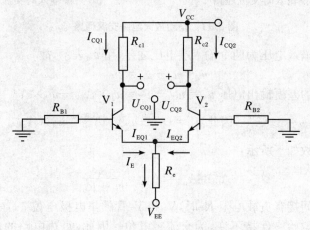

图 5.10　长尾式差动放大电路的直流通路

该电路静态工作求解的思路是,先求出 I_{EQ},再求出 I_{CQ}、U_{CEQ}。故当输入端短路时,

$$I_E = \frac{0 - U_{BEQ} - (-V_{EE})}{R_e + \frac{R_b}{2(1+\beta)}} \approx \frac{V_{EE} - U_{BEQ}}{R_e}$$

而 I_{EQ1} 和 I_{EQ2} 都是 I_E 的一半,故

$$I_{EQ1} = I_{EQ2} = \frac{V_{EE} - U_{BEQ}}{2R_e}$$

$$I_{CQ1} = I_{CQ2} \approx \frac{V_{EE} - U_{BEQ}}{2R_e}$$

两个晶体管集电极的对地电压为

$$U_{CQ1} = V_{CC} - I_{CQ1} \times R_{C1}$$

$$U_{CQ2} = V_{CC} - I_{CQ2} \times R_{C2}$$

由以上分析可得,静态时两集电极电位大小相同,故输出电压为零。

2) 长尾式差动放大电路的动态分析

对该电路进行动态分析较为复杂。当输入信号类型不同时,该电路的放大倍数也不同。当输入信号为差模信号时(大小相同,方向相反的一组输入信号),由于该电路的对称性,故流过长尾电阻 R_e 的电流始终保持不变(i_{E1} 增大多少,i_{E2} 就减小多少),故在进行动态分析时可认为交流短路,因此可作出交流通路,如图 5.11(a)所示。

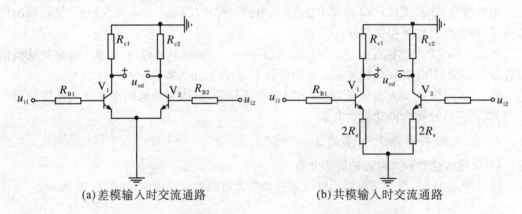

(a)差模输入时交流通路　　　　　　(b)共模输入时交流通路

图 5.11　差动放大电路交流通路

我们定义差模输入电压为两个输入端电压之差,用 u_{id} 表示,故

$$u_{id} = u_{i1} - u_{i2} = 2u_{i1}$$

差动放大电路的差模输出电压 $u_{od} = u_{C1} - u_{C2} = u_{i1} \times A_{ud1} - u_{i2} \times A_{ud2}$,由于电路参数的对称性,可知 $A_{ud1} = A_{ud2} = \frac{-\beta R_C}{r_{be} + R_b}$,因此 $u_{od} = (u_{i1} - u_{i2}) \times A_{ud1} = u_{id} \times A_{ud1}$。故我们可以推出差模输入电压放大倍数如下所示:

$$A_{ud} = A_{ud1} = A_{ud2} = \frac{-\beta R_C}{r_{be} + R_b}$$

若两集电极之间接有负载电阻 R_L 时,V_1 和 V_2 管的集电极电位一增一减,且变化相等。负载电阻的中点电位始终保持不变,为交流零电位。因此,每边电路的交流等效负载电阻 $R_{L'} = RC // \frac{R_L}{2}$,此时差模电压放大倍数为

$$A_{ud} = A_{ud1} = A_{ud2} = \frac{-\beta R_{L'}}{r_{be} + R_b}$$

当输入信号为共模信号(大小相同,方向也相同的一组输入信号),即 $u_{ic}=u_{i1}=u_{i2}$,此时流过长尾电阻 R_e 的电流就有变化,并且对于每个管子的交流等效电阻为 $2R_e$。因此其交流等效电路如图 5.11(b)图所示。由于差动放大电路两管电路对称,对于共模信号,两管集电极电位的变化相等,因此双端共模输出电压

$$u_{oc}=u_{c1}-u_{c2}=0$$

但是在实际电路中,两管不可能完全对称,因此 u_{oc} 不等于 0,但要求 u_{oc} 越小越好,所以差动放大电路的共模电压放大倍数为

$$A_{uc}=\frac{u_{oc}}{u_{ic}}$$

理想情况下,共模输入电压放大倍数 $A_{uc}=0$。

差动放大电路对温度的影响具有很强的抑制作用。另外,伴随输入信号一起引入到两管基极的相同外界干扰也可以看作共模输入信号。

实际应用中,差动放大电路两输入信号中既有差模输入成分也有共模输入成分。差动放大电路对差模输入信号有较好的放大能力,而对共模输入信号有较强的抑制作用,一个差动放大电路性能的好坏通常用共模抑制比 K_{CMR} 来衡量,而 K_{CMR} 的大小等于差模电压放大倍数与共模电压放大倍数的比值,即 $K_{CMR}=\dfrac{A_{ud}}{A_{uc}}$,有时候也用分贝值表示 $K_{CMR}(dB)=20\lg\left|\dfrac{A_{ud}}{A_{uc}}\right|$。$K_{CMR}$ 越大表明差动放大电路的性能越好。

由以上分析可得,发射极公共电阻 R_e 越大,K_{CMR} 也就越大。但是为了保证一定的静态工作点,则必须提高负电源 V_{EE},这样在集成上造成困难。若将 R_E 改成恒流源电路,如图 5.1(c)所示,可以使电路性能得到改善,并且便于集成,在实际生产中得到广泛应用。

在分析差动放大电路的输入电阻和输出电阻时,通常求解的是它的差模输入电阻和共模输出电阻。该电路的差模输入电阻和差模输出电阻分别是 $R_{id}=2(r_{be}+r_b)$ 和 $R_O=2R_C$。

【例 5.1】 已知差动放大电路的输入信号 $u_{i1}=1.02\text{ V}$,$u_{i2}=0.98\text{ V}$,试求差模和共模输入电压;若 $A_{ud}=-50$,$A_{uc}=-0.05$,试求该差动放大电路的输出电压 u_o 及 K_{CMR}。

解:(1)求差模和共模输入电压

差模输入电压

$$u_{id}=u_{i1}-u_{i2}=1.02\text{ V}-0.98\text{ V}=0.04\text{ V}$$

因此 V_1 和 V_2 两个管子的差模输入电压分别是 $+0.02\text{ V}$ 和 -0.02 V。

共模输入电压

$$u_{ic}=\frac{u_{i1}+u_{i2}}{2}=\frac{1.02\text{ V}+0.98\text{ V}}{2}=1\text{ V}$$

(2)求输出电压

差模输出电压

$$u_{od}=A_{ud}\times u_{id}=-50\times0.04\text{ V}=-2\text{ V}$$

共模输出电压

$$u_{oc}=A_{uc}\times u_{ic}=-0.05\times1\text{ V}=-0.05\text{ V}$$

故总的输出电压

$$u_o=u_{oc}+u_{od}=-0.05\text{ V}-2\text{ V}=-2.05\text{ V}$$

共模抑制比

$$K_{\mathrm{CMR}} = \frac{A_{\mathrm{ud}}}{A_{\mathrm{uc}}} = \frac{-50}{-0.05} = 1000$$

分贝值表示：

$$K_{\mathrm{CMR}}(\mathrm{dB}) = 20\lg\left|\frac{A_{\mathrm{ud}}}{A_{\mathrm{uc}}}\right| = 20\lg\left|\frac{-50}{-0.05}\right| = 60\ \mathrm{dB}$$

3. 差动放大电路的连接方式

差动放大器有两个对地输入端和两个对地输出端。因此，信号的输入、输出可接成下述四种方式。

(1) 双端输入、双端输出

如图 5.1(b)所示的电路就是双端输入、双端输出电路，它的差模放大倍数与单管放大电路的放大倍数相同，即 $A_{\mathrm{ud}} = A_{\mathrm{ud1}}$。

(2) 双端输入、单端输出

如图 5.12(a)所示的电路就是双端输入、单端输出电路，它的差模输出电压 u_{o1} 和差模放大倍数均只有双端输出时的一半，即

$$u_{\mathrm{o1}} = \frac{1}{2}u_{\mathrm{o}}, \quad A_{\mathrm{ud}} = \frac{1}{2}A_{\mathrm{ud1}}$$

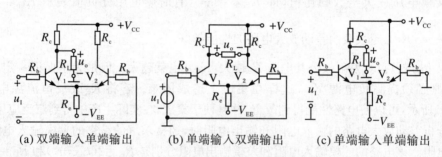

(a) 双端输入单端输出   (b) 单端输入双端输出   (c) 单端输入单端输出

图 5.12　差动放大电路的几种连接方式

(3) 单端输入、双端输出

如图 5.12(b)所示的电路就是单端输入、双端输出电路，它的差模放大倍数与双端输入、双端输出相同，即 $A_{\mathrm{ud}} = A_{\mathrm{ud1}}$。

(4) 单端输入、单端输出

如图 5.12(c)所示的电路就是单端输入、单端输出电路，它的差模放大倍数与双端输入、单端输出一样，其差模输出电压 u_{o1} 和差模放大倍数均只有双端输出时的一半，即

$$u_{\mathrm{o1}} = \frac{1}{2}u_{\mathrm{o}}, \quad A_{\mathrm{ud}} = \frac{1}{2}A_{\mathrm{ud1}}$$

由此可见，差动放大电路的差模放大倍数 A_{ud} 与输入端的连接方式无关，但与双输出端有关，即单端输出电路的差模放大倍数为双端输出电路的一半。

模块 5.2　集成运算放大器

集成运算放大器是模拟线性集成电路的一个重要分支，在线性集成电路中，它发展得最

早,应用得最为广泛。现在,它已像晶体管一样作为通用的电子器件广泛应用于电子技术各个领域。

实训 5.2.1　集成运算放大器的调零及传输特性测试

 实训目的

① 能够熟练使用 Multisim 软件中集成运放的使用方法。
② 能够使用 Multisim 软件完成集成运放输出端调零的方法。
③ 能够使用 Multisim 软件完成集成运放传输特性的测试。

 实训测试原理

μA741 高增益运算通用放大器,是早些年常用的运放之一,应用非常广泛,双列直插 8 脚或圆筒 8 脚封装;工作电压±22 V,差分电压±30 V,输入电压±18 V,允许功耗500 mW。其管脚与 OP07(超低失调精密运放)完全一样,可以代换的其他运放有 μA709,LM301,LM308,LF356,OP07,op37,max427 等。μA741 通用放大器性能不是很好,但满足一般需求,引脚排列如图 5.13 所示。它是 8 脚双列直插式组件,②脚和③脚为反相和同相输入端,⑥脚为输出端,⑦脚和④脚为正、负电源端,①脚和⑤脚为失调调零端,①⑤脚之间可接入一只几十 kΩ 的电位器并将滑动触头接到负电源端,⑧脚为空脚。

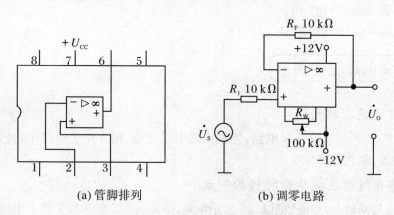

(a) 管脚排列　　　　　　　(b) 调零电路

图 5.13　μA741 管脚排列和调零电路图

为提高运算精度,在运算前,应首先对直流输出电位进行调零,即保证输入为零时,输出也为零。当运放有外接调零端子时,可按组件要求接入调零电位器 R_w,调零时,将输入端接地,调零端接入电位器 R_w,用直流电压表测量输出电压 U_O,细心调节 R_w,使 U_O 为零(即失调电压为零)。对于 μA741 运放可按图 5.13 所示电路进行调零。

 实训测试电路

电路如图 5.14 和图 5.15 所示。

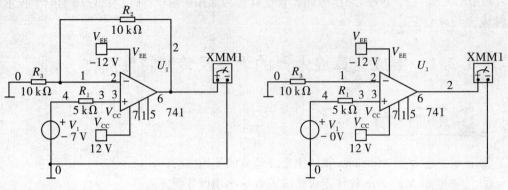

图 5.14　集成运放工作在线性区域　　　　　图 5.15　集成运放工作在非线性区域

 实训环境

① 软件环境：Multisim 软件。

② 硬件环境：计算机、直流稳压电源、函数发生器、晶体管毫伏表、万用表、双踪示波器。

 实训器材

① 三极管：μA741×1。

② 电阻：5 kΩ×1,10 kΩ×2。

③ 电位器：R_P＝50 kΩ×1。

④ 面包板一块、导线若干等。

 实训步骤及内容

1. 输出端调零的测试

按图 5.13(b)所示正确连接电路,使输入端对地短路,用万用表测试出输出,若不等于零,调节电位器,使之输出为零。

2. 工作在线性区域传输特性的测试

在步骤 1 的基础上,连接如图 5.14 所示电路,按照表 5.6 所示改变输入电压源 V_1 的大小,用万用表测试其输出结果,并填入表 5.6 中。根据表 5.6 的结果描绘出工作在线性区域的传输特性。

表 5.6　集成运放工作在线性区域的特性测试

U_i(V)	−7	−6	−5	−4	−3	−2	−1
U_O(V)	−11.118	−11.118	−10.002	−8.002	−6.002	−4.002	−2.002
U_i(V)	7	6	5	4	3	2	1
U_O(V)	11.118	11.118	10.002	8.002	6.002	4.002	2.002

3．工作在非线性区域传输特性的测试

在步骤 1 的基础上，连接如图 5.15 所示电路，按照表 5.7 所示改变输入电压源 V_1 的大小，用万用表测试其输出结果，并填入表 5.7 中。根据表 5.7 的结果描绘出工作在非线性区域的传输特性。

表 5.7　集成运放工作在非线性区域的特性测试

$U_i(\mathrm{V})$	-7	-6	-5	-4	-3	-2	-1
$U_o(\mathrm{V})$	-11.118	-11.118	-11.118	-11.118	-11.118	-11.118	-11.118
$U_i(\mathrm{V})$	7	6	5	4	3	2	1
$U_o(\mathrm{V})$	11.118	11.118	11.118	11.118	11.118	11.118	11.118

知识 5.2.1　集成运算放大器的构成及传输特性

1．集成运放的电路符号、封装及引脚功能

目前集成运放的电路符号有两种，分别是国际标准符号和习惯通用画法符号，如图 5.16 所示。

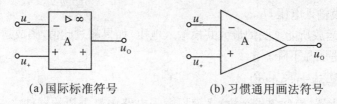

(a) 国际标准符号　　　　　　(b) 习惯通用画法符号

图 5.16　集成运放电路符号

集成运放常见的封装样式有扁平式、单列直插式和双列直插式三种，其外形如图 5.17 所示，目前比较常用的是双列直插式塑料封装形式。

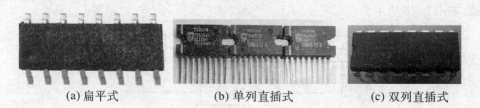

(a) 扁平式　　　　　(b) 单列直插式　　　　(c) 双列直插式

图 5.17　集成运放的常见封装样式

2．集成运放的主要参数

集成运算放大器性能的好坏可用其参数来衡量。为了正确、合理地选择和使用集成运放，必须明确其参数的意义。下面介绍集成运放的几种主要参数。

（1）开环差模电压增益 A_{ud}

集成运放在未加反馈的情况下，对差模信号的电压增益称为开环差模电压增益 A_{ud}，其值可达 $100\sim140$ dB。

（2）共模抑制比 K_{CMR}

共模抑制比是集成运放开环差模电压增益与共模电压增益之比的对数值，即 $K_{CMR} = 20\log|A_{ud}/A_{uc}|$（dB），一般运放的 K_{CMR} 为 80～100 dB。

（3）差模输入电阻 R_{id} 和输出电阻 R_o

R_{id} 是指集成运放开环和输入差模信号时，从两输入端看进去的等效电阻，其值为几十千欧至几兆欧。R_o 是指集成运放开环时，从输出端看进去的等效电阻，其值为几十至几百欧。

（4）输入失调电压 u_{IO}

为使集成运放的输入电压为零时，输出电压为零，需在输入端施加的补偿电压称为输入失调电压 u_{IO}。其值越小越好，一般为几毫伏。

（5）输入偏置电流 I_{IB}

当集成运放输出电压为零时，两个输入端偏置电流的平均值称为偏置电流 I_{IB}。其值越小越好，一般为 10 nA～1 μA。

（6）输入失调电流 I_{IO}

集成运放输出电压为零时，两输入端偏置电流之差称为失调电流 I_{IO}。I_{IO} 越小越好，其值一般为 1 nA～0.1 μA。

（7）最大差模输入电压 u_{idmax}

U_{idmax} 是集成运放的两个输入端之间所允许加的最大差模输入电压。若超过此值，则集成运放输入级某一侧的三极管将出现发射结的反向击穿。

（8）最大共模输入电压 U_{icmax}

U_{icmax} 是集成运放所能承受的最大共模输入电压，如果超过此值，集成运放的工作就可能不正常，其 K_{CMR} 将明显下降。

3. 集成运算放大器的构成

集成运算放大器（简称集成运放）是模拟电子电路中最重要的器件之一，它本质上是一个高电压增益、高输入电阻和低输出电阻的直接耦合多级放大电路，因最初它主要用于模拟量的数学运算而得此名。近几年来，集成运放得到迅速发展，虽类型、结构不尽相同，但基本结构具有共同之处。集成运放内部电路由输入级、中间电压放大级、输出级和偏置电路四部分组成，如图 5.18 所示。

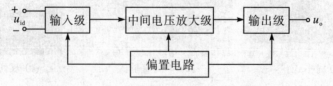

图 5.18　集成运算放大器的基本结构

（1）输入级

对于高增益的直接耦合放大电路，减小零点漂移的关键在第一级，所以要求输入级温漂小、共模抑制比高，因此，集成运放的输入级都是由具有恒流源的差动放大电路组成，并且通常工作在低电流状态，以获得较高的输入阻抗。

（2）中间电压放大级

集成运放的总增益主要是由中间级提供的，因此，要求中间级有较高的电压放大倍数。中间级一般采用带有恒流源负载的共射放大电路，其放大倍数可达几千倍以上。

（3）输出级

输出级应具有较大的电压输出幅度、较高的输出功率与较低的输出电阻的特点，并有过载保护，一般采用甲乙类互补对称功率放大电路，主要用于提高集成运算放大器的负载能力，减小大信号作用下的非线性失真。

（4）偏置电路

偏置电路为各级电路提供合适的静态工作电流，由各种电流源电路组成。

此外，集成运算放大器还有一些辅助电路，如过流保护电路等。

4. 集成运算放大器的理想特性

1）理想集成运放

把具有理想参数的集成运算放大器叫做理想集成运放。它的主要特点有：

① 开环差模电压放大倍数 $A_{ud} \rightarrow \infty$；

② 输入阻抗 $R_{id} \rightarrow \infty$；

③ 输出阻抗 $R_o \rightarrow 0$；

④ 带宽 $BW \rightarrow \infty$，转换速率 $S_R \rightarrow \infty$；

⑤ 共模抑制比 $K_{CMR} \rightarrow \infty$。

2）集成运放的传输特性

集成运放是一个直接耦合的多级放大器，它的传输特性见图 5.19 所示曲线①。图中 BC 段为集成运放工作的线性区，AB 段和 CD 段为集成运放工作的非线性区（即饱和区）。由于集成运放的电压放大倍数极高，BC 段十分接近纵轴。在理想情况下，认为 BC 段与纵轴重合，所以它的理想传输特性可以由曲线②表示，则 $B'C'$ 段表示集成运放工作在线性区，AB' 和 $C'D$ 段表示运放工作在非线性区。

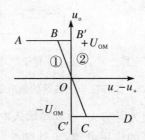

图 5.19　集成运放传输特性曲线

（1）工作在线性区的集成运放

当集成运放的反相输入端和输出端有通路时（称为负反馈），如图 5.20 所示，一般情况下，可以认为集成运放工作在线性区。由图 5.19 曲线②可知，这种情况下，理想集成运放具有两个重要特点：

由于理想集成运放的 $A_{UO} \rightarrow \infty$，故可以认为它的两个输入端之间的差模电压近似为零，即① $u_{id} = u_- - u_+ \approx 0$，即 $u_- \approx u_+$，而 u_o 具有一定值。由于两个输入端之间的电压近似为零，故称为"虚短"。

② 由于理想集成运放的输入电阻 $R_{id} \rightarrow \infty$，故可以认为两个输入端电流近似为零，即 $i_- = i_+ \approx 0$，这样，输入端相当于断路，而又不是断路，称为"虚断"。

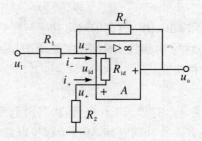

图 5.20　带有负反馈的运放电路

利用集成运放工作在线性区时的两个特点分析各种运算与处理电路的线性工作情况将十分简便。

另外由于理想集成运放的输出阻抗 $R_o \rightarrow 0$，一般可以不考虑负载或后级运放的输入电阻对输出电压 u_o 的影响，但受运放输出电流限制，负载电阻不能太小。

（2）工作在非线性区的集成运放　当集成运算放大器处于开环状态或集成运放的同相输入端和输出端有通路时（称为正反馈），如图 5.21 所示，这时集成运放工作在非线性区。它具有如下特点：对于理想集成运放而言，当反相输入端 u_- 与同相输入端 u_+ 不等时，输出电压是一个恒定的值，极性可正可负，当

$$u_- > u_+, \quad u_O = -U_{OM}$$
$$u_- < u_+, \quad u_O = +U_{OM}$$

其中 u_{OM} 是集成运算放大器输出电压最大值，其工作特性如图 5.19 中 AB' 和 $C'D$ 段所示。

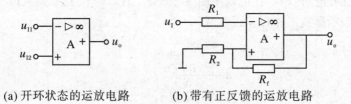

(a) 开环状态的运放电路　　　(b) 带有正反馈的运放电路

图 5.21　工作在非线性区的集成运放

由于理想运放的差模输入电阻为无穷大，故其净输入电压不再为零，而取决于电路的输入信号。对于运放工作在非线性区的应用电路，上述两个特点是分析其输入信号和输出信号关系的基本出发点。

模块 5.3　比例运算电路的组成、分析与检测

由集成运放和外接电阻就可以构成一个输出电压与输入电压成比例关系的电路，这种电路叫做比例运算电路。比例运算电路是集成运放的线性应用之一。

实训 5.3.1　比例运算电路的仿真与测试

 实训目的

① 掌握集成运算放大器 741 的使用方法。
② 掌握 Multisim 软件进行反相比例、同相比例运算电路仿真的方法。
③ 掌握集成运放构成反相比例、同相比例运算电路的测试方法。

 实训环境

① 软件环境：Multisim 软件。
② 硬件环境：计算机、直流稳压电源、万用表、示波器。

 实训器材

① 集成块：μA741(HA17741)×1。
② 电阻：2 kΩ×2,10 kΩ×2,100 kΩ×2。
③ 电位器：1 kΩ×1。
④ 导线若干、探头等。

 实训测试电路

电路如图 5.22 所示。

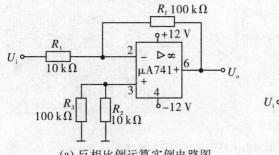 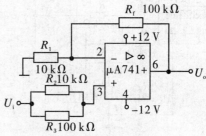

(a) 反相比例运算实例电路图　　　(b) 同相比例运算实例电路图

图 5.22　比例运算电路实训电路图

 实训步骤及内容

1. 软件仿真

（1）反相比例运算电路
打开 Multisim 软件，新建一空白原理图文件，命名为反相比例运算电路。按图 5.22(a)

正确连接电路,其中 μA741 在"Analog/opamp"元件库中,如图 5.23 所示。将函数发生器的输出调为频率 1 kHz,幅度为 0.1 V 的正弦波,接至反相输入端,用示波器的 A 通道和 B 通道分别观察输入信号和输出信号的波形,其连接电路和仿真结果如图 5.24 所示。由图 5.24 可知,输入信号与输出信号的相位相反,并且输出电压的大小是输入电压大小的 10 倍。

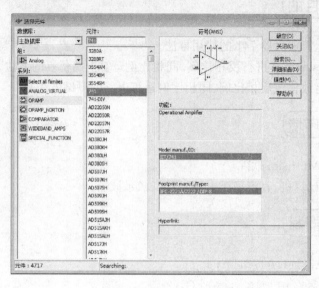

图 5.23　查找 741 元件

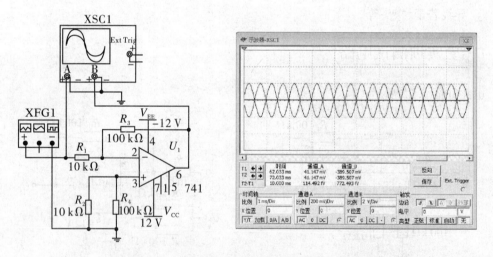

图 5.24　反相比例运算电路连接电路及仿真结果

　　另外,在反相比例运算电路中,当输入信号为直流信号时,其输出电压大小也是输入电压大小的 10 倍,并且方向相反。其仿真电路和结果如图 5.25 所示。

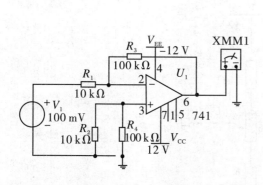

图 5.25　输入为直流时仿真结果

（2）同相比例运算电路

同相比例运算电路的仿真步骤同上，这里只给出其连接电路和仿真结果（图 5.26），仿真过程请读者自己完成。

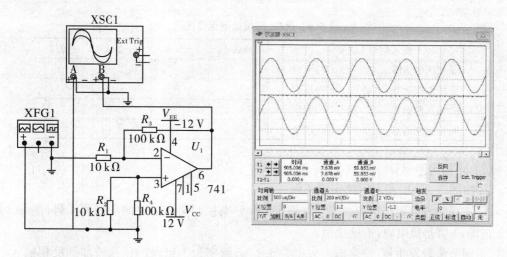

图 5.26　同相比例运算连接电路及仿真结果

2. 实践操作

① 按图 5.22(a)所示电路正确连线，其中集成运放用的是 μA741。

② 将双路直流稳压电源两路均调到 12 V，分别接到集成运放的 7 脚和 4 脚，注意 7 脚是正电源，4 脚是负电源，不能接错。

③ 调节函数发生器，使之输出大小为 0.1 V、频率为 1 kHz 的正弦波加到反相输入端。用双踪示波器的两个通道分别观察输入端和输出端的波形，观察它们的大小和相位之间的关系，并记录下来。

④ 自行设计一简易直流电压源，如图 5.27 所示，然后调节其输出电压如表 5.8 所示，用万用表测出其输出电压，填入表 5.8 中，并与理论值进行比较，分析误差产生原因。

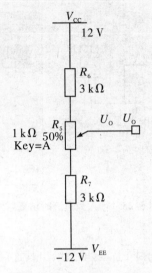

图 5.27 简易直流电压源

表 5.8 反相、同相比例运算测试

输入信号 U_i(V)		+0.1	−0.1	+0.3	−0.3
反相比例运算	U_O(V)测量				
反相比例运算	U_O(V)理论				
同相比例运算	$U_O^{'}$(V)测量				
同相比例运算	U_O(V)理论				

（2）同相比例运算电路

① 按图 5.22(b)所示电路正确连线。

② 将双路直流稳压电源两路均调到 12 V，分别接到集成运放的 7 脚和 4 脚，注意 7 脚是正电源，4 脚是负电源，不能接错。

③ 调节函数发生器，使之输出大小为 0.1 V、频率为 1 kHz 的正弦波加到反相输入端。用双踪示波器的两个通道分别观察输入端和输出端的波形，观察它们的大小和相位之间的关系，并记录下来。

④ 自行设计一简易直流电压源，然后调节其输出电压如表 5.8 所示，用万用表测出其输出电压，填入表 5.8 中，并与理论值进行比较，分析误差产生原因。

知识 5.3.1　比例运算放大电路

在分析基本运算电路的输出与输入之间的运算关系或者放大倍数时，将集成运放看成理想的集成运放，可根据"虚短"和"虚断"的特点来进行分析较为简便。

1. 反相比例运算

图 5.28 所示电路是反相比例运算电路。输入信号 u_1 从反相输入端输入，同相输入端通过电阻 R_2 接地，R_2 称为直流平衡电阻，参数选择时应使两输入端外接直流通路等效电阻平衡，即 $R_2 = R_1 // R_f$，其作用是使集成运放两输入端的对地直流电阻相等，从而避免静态时

运放输入偏置电流在两输入端之间产生附加的差模输入电压,以便消除放大器的偏置电流及漂移对输出端产生的影响。而输出信号通过电阻 R_f 也回送到反相输入端,R_f 为反馈电阻,构成深度电压并联负反馈。

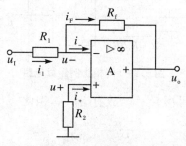

图 5.28　反相比例运算电路

根据运放输入端"虚断"的特点,可得 $i_+ = 0$,故 $u_+ = 0$;根据运放两输入端"虚短"可得 $u_- = u_+ = 0$,这表明,运放反相输入端与地端等电位,但又不是真正接地,这种情况通常将反相输入端称为"虚地"。因此

$$i_1 = \frac{u_1 - u_-}{R_1} = \frac{u_1}{R_1}$$

$$i_F = \frac{u_- - u_O}{R_f} = -\frac{u_O}{R_f}$$

根据运放输入端"虚断",可得 $i_- \approx 0$,故有 $i_1 = i_F$,所以

$$\frac{u_1}{R_1} = -\frac{u_O}{R_f}$$

整理得

$$u_O = -\frac{R_f}{R_1} u_1$$

上式表明,u_O 与 u_1 符合比例关系,式中负号表示输出电压与输入电压的相位(或极性)相反。电压放大倍数也就是比例系数,为 $A_{uf} = \frac{u_O}{u_1} = -\frac{R_f}{R_1}$,改变 R_f 和 R_1 比值,即可改变其比例系数。

由上面讨论可知:

① 电路的输出电压与输入电压成正比,比例系数为 R_f/R_1,但输出与输入的相位相反。

② 由于两输入端"虚短",因此运放两输入端的共模信号极小。

③ 由于运放反相输入端"虚地",所以闭环输入电阻小,它由外接电阻 R_1 阻值而定。

④ 比例系数可以大于 1、小于 1 或等于 1;当比例系数等于 1 时,电路成了反相器。

2. 同相比例运算

如果输入信号 u_1 从同相输入端通过 R_2 输入,而反相输入端通过电阻 R_1 接地,并引入深度电压串联负反馈,如图 5.29 所示,称为同相比例运算电路,R_2 同样是直流平衡电阻,且 $R_2 = R_1 /\!/ R_f$。

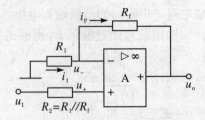

图 5.29　同相比例运算电路

根据运放输入端"虚断",可得 $i_-=0$,故有 $i_1=i_f$,因此

$$\frac{0-u_-}{R_1}=\frac{u_--u_O}{R_f}$$

由于 $u_+=u_1=u_-$,故

$$u_O=\left(1+\frac{R_f}{R_1}\right)u_+=\left(1+\frac{R_f}{R_1}\right)u_I$$

上式表明,该电路与反相比例运算电路一样,u_O 与 u_1 也是符合比例关系的,所不同的是,输出电压与输入电压的相位(或极性)相同。电压放大倍数为

$$A_{uf}=\frac{u_O}{u_I}=1+\frac{R_f}{R_i}$$

图 5.29 中,若去掉 R_1(如图 5.30 所示),这时

$$u_O=u_-=u_+=u_1$$

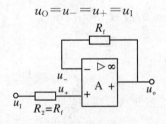

图 5.30　电压跟随器

上式表明,u_O 与 u_1 大小相等,相位相同,起到电压跟随作用,故该电路称为电压跟随器。其电压放大倍数为

$$A_{uf}=\frac{u_O}{u_i}=1$$

由上面讨论可知:

① 电路的输出电压与输入电压成正比,比例系数为 $(1+R_f/R_1)$,输出与输入的相位相同。

② 因反相输入端不存在"虚地"现象,所以输入端有共模输入电压($u_+=u_-$)。

③ 因 $i_+=i_1=0$,闭环输入电阻很高,理想时为 ∞。

④ 比例系数 $(R_1+R_f)/R_1$ 始终大于 1,只有当 $R_f=0$ 或 $R_1=\infty$ 时,比例系数才等于 1。

模块 5.4　加减运算电路的组成、分析与检测

在集成运放的线性应用中,还有一种电路有两个输入电压,并且其输出电压与两输入电

压的和或者差有一定的比例关系,我们把这种电路叫作加减运算电路。

实训 5.4.1 加减运算电路的仿真与测试

 **实训目的**

① 进一步掌握集成运算放大器 741 的使用方法。
② 掌握 Multisim 软件进行加法、减法运算电路仿真的方法。
③ 掌握集成运放构成加法、减法运算电路的测试方法。

 **实训环境**

① 软件环境:Multisim 软件。
② 硬件环境:计算机、直流稳压电源、万用表、示波器。

 **实训器材**

① 集成块:μA741(HA17741)$\times$1。
② 电阻:2 k$\Omega\times$2,3 k$\Omega\times$2,4.7 k$\Omega\times$1,10 k$\Omega\times$2,100 k$\Omega\times$2。
③ 电位器:1 k$\Omega\times$2。
④ 导线若干、探头等。

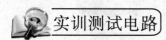 **实训测试电路**

电路如图 5.31 所示。

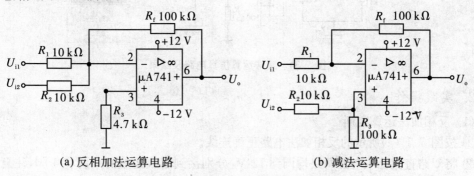

(a) 反相加法运算电路 (b) 减法运算电路

图 5.31 比例运算电路实训电路图

 **实训步骤及内容**

1. 软件仿真

(1) 反相加法运算电路

按照图 5.31(a)所示正确连接电路,自行设计一两路信号产生电路,如图 5.32 所示,其仿真电路和结果如图 5.33 所示。

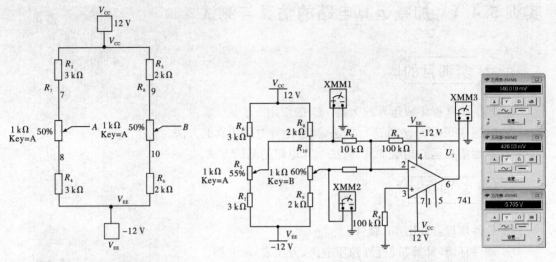

图 5.32 简易信号产生电路　　　　　图 5.33　反相加法运算仿真电路及结果

（2）减法运算电路

减法运算电路仿真步骤同上,其电路和结果如图 5.34 所示。

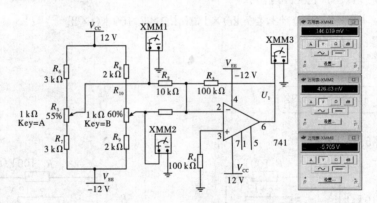

图 5.34　减法运算仿真电路及结果

2. 实践操作

（1）反相加法运算实训

① 按图 5.31(a)所示的反相加法电路正确连线。

② 将双路直流稳压电源两路均调到 12 V,分别接到集成运放的 7 脚和 4 脚,注意 7 脚是正电源,4 脚是负电源,不能接错。

③ 两个 2 kΩ、两个 3 kΩ 电阻、两个 1 kΩ 的电位器 R_{P1} 和 R_{P2} 组成两路简易信号源,如图 5.32 所示,简易信号上加上下负电源。调节 R_{P1} 可以改变 A 点对地电位的大小,调节 R_{P2} 可以改变 B 点对地电位的大小。没有做实训之前,先使 A、B 点对地电压小一些。

④ 将运放的输入端 U_{i1} 接到 A 点,U_{i2} 接 B 点,分别调节 R_{P1}、R_{P2},使输入信号按表 5.9 中的数值要求变化(要用万用表分别在路监测),然后再用万用表测出不同输入时的对应输出电压,填入表 5.9 中。

表 5.9　反相加法运算

测量数据	U_{i1} (V)	+0.1	+0.2	−0.3
	U_{i2} (V)	+0.2	−0.4	+0.1
	U_O (V)			
理论计算数据	$U_{O'}$ (V)			

⑤ 根据理论,计算出表 5.9 中的理论结果,并填入表中。

(2) 减法运算实训

① 按图 5.31(b)所示的减法电路正确连线。

② 注意集成电路电源的连接,不能接错。

③ 分别调节 R_{P1}、R_{P2} 先使 A、B 两点对地电压小一些。

④ 将运放的输入端 U_{i1} 接到 A 点,U_{i2} 接 B 点,分别调节 R_{P1}、R_{P2},使输入信号按表 5.10 中的数值要求变化(要用万用表分别在路监测),然后再用万用表测出不同输入时的对应输出电压,填入表 5.10 中。

⑤ 根据理论,计算出表 5.10 中的理论结果,并填入表中。

表 5.10　减法运算

测量数据	U_{i1} (V)	+0.1	−0.2	−0.3
	U_{i2} (V)	+0.3	−0.4	+0.1
	U_O (V)			
理论计算数据	$U_{O'}$ (V)			

知识 5.4.2　加减运算电路

1. 加法电路

加法运算即对多个输入信号进行求和,根据输出信号与求和信号是反相还是同相可分为反相加法运算和同相加法运算两种方式。

(1) 反相加法运算

图 5.34 所示为反相输入加法运算电路,它利用反相比例运算电路实现输出电压正比于若干输入电压之和的功能。图中输入信号 u_{i1}、u_{i2} 通过电阻 R_1、R_2 由反相输入端引入,同相端通过一个直流平衡电阻 R_3 接地,要求 $R_3 = R_1 // R_2 // R_f$。

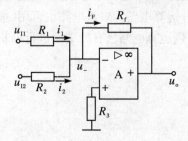

图 5.34　反相加法运算电路

根据运放反相输入端"虚断"可知 $i_F = i_1 + i_2$，而根据运放反相时输入端"虚地"可得 $u_- = 0$，因此由图 5.34 得

$$-\frac{u_O}{R_f} = \frac{u_{I1}}{R_1} + \frac{u_{I2}}{R_2}$$

故可求得输出电压为

$$u_O = -R_f\left(\frac{u_{I1}}{R_1} + \frac{u_{I2}}{R_2}\right)$$

可见实现了反相加法运算。若 $R_f = R_1 = R_2$，则

$$u_O = -(u_{I1} + u_{I2})$$

（2）同相加法运算

图 5.35 所示为同相输入加法运算电路，它是利用同相比例运算电路实现的。图中的两个输入信号 u_{I1}、u_{I2} 是通过电阻 R_1、R_2 由同相输入端引入的。为了使直流电阻平衡，要求 $R_2 // R_3 // R_4 = R_1 // R_f$。

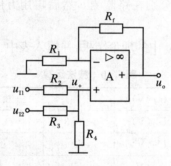

图 5.35 同相加法运算电路

根据运放同相端"虚断"，对 u_{I1}、u_{I2} 应用叠加原理可求得 u_+ 为

$$u_+ = \frac{R_3 // R_4}{R_2 + R_3 // R_4} u_{I1} + \frac{R_2 // R_4}{R_3 + R_2 // R_4} u_{I2}$$

根据同相输入时输出电压与运放同相端电压 u_+ 可得输出电压 u_O 为

$$u_O = \left(1 + \frac{R_f}{R_1}\right) u_+ = \left(1 + \frac{R_f}{R_1}\right)\left(\frac{R_3 // R_4}{R_2 + R_3 // R_4} u_{I1} + \frac{R_2 // R_4}{R_3 + R_2 // R_4} u_{I2}\right)$$

可见实现了同相加法运算。

若 $R_2 = R_3 = R_4$，$R_f = 2R_1$，并且 $R_2 // R_3 // R_4 = R_1 // R_f$，则上式可简化为 $u_O = u_{I1} + u_{I2}$。

这种电路在调整一路输入端电阻时会影响其他路信号产生的输出值，因此调节不方便。

2. 减法电路

图 5.36 所示为减法运算电路，图中输入信号 u_{I1} 和 u_{I2} 分别加至反相输入端和同相输入端，这种形式的电路又称为差分运算电路。对该电路也可用"虚短"和"虚断"来分析，下面利用叠加原理根据同相和反相比例运算电路已有的结论进行分析，这样可使分析更简便。

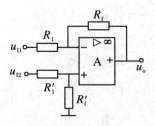

图 5.36　减法运算电路

首先,设 u_{I1} 单独作用,而 $u_{I2}=0$,此时电路相当于一个反相比例运算电路,可得 u_{I1} 产生的输出电压 u_{O1} 为

$$u_{O1}=-\frac{R_f}{R_1}u_{I1}$$

再设由 u_{I2} 单独作用,而 $u_{I1}=0$,则电路变为一同相比例运算电路,可求得 u_{I2} 产生的输出电压 u_{O2} 为

$$u_{O2}=\left(1+\frac{R_f}{R_1}\right)u_+=\left(1+\frac{R_f}{R_1}\right)\frac{R'_f}{R'_1+R'_f}u_{I2}$$

由此可求得总输出电压 u_O 为

$$u_O=u_{O1}+u_{O2}=-\frac{R_f}{R_1}u_{I1}+\left(1+\frac{R_f}{R_1}\right)\frac{R'_f}{R'_1+R'_f}u_{I2}$$

当 $R_1=R'_1$,$R_f=R'_f$ 时,则

$$u_O=\frac{R_f}{R_1}(u_{I2}-u_{I1})$$

假设上式中 $R_f=R_1$,则 $u_O=u_{I2}-u_{I1}$。

【例 5.2】　写出图 5.37 所示电路的二级运算电路的输入、输出关系。

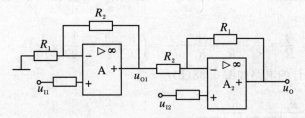

图 5.37

解:图 5.37 电路中,运放 A_1 组成同相比例运算电路,故

$$u_{O1}=\left(1+\frac{R_2}{R_1}\right)u_{I1}$$

由于理想集成运放的输出阻抗 $R_O=0$,故前级输出电压 u_{O1} 即为后级输入信号。因而运放 A_2 组成减法运算电路的两个输入信号分别为 u_{O1} 和 u_{I2}。

由叠加原理可得输出电压 u_O 为

$$u_O = -\frac{R_1}{R_2} u_{O1} + \left(1 + \frac{R_1}{R_2}\right) u_{I2}$$

$$= -\frac{R_1}{R_2}\left(1 + \frac{R_2}{R_1}\right) u_{I1} + \left(1 + \frac{R_1}{R_2}\right) u_{I2}$$

$$= -\left(1 + \frac{R_1}{R_2}\right) u_{I1} + \left(1 + \frac{R_1}{R_2}\right) u_{I2}$$

$$= \left(1 + \frac{R_1}{R_2}\right)(u_{I2} - u_{I1})$$

【**例 5.3**】 若给定反馈电阻 $R_f = 100$ kΩ,试设计实现 $u_O = 10u_{I1} - 5u_{I2} - 4u_{I3}$ 的运算电路。

解:根据题意,对照运算电路的功能可知,可用减法运算电路实现上述运算,将 u_{I1} 从同相端输入,u_{I2} 和 u_{I3} 从反相端输入,电路如图 5.38(a)所示。

当 u_{I1} 单独作用时,输出为

$$u_{O1} = R_f\left(\frac{1}{R_2} + \frac{1}{R_3} + \frac{1}{R_f}\right) \times \frac{R_4}{R_1 + R_4} u_{I1} = R_f\left(\frac{1}{R_2} + \frac{1}{R_3} + \frac{1}{R_f}\right) \times \frac{R_4 \cdot R_1}{R_4 + R_1} \times \frac{u_{I1}}{R_1}$$

当 u_{I2} 单独作用时,输出为

$$u_{O2} = -\frac{R_f}{R_2} u_{I2}$$

当 u_{I3} 单独作用时,输出为

$$u_{O3} = -\frac{R_f}{R_3} u_{I3}$$

若 $R_3 /\!/ R_2 /\!/ R_f = R_1 /\!/ R_4$,则

$$u_O = u_{O1} + u_{O2} + u_{O3} = R_f\left(\frac{u_{I1}}{R_1} - \frac{u_{I2}}{R_2} - \frac{u_{I3}}{R_3}\right) = \left(\frac{R_f}{R_1} u_{I1} - \frac{R_f}{R_2} u_{I2} - \frac{R_f}{R_3} u_{I3}\right)$$

因为 $R_f = 100$ kΩ,$R_f/R_1 = 10$,$R_f/R_2 = 5$,$R_f/R_3 = 4$,故 $R_1 = 10$ kΩ,$R_2 = 20$ kΩ,$R_3 = 25$ kΩ。

$$\frac{1}{R_4} = \frac{1}{R_2} + \frac{1}{R_3} + \frac{1}{R_f} - \frac{1}{R_1} = \left(\frac{1}{20} + \frac{1}{25} + \frac{1}{100} - \frac{1}{10}\right) = 0$$

故可省去 R_4。所设计的电路如图 5.38(b)所示。

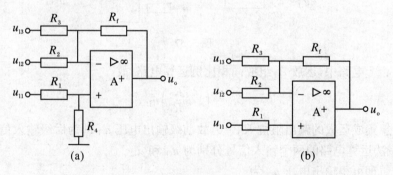

图 5.38

模块 5.5　微积分运算电路的组成、分析与检测

在集成运放的线性应用中,有一种电路的输出电压与输入电压成微(积)分的关系,我们把这种电路叫作微(积)分运算电路。

实训 5.5.1　微积分运算电路的仿真与测试

 **实训目的**

① 进一步掌握集成运算放大器 741 的使用方法。
② 掌握 Multisim 软件进行微分、积分运算电路仿真的方法。
③ 掌握集成运放构成微分、积分运算电路的测试方法。

 **实训环境**

① 软件环境:Multisim 软件。
② 硬件环境:计算机、直流稳压电源、万用表、示波器。

 **实训器材**

① 集成块:μA741(HA17741)$\times$1。
② 电阻:100 k$\Omega\times$2,1 M$\Omega\times$1。
③ 电容器:0.01 μF$\times$1。
④ 导线若干、探头等。

 **实训测试电路**

电路如图 5.39 所示。

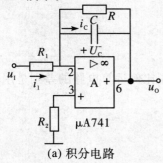
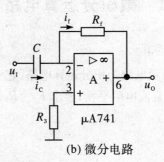

(a) 积分电路　　　　　　　(b) 微分电路

图 5.39　微积分运算电路

实训步骤及内容

1. 软件仿真

（1）积分运算电路

积分运算仿真电路及结果如图 5.40 所示。

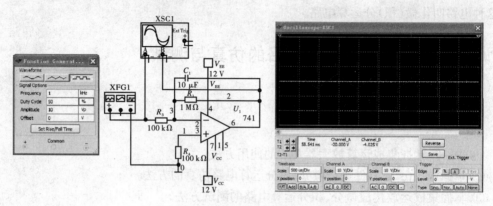

图 5.40　积分运算仿真电路及结果

（2）微分运算电路

微分运算仿真电路及结果如图 5.41 所示。

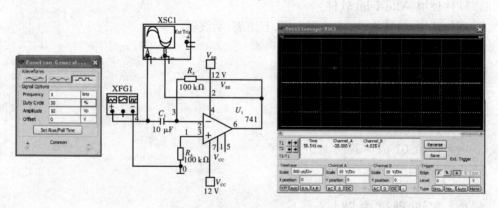

图 5.41　微分运算仿真电路及结果

知识 5.5.1　微积分运算电路

1. 积分运算

图 5.42 所示电路为积分运算电路，它和反相比例运算电路的差别是用电容 C_f 代替电阻 R_f。为了使直流电阻平衡，要求 $R_1 = R_2$。

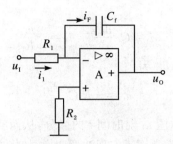

图 5.42　积分运算电路

根据运放反相端"虚地"可得

$$i_1 = \frac{u_1}{R_1}, \quad i_F = -C_f \frac{\mathrm{d}u_O}{\mathrm{d}t}$$

由于 $i_1 = i_F$，因此可得输出电压 u_O 为

$$u_O = -\frac{1}{R_1 C_f} \int u_1 \mathrm{d}t$$

可见输出电压 u_O 正比于输入电压 u_1 对时间 t 的积分，从而实现了积分运算。式中 $R_1 C_f$ 为电路的时间常数。积分电路常常用于实现波形变换，如将方波电压变换为三角波电压，如图 5.43 所示。

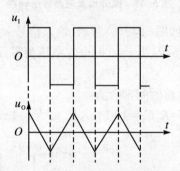

图 5.43　积分运算电路波形转换

2. 微分运算

将积分运算电路中的电阻和电容位置互换，即构成微分运算电路，如图 5.44 所示。

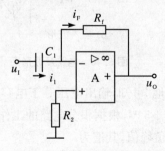

图 5.44　微分运算电路

根据运放反相端"虚地"可得

$$i_1 = C_1 \frac{\mathrm{d}u_I}{\mathrm{d}t}, \quad i_F = -\frac{u_O}{R_f}$$

由于 $i_1 = i_F$，因此可得输出电压 u_O 为

$$u_O = -R_f C_1 \frac{\mathrm{d}u_I}{\mathrm{d}t}$$

可见输出电压 u_O 正比于输入电压 u_I 对时间 t 的微分，从而实现了微分运算。式中 $R_f C_1$ 为电路的时间常数。微分电路也常常用于实现波形变换，如将方波电压变换为尖脉冲电压，如图 5.45 所示。

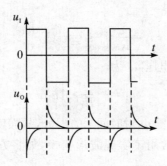

图 5.45　微分运算电路波形转换

【例 5.4】 基本积分电路如图 5.46(a)所示，输入信号 u_I 为一对称方波，如图 5.46(b)所示。运放最大输出电压为 ±5 V，当 $t=0$ 时电容电压为零，试画出理想情况下的输出电压波形。

解： 由图 5.46(a)可求得电路时间常数为

$$\tau = R_1 C_f = 10 \text{ k}\Omega \times 10 \text{ nF} = 0.1 \text{ ms}$$

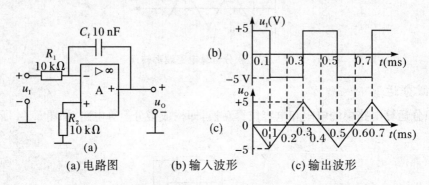

(a) 电路图　　　　　(b) 输入波形　　　　　(c) 输出波形

图 5.46　电路及波形图

由运放反相输入端为"虚地"可知，输出电压等于电容电压，$u_O = -u_C$，$u_O(0) = 0$。因为在 $0 \sim 0.1$ ms 时间段内 u_I 为 +5 V，根据积分电路的工作原理，输出电压 u_O 将从零开始线性减小，在 $t = 0.1$ ms 时达到负峰值，其值为

$$u_O \big|_{t=0.1\text{ ms}} = -\frac{1}{R_1 C_f} \int_0^t u_I \mathrm{d}t + u_O(0) = -\frac{1}{0.1 \text{ ms}} \int_0^{0.1\text{ ms}} 5 \text{ V} \mathrm{d}t = -5 \text{ (V)}$$

而在 $0.1 \sim 0.3$ ms 时间段内为 -5 V，所以输出电压 u_O 从 -5 V 开始线性增大，在 $t = 0.3$ ms时达到正峰值，其值为

$$u_O|_{t=0.3\,\text{ms}} = -\frac{1}{R_1 C_f}\int_{0.1\,\text{ms}}^{0.3\,\text{ms}} u_I \mathrm{d}t + u_O|_{t=\overline{0.1\,\text{ms}}} = \frac{1}{0.1\,\text{ms}}\int_{0.1\,\text{ms}}^{0.3\,\text{ms}}(-5\text{ V})\mathrm{d}t + (-5\text{ V}) = +5\text{ (V)}$$

上述输出电压最大值均未超过运放最大输出电压，所以输出电压与输入电压之间为线性积分关系。由于输入信号 u_I 为对称方波，因此可作出输出电压波形如图 5.46(c) 所示，为三角波。

模块 5.6　矩形波产生电路的组成、分析及检测

当集成运放工作在非线性区域时，可以构成电压比较器，电压比较器可用于非正弦波产生电路中，尤其是矩形波产生电路。

实训 5.6.1　矩形波产生电路的仿真与测试

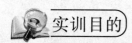
实训目的

① 掌握电压比较器的电路构成及特点。
② 学会测试比较器的方法。
③ 学会用 Multisim 软件仿真矩形波产生电路。

实训环境

① 软件环境：Multisim 软件。
② 硬件环境：计算机、直流稳压电源、万用表、示波器。

实训器材

① 集成块：μA741(HA17741)$\times$1。
② 电阻：5.1 k$\Omega\times$2，10 k$\Omega\times$2，100 k$\Omega\times$1。
③ 稳压管：2DW231$\times$1。
④ 导线若干、探头等。

实训电路

电路如图 5.47 所示。

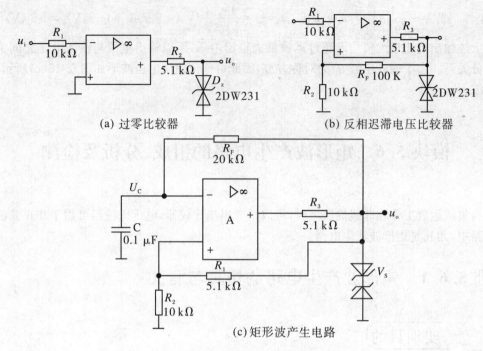

(a) 过零比较器　　　　　　　　　　(b) 反相迟滞电压比较器

(c) 矩形波产生电路

图 5.47　集成运放非线性应用电路

 实训步骤及内容

1. 软件仿真

(1) 过零比较器的仿真

打开 Multisim 软件,新建一名为"过零比较器"的电路原理图文件,按图 5.47(a)正确连接电路,电路中的 2DW231 用两个稳压二极管 ZPD6.2 替代,并在输入端加入一频率为 1 kHz,幅度为 5 V 的三角波信号(函数发生器提供),然后用示波器观察输入端和输出端的电压波形,并记录仿真结果,如图 5.48 所示。

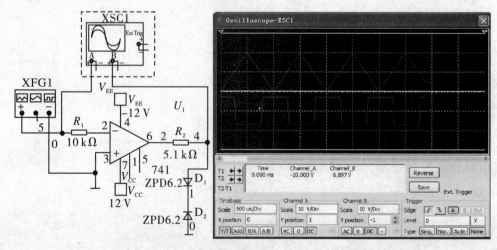

图 5.48　过零比较器仿真电路及仿真结果

（2）反相迟滞电压比较器的仿真

反相迟滞电压比较器的仿真步骤同上，其仿真结果如图 5.49 所示。

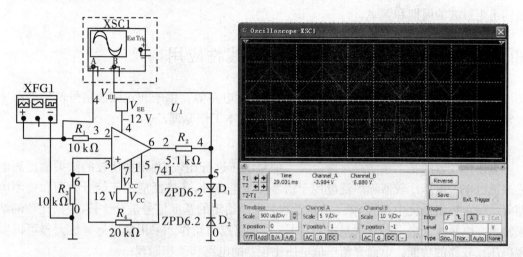

图 5.49　反相迟滞电压比较器仿真电路及结果

（3）矩形波产生电路的仿真

矩形波产生电路的仿真步骤同上，其仿真电路及结果如图 5.50 所示。

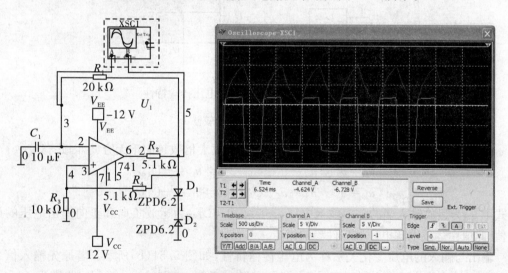

图 5.50　矩形波产生电路的仿真

2. 实践操作

（1）过零比较器

按图 5.47(a)正确连接电路，接通±12 V 电源。用万用表测量 u_i 悬空时的 U_O 的值。调节函数发生器使之输出 1 kHz、幅值为 2 V 的正弦信号加在电路的输入端，用示波器观察 u_i→u_O 波形并记录。改变 u_i 幅值，测量传输特性曲线。

（2）反相滞回比较器

按图 5.47(b)正确连接电路，接通±12 V 电源。u_i 接 1 kHz、幅值为 2 V 的三角波信号（函数发生器输出），用示波器观察并记录 u_i→u_O 波形。

（3）矩形波产生电路

按图 5.47(c)正确连接电路，接通±12 V 电源。用示波器观察并记录 $u_c \rightarrow u_O$ 波形，并测出输出矩形波的周期和频率。

知识 5.6.1　集成运算放大器的非线性应用

常见的非正弦波产生电路有方波、三角波产生电路等。由于非正弦波信号产生电路中经常用到电压比较器，这里先介绍电压比较器的基本工作原理。

1. 单值电压比较器

电压比较器的基本功能是对两个输入信号电压进行比较，并根据比较的结果输出高电平或低电平。电压比较器除广泛应用于信号产生电路外，还广泛应用于信号处理和检测电路等。如在控制系统中，经常将一个信号与另一个给定的基准信号进行比较，根据比较的结果输出高电平或低电平的开关量电压信号，去实现控制动作。采用集成运算放大器可以实现电压比较器的功能。下面介绍单值电压比较器的电路和工作原理。

由集成运放组成的单值电压比较器如图 5.51(a)所示，为开环工作状态。加在反相输入端的信号 u_I 与同相输入端给定的基准信号 U_{REF} 进行比较。

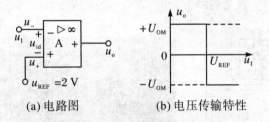

(a) 电路图　　　　(b) 电压传输特性

图 5.51　单值电压比较器

由项目 2 已知，若为理想集成运放，其开环电压放大倍数趋向于无穷大，因此有

$$u_{id} = u_- - u_+ = u_I - U_{REF} > 0 \Rightarrow u_O = -U_{OM}$$
$$u_{id} = u_- - u_+ = u_I - U_{REF} < 0 \Rightarrow u_O = +U_{OM}$$

上式中 u_{id} 为运放输入端的差模输入电压，$-U_{OM}$ 和 $+U_{OM}$ 为运放负向和正向输出电压的最大值，此值由运放电源电压和器件参数而定。

输出与输入的电压变化关系称为电压传输特性，如图 5.51(b)所示。若原先输入信号 $u_I < U_{REF}$，输出为 $+U_{OM}$，当由小变大时，只要稍微大于 U_{REF}，则输出由 $+U_{OM}$ 跳变为 $-U_{OM}$；反之亦然。

如果将 u_I 加在同相输入端，而 U_{REF} 加在反相输入端，这时的电压传输特性如图 5.51(b)中虚线所示。

若在图 5.51(a)电路中 $U_{REF} = 0$，即同相输入端直接接地，这时的电压传输特性将平移到与纵坐标重合，称之为过零比较器。

在比较器中，我们把比较器的输出电压 u_O 从一个电平跳变到另一个电平时刻所对应的输入电压值称为门限电压（或阈值电压），用 U_T 表示。对应上述电路 $U_T = U_{REF}$。由于上述电路只有一个门限电压值，故称单值电压比较器。U_T 值是分析输入信号变化使输出电平翻转的关键参数。

2. 迟滞电压比较器

上面所介绍的单值电压比较器工作时,如果在门限电压附近有微小的干扰,就会导致状态翻转使比较器输出电压不稳定而出现错误阶跃。为了克服这一缺点,常将单值电压比较器输出电压通过反馈网络加到同相输入端,形成正反馈,将待比较电压 u_I 加到反相输入端,参考电压 U_{REF} 通过 R_2 接到运算放大器的同相输入端,如图 5.52(a)所示,该电路称为反相型(或下行)迟滞电压比较器,也称为反相型(或下行)施密特触发器。

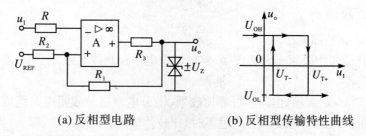

(a) 反相型电路　　　　(b) 反相型传输特性曲线

图 5.52　反相型迟滞电压比较器

当 u_I 足够小时,比较器输出高电平 $U_{OH} = +U_Z$,此时同相输入端电压用 U_{T+} 表示,利用叠加原理可求得

$$U_{T+} = \frac{R_1}{R_1 + R_2} U_{REF} + \frac{R_2}{R_1 + R_2} U_{OH}$$

随着 u_I 的不断增大,当 $u_I > U_{T+}$ 时,比较器输出由高电平变为低电平 $U_{OL} = -U_Z$,此时的同相输入端电压用 U_{T-} 表示,其大小变为

$$U_{T-} = \frac{R_1}{R_1 + R_2} U_{REF} + \frac{R_2}{R_1 + R_2} U_{OL}$$

显然,$U_{T-} < U_{T+}$,因此,当 u_I 再增大时,比较器将维持输出低电平 U_{OL}。

反之,当 u_I 由大变小时,比较器先输出低电平 U_{OL},运放同相输入端电压为 U_{T-},只有当 $u_I < U_{T-}$ 时,比较器的输出电压由低电平 U_{OL} 又跳变到高电平 U_{OH},此时运放同相输入端电压又变为 U_{T+},u_I 继续减小,比较维持输出高电平 U_{OH}。因此,可得反相型迟滞电压比较器的传输特性如图 5.52(b)所示。可见,它有两个门限电压 U_{T+} 和 U_{T-},分别称为上门限电压和下门限电压,两者的差值称为门限宽度(或回差电压)

$$\Delta U = U_{T+} - U_{T-} = \frac{R_2}{R_1 + R_2} (U_{OH} - U_{OL})$$

调节 R_1 和 R_2 可改变 ΔU。ΔU 越大,比较器的抗干扰的能力越强,但分辨度越差。

还有一种同相(上行)施密特触发器,其电路图及传输特性曲线如图 5.53 所示。

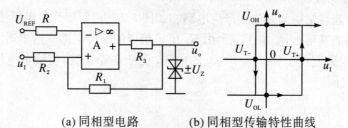

(a) 同相型电路　　　　(b) 同相型传输特性曲线

图 5.53　同相型迟滞电压比较器

其两个门限电压为

$$U_{T+}=\frac{R_1+R_2}{R_1}U_{REF}-\frac{R_2}{R_1}U_{OL}, \quad U_{T-}=\frac{R_1+R_2}{R_1}U_{REF}-\frac{R_2}{R_1}U_{OH}$$

回差电压为

$$\Delta U=U_{T+}-U_{T-}=\frac{R_2}{R_1}(U_{OH}-U_{OL})$$

在图 5.49(b)所示电路中,$U_{OL}=-U_Z$,$U_{OH}=+U_Z$。

3. 电压比较器的应用

1) 单值电压比较器的应用

单值电压比较器主要用于波形变换、整形以及电平检测等电路。

(1) 波形变换

电路如图 5.54(a)所示,由同相过零比较器、微分电路以及限幅电路组成。设输入信号 u_i 为正弦波,如图 5.54(b)所示,在 u_i 过零时,比较器输出就跳变一次,即 $u_{O'}$ 为正、负相间的方波;再经过时间常数 $\tau=R_C\ll T/2$(T 为正弦波的周期)的微分电路,输出 $u_{O''}$ 为正、负相间的尖脉冲;然后二极管 VD 和负载 R_L 限幅后,输出 u_O 为正尖脉冲信号。

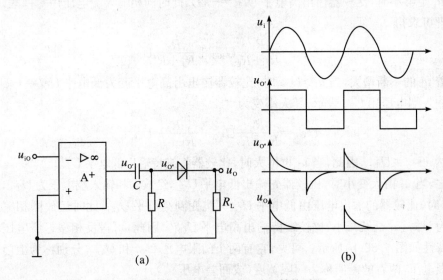

图 5.54　波形转换电路及波形转换过程

(2) 电平检测

电平检测电路设计相对比较简单,读者可以自行设计。

2) 迟滞电压比较器的应用

迟滞电压比较器常用来做波形产生电路。如图 5.55(a)所示为一矩形波产生电路,它在迟滞电压比较器的基础上,增加了一个由 R_f 和 C 组成的积分电路。这里迟滞电压比较器起开关作用,积分电路起反馈和延迟作用。图中 V_S 为双向稳压管,使输出电压的幅值被限制在 $-U_Z$ 和 $+U_Z$ 之间。

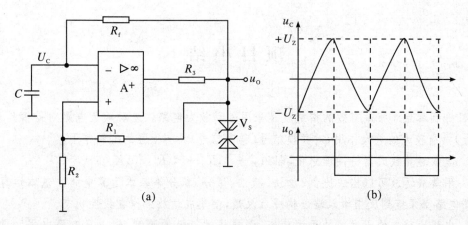

图 5.55　方波产生电路及波形图

设开始为 $u_O = +U_Z$，则加在同相输入端的电压为上门限电压 U_{T+}，且 $U_{T+} = R_2 U_2/(R_1 + R_2)$。加在反相输入端的电压为电容器 C 上的电压 U_C，由于 U_C 不能突变，它只能由输出电压 U_O 通过电阻 R_f 按指数规律向电容 C 充电建立。当 $U_C > U_{T+}$ 时，比较器翻转，输出电压由 $+U_Z$ 变成 $-U_Z$。这时同相输入端的门限电压变成 U_{T-}，且 $U_{T-} = -R_2 U_2/(R_1 + R_2)$。电容 C 通过电阻 R_f 经行放电，当 $U_C < U_{T-}$ 时，比较器再次翻转，输出电压又变成 $+U_Z$，电容 C 又被充电。如此反复循环，电路产生自激振荡，输出电压为矩形波，如图 5.55(b)所示。经过分析可有得到，所产生矩形波的周期和频率为

$$T = 2R_f C \ln\left(1 + 2\frac{R_2}{R_1}\right)$$

其中，$f = \dfrac{1}{T}$。

可见矩形波的输出周期和频率与输出电压的幅值无关，实际使用中一般用调节 R_f 的方法调节输出频率。图 5.56 为占空比可调的矩形波发生电路，有兴趣的读者可自行分析并实验验证，这里不再给出。

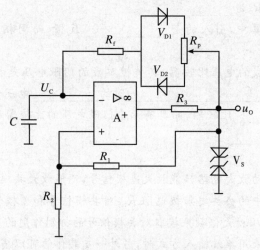

图 5.56　占空比可调的矩形波发生电路

项 目 小 结

1. 抑制零点漂移最有效的措施就是采用差动放大电路。差动放大电路对差模信号(有用信号)具有较大的放大作用,对共模信号(噪声信号)具有很强的抑制作用。

2. 集成运算放大器特性理想化,即 $A_{ud} \to \infty$, $R_{id} \to \infty$, $R_o \to 0$, $K_{CMR} \to \infty$。

3. 用集成运放可以构成比例、加法、减法、微分、积分等基本运算电路。基本运算电路中反馈电路必须接到反相输入端以构成负反馈,使集成运放工作在线性状态。

4. 电压比较器处于大信号运用状态,受非线性特性的限制,输出只有高电平和低电平两种状态。电压比较器广泛应用于信号产生电路中。

习 题

5.1 填空题:

(1) 差动放大电路是为了＿＿＿＿＿＿而设置的,它有＿＿＿＿＿＿种连接方式。其中共模抑制比 K_{CMR} 是＿＿＿＿＿＿＿与＿＿＿＿＿＿之比,共模抑制比 K_{CMR} 越大表明电路的＿＿＿＿＿＿能力越强。

(2) 已知差动放大电路的两输入端对地电压为 U_{S1} 和 U_{S2},则共模输入电压大小 U_{IC} =＿＿＿＿＿＿＿＿,一对差模信号时 U_{ID1} = $-U_{ID2}$ =＿＿＿＿＿＿＿＿。当集成运放处于＿＿＿＿＿＿状态时,可运用＿＿＿＿＿＿和＿＿＿＿＿＿概念。

(3) 理想集成运算放大器的开环差模电压放大倍数 A_{ud} 可认为＿＿＿＿＿＿＿,输入阻抗 R_{id} 为＿＿＿＿＿＿,输出阻抗 R_o 为＿＿＿＿＿＿＿。

(4) 在反相比例运算中,引入的是＿＿＿＿＿＿＿反馈,而同相比例运算中,引入的是＿＿＿＿＿＿＿反馈。

(5) 由集成运放组成的电压比较器,其关键参数的门限电压是指使输出电压发生＿＿＿＿＿＿＿＿＿＿＿＿＿＿＿＿＿＿＿＿＿＿＿时的＿＿＿＿＿＿电压值。只有一个门限电压的比较器称＿＿＿＿＿＿＿＿比较器,而具有两个门限电压的比较器称＿＿＿＿＿＿比较器或称为＿＿＿＿＿＿＿＿＿＿。

5.2 判断题:

(1) 一个理想的差动放大电路只能放大差模信号,不能放大共模信号。　　　　(　)

(2) 差动放大电路中的公共发射极电阻 R_{EE} 对共模信号和差模信号都有影响,因此,这种电路是以牺牲差模电压放大倍数来换取对共模信号的抑制作用的。　　　　(　)

(3) 差动放大电路采用单端输入方式时,另外一支晶体管可以省去。　　　　(　)

(4) 共模信号都是直流信号,差模信号都是交流信号。　　　　(　)

(5) 由于集成运放两输入端的输入电流都为0,所以两输入端是断开的。　　　　(　)

（6）反相比例运算电路的输入电阻较小，而同相比例运算电路的输入电阻较大。

　　　　　　　　　　　　　　　　　　　　　　　　　　　　　　　　　（　　）

（7）集成运放工作在线性区的条件是引入正反馈。　　　　　　　　　　　（　　）

（8）由集成运放组成的电压比较器，其运放必须工作在开环或者正反馈状态下。

　　　　　　　　　　　　　　　　　　　　　　　　　　　　　　　　　（　　）

（9）滤波器的实质作用就是"选频"。　　　　　　　　　　　　　　　　　（　　）

5.3　在图 5.57 所示的电路图中，已知 V_1 和 V_2 的 $\beta_1 = \beta_2 = 100, r_{bb'} = 200\ \Omega, U_{BEQ1} = U_{BEQ2} = 0.7\ V, R_{C1} = R_{C2} = R_e = 10\ k\Omega, V_{CC} = V_{EE} = 12\ V$。（1）试求：$V_1$ 和 V_2 的静态工作点；（2）差模电压放大倍数、差模输入电阻和差模输出电阻。

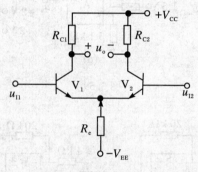

图 5.57

5.4　在题 5.3 的基础上，在两晶体管发射极上接入 220 Ω 的调零电位器，如图 5.58 所示，其他参数不变，试求：（1）V_1 和 V_2 的静态工作点；（2）差模电压放大倍数、差模输入电阻和差模输出电阻。

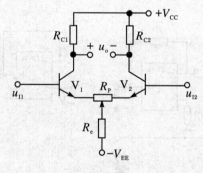

图 5.58

5.5　集成运算电路如图 5.59 所示，试分别求出各电路输出电压的大小。

5.6　写出图 5.60 所示各电路的名称，试分别计算它们的电压放大倍数和输入电阻。

5.7　集成运放应用电路如图 5.61 所示，试分别求出各电路输出电压的大小。

5.8　试用理想运放设计一个能实现 $u_O = 3u_{I1} + 0.5u_{I2} - 4u_{I3}$ 运算的电路。

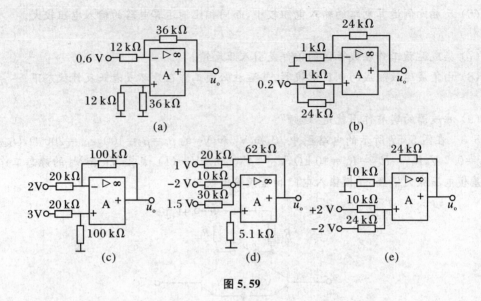

图 5.59

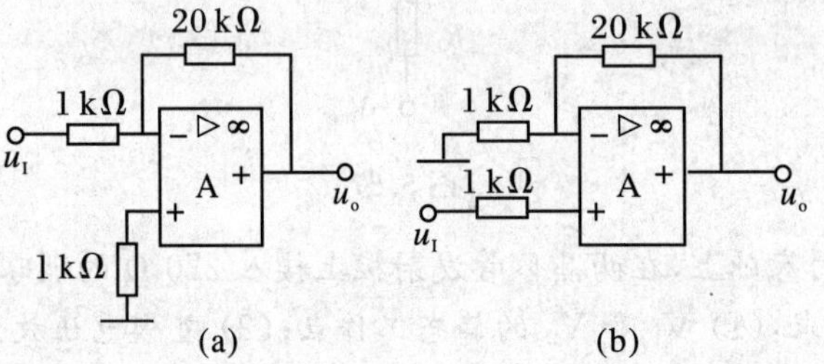

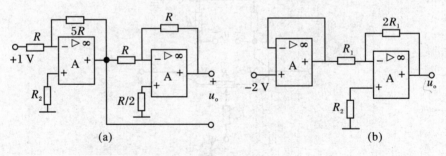

图 5.60

图 5.61

5.9　集成运放应用电路如图 5.62 所示,若已知 $R_1 = R_2 = R_4 = 10$ kΩ, $R_3 = R_5 = 20$ kΩ, $R_6 = 100$ kΩ,试求它的输出电压与输入电压之间的关系式。

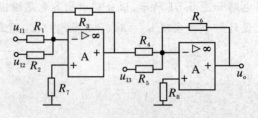

图 5.62

5.10　集成运放应用电路如图 5.63 所示,试写出输出电压 u_o 与输入电压 u_i 的关系式。

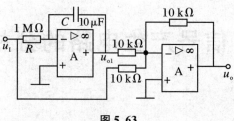

图 5.63

5.11　如图 5.64(a)、图 5.64(b)所示的积分和微分电路中,已知输入电压波形如图 5.64(c)所示,且 $t=0$ 时,$u_c=0$,集成运放最大输出电压为 ±15 V,试分别画出各个电路的输出电压波形。

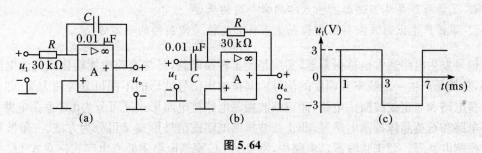

图 5.64

5.12　试说明集成运放作电压比较器和运算电路使用时,它们的工作状态有什么区别?

5.13　试画出如图 5.65 所示各电压比较器的传输特性。

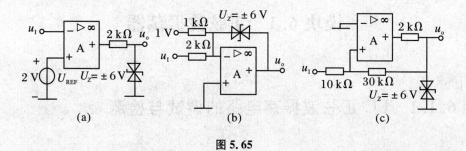

图 5.65

5.14　迟滞电压比较器如图 5.66 所示,试计算其门限电压 U_{T+}、U_{T-} 和回差电压 ΔU,画出传输特性;当 $u_I=4\sin \omega t$(V)时,试画出该电路的输出电压 u_O 的波形。

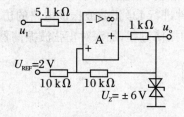

图 5.66

项目 6　信号产生电路的分析与检测

学习目标

1. 了解产生正弦波振荡的相位平衡条件和幅值平衡条件。
2. 掌握文氏桥振荡器的电路形式、起振条件、振荡频率的估算方法。
3. 熟悉电感三点式、电容三点式等 LC 振荡电路的组成原则,会估算其振荡频率。
4. 了解石英晶体振荡器的特点和频率稳定的原理。
5. 掌握产生正弦波振荡的相位平衡条件和幅值平衡条件的判断方法。

信号发生电路通常也称振荡器,实质是能量转换电路,是将直流电能转化成交流电能的电路,功能是产生一定频率和幅度的信号。其按输出信号波形的不同可分为两大类,即正弦波振荡电路和非正弦波振荡电路,而正弦波振荡电路按电路形式又可分为 LC 振荡电路、RC 振荡电路和石英晶体振荡电路等;非正弦波振荡电路按信号形式又可分为方波、三角波和锯齿波振荡电路等。而正弦波振荡电路中,常见的 LC 振荡电路主要有电容式三点式 LC 振荡电路和电感式三点式 LC 振荡电路。

模块 6.1　正弦波振荡器

实训 6.1.1　LC 正弦波振荡电路的调试与检测

实训目的

① 掌握 LC 正弦波振荡电路(采用电容式三点式 LC 正弦波振荡器)调试与检测方法。
② 掌握利用 Multisim 软件进行 LC 正弦波振荡电路的仿真方法。
③ 通过观察正弦波信号的振荡过程,加深对正弦波振荡器工作原理的理解。

实训测试电路

电路如图 6.1 所示。

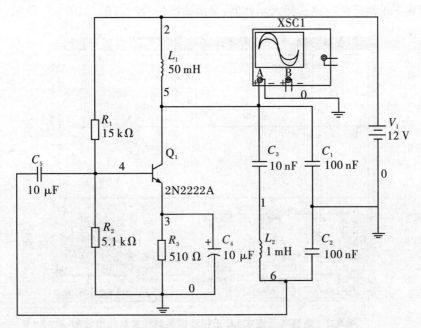

图 6.1 电容式三点式 LC 正弦波振荡器实验电路图

 实训环境

① 软件环境：Multisim 软件。

② 硬件环境：计算机、函数信号发生器、双路直流稳压电源、晶体管毫伏表、万用表、双踪示波器。

 实训器材

① 三极管：2N2222A×1。

② 电阻：15 kΩ×1，5.1 kΩ×1，510 Ω×1。

③ 电容器：10 μF×2，100 nF×2，10 nF×1。

④ 电感：50 mH×1，1 mH×1。

⑤ 面包板一块、导线若干等。

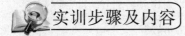 实训步骤及内容

1. 软件仿真

图 6.1 中电路属于电容式三点式 LC 正弦波振荡器，电容 C_1、C_2 和电感 L_2 构成反馈选频网络，反馈信号取自电容 C_2 两端，故称为电容三点式振荡电路，也称电容反馈式振荡电路。反馈信号与输入端电压同相，满足振荡的相位平衡条件，电路的振荡频率近似等于回路的谐振频率。

① 首先打开 Multisim 软件，新建一名为"电容式三点式 LC 正弦波振荡器"的原理图文

件,按照图 6.1 正确连接电路。接入示波器,显示输出信号的波形,如图 6.2 所示。

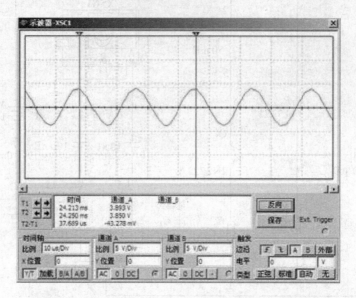

图 6.2 电容式三点式 LC 正弦波振荡器和振荡输出波形

② 静态工作点分析:用分析菜单中的直流工作点分析项分析电路的静态工作点,如图 6.3 和图 6.4 所示。

图 6.3 静态工作点分析设置

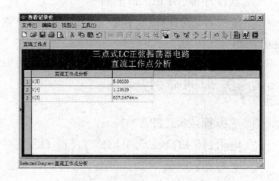

图 6.4 静态工作点分析结果

③ 用仪器库中的示波器测量电路的振荡频率。从振荡输出波形图中可以看出,T_1 和 T_2 分别对应相邻两峰值,则有

$$T = T_2 - T_1 = 19.883 \ \mu s \approx 20 \ \mu s$$

所以输出信号的振荡频率为

$$f = \frac{1}{T} \approx \frac{1}{20 \ \mu s} = 50 \ \text{kHz}$$

④ 通过理论分析求得电路的振荡频率,并与实测值进行比较。

⑤ 观察起振过程:使用瞬态分析方法观察到振荡器起振时的波形情况如图 6.5 所示。

⑥ 观察 C_3 对振荡频率的影响：改变电容器 C_3 的容量分别为 5 μF、10 μF 和 50 μF，分别观察对应瞬态输出波形的变化情况，如图 6.6 所示，观察 C_3 对输出信号振荡频率的影响。

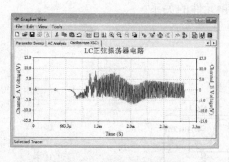

图 6.5　瞬态分析（观察起振情况）　　　图 6.6　观察 C_3 对振荡频率的影响

2. 实践操作

① 根据图 6.1 所示电路原理图在面包板上进行实物的连接。

② 检查电路连接正确后，调节直流稳压电源输出为 12 V 直流电，给电路加 12 V 直流电。

③ 输出端接示波器的 CH1 通道，观察起振情况，观察振荡输出波形，并读出幅度和频率值，记录在表 6.1 中。

表 6.1　实验数据记录表

C_3 取值	幅度（V）	频率（Hz）
10 nF		
5 μF		
10 μF		
50 μF		

④ 切断电源，改变 C_3 电容的大小分别为 5 μF、10 μF 和 50 μF，分别观察示波器输出振荡波形，读出幅度与频率值，记录在表 6.1 中，观察 C_3 对输出信号振荡频率的影响。

 实训思考

① 如何用仪器库里的示波器测量振荡频率？

② C_3 对振荡频率的影响？

③ 如何判断电容三点式 LC 正弦波振荡器和电感式 LC 正弦波振荡器？

实训 6.1.1　RC 正弦波振荡电路的检测

 实训目的

① 掌握 RC 正弦波振荡电路的调试与检测方法。

② 掌握利用 Multisim 软件进行 RC 正弦波振荡电路仿真的方法。

③ 通过仿真学会测量文氏电桥振荡器的振荡频率。

④ 了解文氏电桥振荡器的组成。

⑤ 掌握文氏电桥振荡器的振荡频率与选频元件的关系。

 实训测试电路

电路如图 6.7 所示。

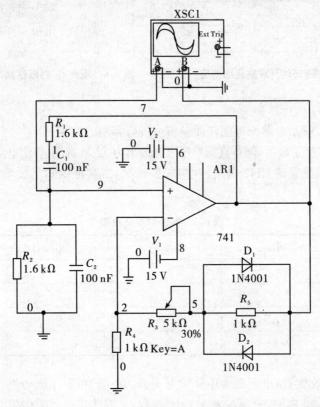

图 6.7　文氏桥振荡器实验电路图

 实训环境

① 软件环境:Multisim 软件。

② 硬件环境:计算机、函数信号发生器、双路直流稳压电源、晶体管毫伏表、万用表、双踪示波器。

实训器材

① 三极管:2N2222A×1。

② 电阻:1.6 kΩ×2,1 kΩ×2。

③ 电位器:R_P=5 KΩ×1。

④ 电容:100 nF×2。

⑤ 集成运放：μA741。

⑥ 面包板一块、导线若干等。

实训步骤及内容

1. 软件仿真

① 首先打开 Multisim 软件，新建一名为"文氏电桥振荡器"的原理图文件，按照图 6.7 正确连接电路。注意，集成运放 μA741 如图 6.8 所示，是 8 个管脚双列直插式集成块，各管脚的功能为，管脚 1、5 是调零端，2 是反相输入端，3 是同相输入端，4 是负电源端，6 是输出端，7 是正电源端，8 是空端。

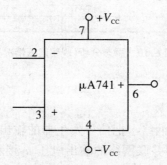

图 6.8　μA741 引脚图

② 单击仿真开关进行仿真，点击示波器打开显示面板，面板显示屏上显示文氏电桥振荡器输入/输出电压波形，如图 6.9 所示为 R_3 为 30% 时的仿真结果。

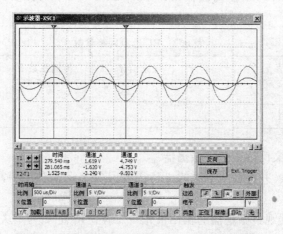

图 6.9　文氏电桥振荡电路和输入/输出电压波形

③ 测量正弦波的周期 T、频率 f、集成运算放大器的输出峰值电压 U_{OP} 及输入峰值电压 U_{IP}，并记录在表 6.2 中。

表 6.2　文氏电桥振荡电路仿真数据

参　　数	U_{IP}	U_{OP}	T	f
仿真数据				

④ 观察信号产生的振荡过程,如图 6.10 所示。

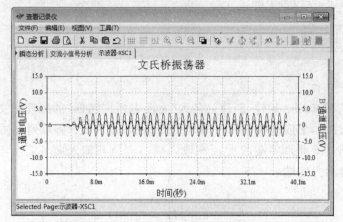

图 6.10　瞬态分析(观察起振情况)

2. 实践操作

(1) 测量 RC 选频网络的参数

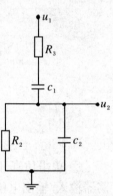

图 6.11　RC 串并联网络

按图 6.11 连成 RC 串并联网络。把信号发生器的输出端接至串并联网络作为输入电压 u_1,把串并联网络的输出电压 u_2 接示波器,反复调节信号发生器的频率,直到在示波器上找到 u_2 的最大值为止,这时再把电压信号 u_1 也接至双踪示波器的另一通道,观察 u_2 与 u_1 的幅度关系、相位关系和频率 f,并用晶体管毫伏表测出 u_1 和 u_2 的幅度,填入表 6.3 中,并保持此时信号发生器的输出频率不变,等下一步与振荡器的振荡频率比较。

表 6.3　RC 选频网络参数

测量值 $f_。=$		理论值 $f_。$	传输系数 F	相位关系
u_1	u_2			

(2) 调试并测量文氏桥正弦波振荡器

① 按图 6.7 接线,并将稳压电源的 ±15 V 电压接入 7 端和 4 端。电源的地端接电路的地端。

② 用双踪示波器观察振荡器的输出波形 $u_。$,调节 R_3 使 $u_。$ 为不失真的正弦波。用示波器测试电路的振荡频率 $f_。$ 并记入表 6.4 中,再将函数信号发生器的原输出频率在示波器上与振荡器的输出频率相比较,然后将此值与理论值进行比较。

表 6.4　振荡器参数的测试

$u_。$ 幅度	$u_。$ 波形	测试值 $f_。$	计算值 $f_。' = \dfrac{1}{2\pi RC}$	误差 $\dfrac{f_。' - f_。}{f_。} \times 100\%$

③ 将 D_1 和 D_2 从电路上断开,看 u_o 波形有何变化。若无明显变化可调节 R_3,配合 D_1 和 D_2 的接入与断开反复观察波形变化,分析并得出结论。

④ 调节滑动变阻器 R_3 使 u_o 变化,用示波器监测波形不失真,并在示波器上测试 u_o 有效值的最大值、最小值与中间值,同时测相应的 R_3 值,将结果填入表 6.5 中。分析振荡器的输出电压与负反馈强弱的关系。

表 6.5　u_o 值与负反馈强弱的关系

u_o	R_3 阻值	负反馈强弱
最大值		
中间值		
最小值		

 实训思考

① 根据周期 T 的测量值计算谐振频率 f_o。
② 根据文氏电桥振荡器的元件值计算周期 T,并与仿真测量值比较。
③ 根据峰值输出电压 U_{OP} 和峰值输入电压 U_{IP} 的仿真测量值估算电压增益。
④ 分析各种测量值和理论值的比较情况。
⑤ 试设计一个非正弦波发生器,拟定调整测试内容、方法、步骤及记录表格。

知识 6.1.2　正弦波信号振荡电路组成与分析

振荡电路的性能指标主要有两个:① 要求输出信号的幅度要准确而且稳定;② 要求输出信号的频率要准确而且稳定。一般来讲准确度比稳定度容易做到,而幅度稳定比频率稳定容易实现。此外输出波形的失真度、输出功率和效率也是较重要的指标。

1. 正弦波振荡器及其工作条件

(1) 正弦波振荡器的组成和各部分功能

正弦波振荡器是没有输入信号,电路本身能产生一定频率、一定幅值的正弦波输出的电路。电路由放大电路、正反馈网络、选频网络、稳幅电路组成。

① 放大电路:放大电路用于对交流信号起放大作用,否则信号会逐渐衰减,不可能产生持续的振荡。

② 正反馈网络:正反馈网络的作用是引入正反馈,这是维持信号输出的关键环节。

③ 选频网络:选频网络选出振荡电路所需要的信号的频率,这个频率一般称为振荡电路的振荡频率。

④ 稳幅电路:稳幅电路利用电路元件的非线性特性和负反馈网络使振荡信号的幅值稳定,达到稳幅的目的,使振荡器持续工作。

(2) 自激振荡产生的条件

正弦波振荡器没有外接信号源,信号的产生依靠电路自己产生,这种现象称为自激振荡,所以振荡电路工作的前提是电路能产生自激振荡现象,可由图 6.12 所示正、负反馈放大

电路的框图来分析电路的工作条件。

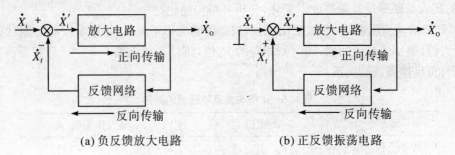

(a) 负反馈放大电路　　　　(b) 正反馈振荡电路

图 6.12　负反馈放大电路和正反馈振荡电路框图比较

放大电路和正反馈振荡电路的区别。正反馈一般表达式的分母项变成负号，而且振荡电路的输入信号有 $\dot{X}'_\mathrm{i}=\dot{X}_\mathrm{f}$，所以正反馈一般表达式为

$$\dot{A}_\mathrm{f}=\frac{1}{1-\dot{A}\dot{F}}$$

振荡平衡条件为：$\dot{A}\dot{F}=1$，包括振幅平衡条件：$|\dot{A}\dot{F}|=1$，相位平衡条件：$\varphi AF=\varphi A+\varphi F=\pm2n\pi$。振荡器在刚刚起振时，要求在反馈网络中加入非线性稳幅环节，用以调节放大电路的增益，从而达到稳幅的目的。

判断一个电路是否为正弦波振荡器，就看其组成是否含有放大电路、正反馈网络、选频网络、稳幅电路四个部分。

判断振荡的一般方法是：

① 是否满足相位条件，即电路是否为正反馈，只有满足相位条件才有可能振荡。

② 放大电路的结构是否合理，有无放大能力，静态工作点是否合适。

③ 分析是否满足幅度条件，检验 $|\dot{A}\dot{F}|$ 的值：

当 $|\dot{A}\dot{F}|<1$ 时，不能产生振荡。

当 $|\dot{A}\dot{F}|\gg1$ 时，能产生振荡，但输出波形明显失真。

电路从 $|\dot{A}\dot{F}|>1$ 到 $|\dot{A}\dot{F}|=1$ 是一个产生振荡的过程，$|\dot{A}\dot{F}|>1$ 能产生振荡。振荡稳定后，让工作条件变为 $|\dot{A}\dot{F}|=1$，再加上稳幅措施，振荡稳定，而且输出波形失真小。

2. LC 正弦波振荡电路

采用 LC 谐振回路作为选频网络的振荡电路称为 LC 振荡电路，它主要用来产生正弦波振荡信号，一般在 1 MHz 以上。根据反馈形式的不同，LC 振荡电路包括有放大电路、正反馈网络、选频网络和稳幅电路。这里的选频网络是由 LC 并联谐振电路构成的。LC 振荡电路可分为变压器反馈式和三点式振荡电路。

（1）LC 并联谐振电路的频率响应

LC 并联谐振电路如图 6.13 所示，有如下特点：

① 谐振频率为

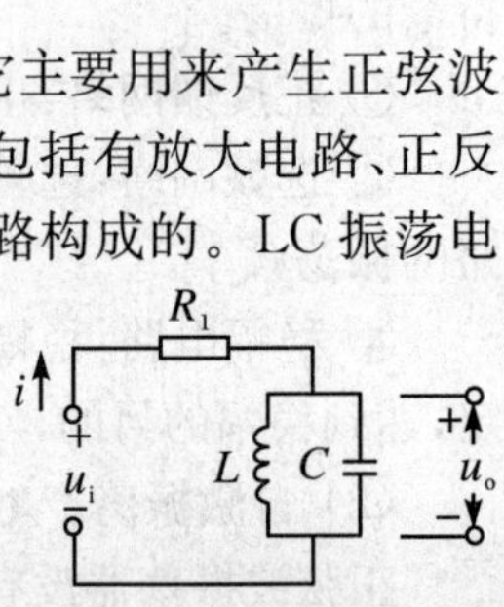

图 6.13　LC 并联谐振电路

$$\omega_o = \frac{1}{\sqrt{LC}} \quad 或 \quad f_o = \frac{1}{2\pi\sqrt{LC}}$$

② 谐振时,回路的等效阻抗为纯电阻,阻值最大:

$$Z_o = \frac{L}{RC} = Q\omega_o L = \frac{Q}{\omega_o C}$$

③ 信号源电流与振荡回路中的支路电流的关系:

$$|\dot{I}_L| \approx |\dot{I}_C| \approx Q|\dot{I}_S|$$

$$Q = \frac{\omega_o L}{R} = \frac{1}{\omega_o RC} = \frac{1}{R}\sqrt{\frac{L}{C}}$$

式中 Q 称为品质因素,用来评价回路损耗的大小,一般都在几十到几百范围内。上式表明: LC 电路谐振时,支路电流近似为总电流的 Q 倍,通常,$Q \gg 1$,所以谐振时 LC 并联电路的回路电流比输入电流大得多。也就是说,在谐振回路中外界的影响可以忽略。这个结论对于分析 LC 正弦波振荡电路是十分有用的。

④ 回路的频率响应。LC 并联电路的频率响应如图 6.14 所示:

ⓐ LC 并联电路具有选频特性。在谐振频率 f_o 处,电路为纯阻性(V 与 I 无相差),阻值最大。在 $f < f_o$ 处,电路呈电感性。在 $f > f_o$ 处,电路呈电容性。

ⓑ Q 越大,谐振时 Z_o 越大,振幅特性曲线越尖锐,在 $f = f_o$ 附近,相频特性变化越快,选频性能越好。

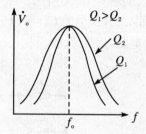

图 6.14　LC 并联电路的频率响应

3. LC 振荡器的类型和分析方法

(1) 变压器反馈 LC 振荡器

变压器反馈 LC 振荡电路如图 6.15 所示。LC 并联谐振电路作为三极管的负载,反馈线圈 L_2 与电感线圈 L 相耦合,同名端极性如图 6.16 所示,将反馈信号送入三极管的输入回路。交换反馈线圈的两个线头可使反馈极性发生变化。调整反馈线圈的匝数可以改变反馈信号的强度,以使正反馈的幅度条件得以满足。

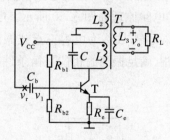

图 6.15　变压器反馈 LC 振荡电路

图 6.16　同名端的极性

变压器反馈 LC 振荡电路的振荡频率与并联 LC 谐振电路相同,为

$$f_o = \frac{1}{2\pi\sqrt{LC}}$$

(2) 电感三点式 LC 振荡器

电感线圈 L_1 和 L_2,2 点是中间抽头。如果设某个瞬间集电极电流减小,线圈上的瞬时

极性如图 6.17 所示。反馈到发射极的极性对地为正,图 6.17 中三极管是共基极接法,所以使发射结的净输入减小,集电极电流减小,符合正反馈的相位条件。图 6.18 为另一种电感三点式 LC 振荡电路。

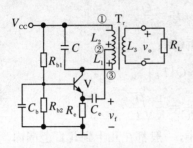 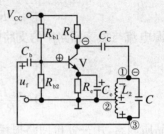

图 6.17　电感三点式 LC 振荡电路　　　　**图 6.18　电感三点式 LC 振荡电路**

分析三点式 LC 振荡电路常将谐振回路的阻抗折算到三极管的各个电极之间,有 Z_{be}、Z_{ce}、Z_{cb},如图 6.19(a)所示。图 6.19(a)中 Z_{be} 是图 6.19(b)中的 L_2,Z_{ce} 是图 6.19(b)的 L_1,Z_{cb} 是图 6.19(b)中的 C。可以证明若满足相位平衡条件,Z_{be} 和 Z_{ce} 必须同性质,即同为电容或同为电感,且与 Z_{cb} 性质相反。

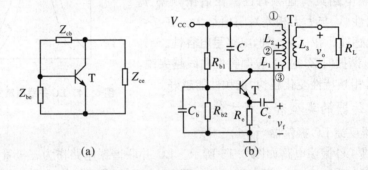

图 6.19　振荡回路的阻抗折算

(3) 电容三点式 LC 振荡电路

与电感三点式 LC 振荡电路类似的有电容三点式 LC 振荡电路,电路如图 6.20 所示。电容三点式振荡电路又称考皮兹振荡电路,其电路原理如图 6.20 所示。电容 C_1、C_2 和电感 L 构成正反馈选频网络,反馈信号取自电容 C_2 两端,故称为电容三点式振荡电路,也称电容反馈式振荡电路。反馈信号与输入端电压同相,满足振荡的相位平衡条件,电路的振荡频率近似等于回路谐振频率。

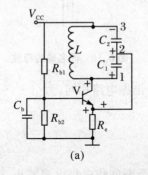 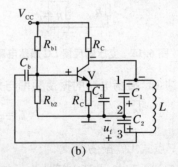

图 6.20　电容三点式 LC 振荡电路

电容三点式振荡电路的优点是：波形较好，振荡频率可做到 100 MHz 以上。缺点是：① 调频时易停振；② 极间电容影响 f_0。

4. RC 正弦波振荡电路

1) RC 网络的频率响应

（1）RC 串并联电路

RC 串并联电路如图 6.21 所示，下面分析其频率响应。

RC 串并联网络的谐振角频率和谐振频率分别为

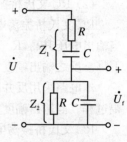

图 6.21　RC 串并联网络

$$\omega_0 = \frac{1}{RC}, \quad f_0 = \frac{1}{2\pi RC}$$

幅频特性

$$\left| \dot{F} \right| = \frac{1}{\sqrt{3^2 + \left(\dfrac{f}{f_0} - \dfrac{f_0}{f} \right)^2}} = \frac{1}{\sqrt{3^2 + \left(\dfrac{\omega}{\omega_0} - \dfrac{\omega_0}{\omega} \right)^2}}$$

相频特性

$$\varphi_F = -\arctan \frac{1}{3} \left(\frac{f}{f_0} - \frac{f_0}{f} \right)$$

当 $f = f_0$ 时，反馈系数 $\left| \dot{F} \right| = 1/3$，$\left| \dot{U}_f \right| = 1/3$，且与频率 f_0 的大小无关，此时的相角 $\varphi_F = 0°$。则幅频特性曲线和相频特性曲线如图 6.22 所示。

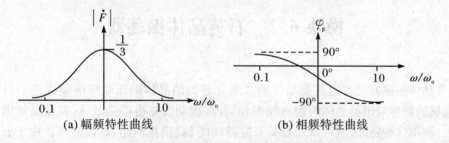

(a) 幅频特性曲线　　　　(b) 相频特性曲线

图 6.22　RC 串并联网络的幅频特性和相频特性

该网络有选频特性，振荡频率为 $f = f_0 = \dfrac{1}{2\pi RC}$ 时，幅频值最大为 1/3，相位 $\varphi_F = 0°$。

2) RC 文氏桥振荡器

RC 串并联网络当 $f = f_0$ 时的反馈系数 $\left| \dot{F} \right| = 1/3$，且与频率 f_0 的大小无关。此时的相角 $\varphi_F = 0°$，即改变频率不会影响反馈系数和相角，在调节谐振频率的过程中，不会停振，也不会使输出幅度改变。因此可用它构成 RC 文氏桥振荡器，如电路图 6.23 所示。

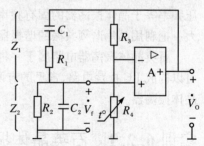

图 6.23　RC 文氏桥振荡电路

（1）RC 文氏桥振荡电路的构成

如图 6.23 所示，RC 文氏桥振荡电路中有 RC 串并联网络 C_1、R_1 和 C_2、R_2 正反馈支路与 R_3、R_4 负反馈支路。由电路知

$$A_f = 1 + \frac{R_3}{R_4} \geqslant 3$$

为满足振荡的幅度条件 $|\dot{A}\dot{F}|=1$，所以 $A_f \geqslant 3$。

（2）RC 文氏桥振荡电路的稳幅过程

RC 文氏桥振荡电路的稳幅作用是靠热敏电阻 R_4 实现的。R_4 是正温度系数热敏电阻，当输出电压升高，R_4 上所加的电压升高，即温度升高，R_4 的阻值增加，负反馈增强，输出幅度下降。反之输出幅度增加。

本电路采用反并联二极管的稳幅电路：二极管工作在 A、B 点，电路的增益较大，引起增幅过程。当输出幅度大到一定程度，增益下降，最后达到稳定幅度的目的。

RC 文氏桥振荡电路及其稳幅过程如图 6.24 所示。

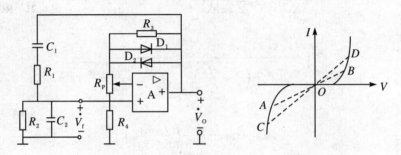

图 6.24　RC 文氏桥振荡电路及其稳幅过程

模块 6.2　石英晶体振荡器

石英晶体振荡器是利用石英晶体即二氧化硅的结晶体的压电效应制成的一种谐振器件，变电场的频率与田英晶体的固有频率相同时，振动便变得很强烈，这就是晶体谐振特性的反应。利用这种特性，就可以用石英谐振器取代 LC 谐振回路、滤波器等。由于石英谐振器具有体积小、重量轻、可靠性高、频率稳定度高等优点，被应用于家用电器和通信设备中。

石英晶体之所以能够成为电的谐振器，是由于它具有压电效应。所谓压电效应，就是当晶体受外力的作用而变形时，就在它对应的表面上产生正、负电荷，呈现出电压。当外加电压频率等于晶体振荡器的固有频率时就会发生压电谐振，从而导致机械变形的振幅突然增大。把利用晶片谐频共振的谐振器称为谐频谐振器，频率用 MHz 表示。

石英晶体振荡器电路属于一种信号发生器电路。利用石英晶体的高品质因数的特点，可以构成 LC 振荡电路，常见的有两种类型：串联谐振型石英晶体振荡器和并联谐振型石英晶体振荡器。

实训 6.2.1　石英晶体振荡电路的检测

　实训目的

① 掌握石英晶体振荡器、串联型晶体振荡器和并联型晶体振荡器的基本工作原理，熟

悉其各元件功能。

② 熟悉静态工作点、微调电容、负载电阻对晶体振荡器工作的影响。

③ 提高电子电路的理论知识及实践能力,正确使用实验仪器进行电路调试与检测。

 实训测试电路

电路如图 6.25 所示。

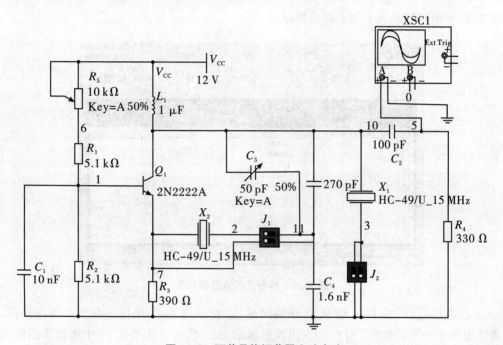

图 6.25　石英晶体振荡器实验电路

 实训环境

① 软件环境:Multisim 软件。

② 硬件环境:计算机、双路直流稳压电源、晶体管毫伏表、电流表、万用表、双踪示波器。

 实训器材

① 三极管:2N2222A×1。

② 电阻:5.1 kΩ×2,390 Ω×1,330 Ω×1。

③ 电位器:R_P=10 kΩ×1。

④ 可变电容:50 pF×1。

⑤ 电容:10 nF×1,100 pF×1,270 pF×1,1.6 nF×1。

⑥ 面包板一块、导线若干等。

实训步骤及内容

1. 软件仿真

① 首先打开 Multisim 软件，新建一名为"石英晶体振荡电路"的原理图文件，按照图 6.25正确连接电路。

② 静态工作点分析结果如图 6.26 所示，可见 $U_{BEQ} \approx 0.7$ V，三极管工作在放大区，满足起振条件，该电路的静态工作点符合要求。

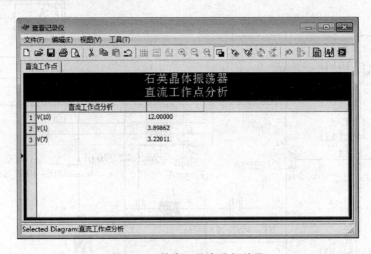

图 6.26　静态工作点分析结果

③ 点击开关 J1、J2，J1 上端断开，下端接通，J2 全部接通时，构成并联型晶体振荡器，此时晶体相当于一等效电感。此时的输出波形如图 6.27 所示。从图 6.27 中可以读出输出正弦波的幅值和输出频率，波形有较小的失真，这是由于元件参数的精度较低导致的。

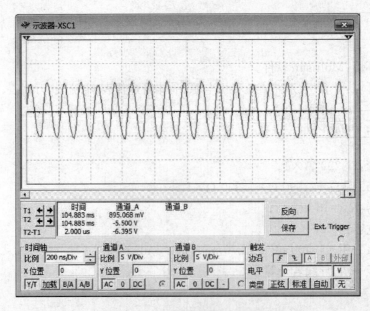

图 6.27　并联型振荡器输出波形

④ 点击开关 J1、J2,J1 上端打开,J2 断开时,振荡器为串联型晶体振荡器,晶体相当于选频短路线;此时的输出波形如图 6.28 所示。从图 6.28 中可以读出输出正弦波的幅值和输出频率,波形有较小的失真,这是由于元件参数的精度较低导致的。

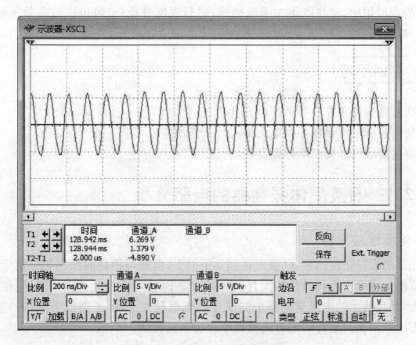

图 6.28 串联型振荡器输出波形

⑤ 在直流电源上叠加微变交流电压,观察振荡器的频率稳定度。

⑥ 改变 R_5、C_5 的数值,改变反馈系数,观察振荡器的情况。

2. 实践操作

① 根据图 6.25 所示电路原理图在面包板上进行实物的连接。

② 连接完成后,引出三根导线,红色导线接直流稳压电源的 +12 V 电源输出端,注意正负极不要接反了,黑色导线接地,绿色导线为输出端,接入示波器的 CH1 通道,观察输出的波形。

③ 调节可变电容和电位器,同时观察输出的波形。

④ 当振荡器接为串联型振荡器时,观察输出波形形状,读出输出波形频率和幅值,记录在表 6.6 中,并与仿真结果相比较。

表 6.6 实验数据记录表

晶体振荡器类型	幅度(V)	频率(Hz)
串联型振荡器		
并联型振荡器		

⑤ 当振荡器接为并联型振荡器时,观察输出波形形状,读出输出波形频率和幅值,记录在表 6.6 中;并与仿真结果相比较。

⑥ 利用公式 $f_0 = 2\pi\sqrt{LC}$ 计算振荡频率,并与实验结果相比较。

注意：由于元器件参数的精度不够、实物连接时引入附加阻值、面包板的性能不够高以及环境温度等多方面的影响，振荡器的稳定度受到影响。在实际生活中可以通过多种措施来提高石英晶体正弦波振荡器的稳定度，如可以选择温度系数小的石英晶体；可以采取恒温措施，使外界温度恒定，或在电路中采取措施，进行温度补偿；也可以进行有效屏蔽，使外围电磁场的影响减弱。

 实训思考

① 串联型振荡器和并联型振荡器有什么区别？
② 可变电容和电位器在晶振电路里有什么作用？
③ 有哪些方法可以提高晶体振荡器的稳定度？

知识 6.2.1　石英晶体振荡器的电路分析

1. 石英晶体谐振器

石英晶体谐振器俗称晶振，Q 值可达到几千以上，能获得很高的振荡频率稳定性。当外加交变电压的频率等于石英晶片的固有机械振动频率时，晶片发生共振，此时机械振动幅度能达到最大，晶片两面的电荷量电路中的交变电流也最大，产生了类似于回路的谐振现象，此现象称为压电谐振。晶片的固有机械频率称为谐振频率。

2. 石英谐振器的等效电路与阻抗特性

等效电路：石英晶体谐振器可以被一个具有电子转换性能的两端网络测出。这个回路包括 L_q、C_q，同时 C_o 作为一个石英晶体的绝缘体的静态电容被并入回路，相当于平板电容，数值一般为几到几十皮法。阻抗 R_q 是在谐振频率时石英晶体谐振器的谐振阻抗，是由机械摩擦和空气阻尼引起的损耗，如图 6.29 所示。

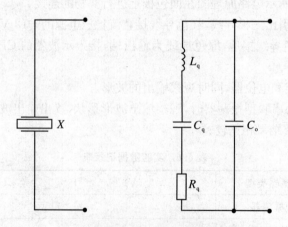

图 6.29　石英谐振器的等效电路

从图 6.29 看，晶体振荡器是一串并联的振荡回路，可以对谐振频率计算为

（1）串联谐振频率

$$f_s = \frac{1}{2\pi\sqrt{L_q C_q}}$$

晶体等效阻抗为纯阻性。

（2）并联谐振频率

$$f_p = \frac{1}{2\pi\sqrt{L_q \dfrac{C_o C_q}{C_o + C_q}}} = f_s \sqrt{1 + \frac{C_q}{C_o}}$$

一般 $C \ll C_o$，所以 f_s 和 f_p 很近。

当 $f < f_s$ 或 $f > f_p$ 时，晶体谐振器显容性；当 f 在 f_s 和 f_p 之间时，晶体谐振器等效为一电感，而且为一数值巨大的非线性电感。由于 L_q 很大，即使在 f_s 处其电抗变化率也很大。其电抗特性曲线如图 6.30 所示。实际应用中石英谐振器只在 f_s 和 f_p 之间的很窄频率范围内呈感性，且感抗曲线很陡，故当工作于该区域时，具有很强的稳频作用。一般不用电容区。实际使用时外接一小电容 C_s 如图 6.31 所示。

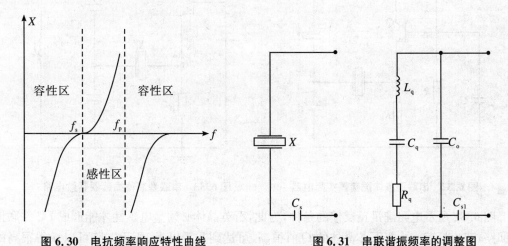

图 6.30　电抗频率响应特性曲线　　　　图 6.31　串联谐振频率的调整图

则新的谐振频率为

$$f_s' = \frac{1}{2\pi\sqrt{L_q C_q}}\sqrt{1 + \frac{C_q}{C_o + C_s}} = f_s \sqrt{1 + \frac{C_q}{C_o + C_s}}$$

由于 $C_q \ll C_o + C_s$，

$$f_s = f_s \left[1 + \frac{C_q}{2(C_o + C_s)}\right]$$

因此，$C_s \to 0$ 时，$f_s = f_p$；$C_s \to \infty$ 时，$f_s = f_s$。调整 C_s 可使 f_s' 在 f_s 和 f_p 之间变化。

3. 石英谐振器的应用和注意事项

晶体谐振器主要应用于晶体振荡器中。振荡器的振荡频率取决于其振荡回路的频率。由于晶体振荡器的输出频率具有很高的稳定度，因此它主要应用在通用晶体振荡器、各种电路中产生振荡频率、时钟脉冲的产生、微处理器、钟表等等许多方面。使用时需要注意：输出端要接一定的负载电容 C_L 进行微调，以达标称频率。要有合适的激励电平。激励电平过大会影响频率的稳定度，会导致晶片被振坏；激励电平过小会则会使噪声影响变大，输出电平减小，甚至停振。

4. 石英晶体振荡器

1) 串联谐振型石英晶体振荡器

在串联型晶体振荡器中,晶体接在振荡器要求低阻抗的两点之间,通常接在反馈电路中。图 6.32 和图 6.33 显示出了一串联型振荡器的实际路线和等效电路,可以看出,如果将石英晶体短路,该电路即为电容反馈的振荡器。电路的实际工作原理为:当回路的谐振频率等于晶体的串联谐振频率时,晶体的阻抗最小,把石英谐振器做一根短路线用,电路满足相位条件和振幅条件,故能正常工作;当回路的谐振频率距串联谐振频率较远时,晶体阻抗增大,使反馈减弱,从而使电路不能满足振幅条件,电路不能正常工作。

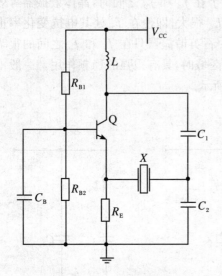

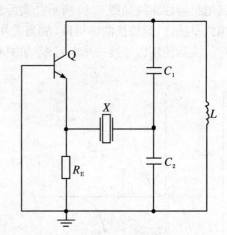

　　　图 6.32　串联型晶体振荡器实际电路　　　　　　图 6.33　串联型晶体振荡器等效电路

图 6.32 所示电路满足正反馈的条件,为此,石英晶体必须呈电感性才能形成 LC 并联谐振回路,产生振荡。由于石英晶体的 Q 值很高,可达到几千以上,所示电路可以获得很高的振荡频率稳定性。

2) 并联型晶体振荡器

并联型石英晶体振荡器是把石英晶体当做电感元件使用。

（1）c-b 型并联晶体振荡器

c-b 型并联晶体振荡器的典型电路如图 6.34 所示,振荡管的基极对高频接地,晶体接集电极与基极之间,C_2 和 C_3 位于回路的另外两个电抗元件,振荡器的回路等效电路如图 6.35 所示。它类似于克拉泼振荡器,由于 C_q 非常小,因此,晶体振荡器的谐振回路与振荡管之间的耦合电容非常弱,从而使频率稳定度大大提高。由于晶体的品质因数很高,故其并联谐振阻抗也很高,虽然接入系数很小,但等效到晶体管 C_E 两端的阻抗仍很高,因此放大器的增益高,电路容易满足振幅起振条件。

（2）b-e 型并联晶体振荡器

b-e 型并联晶体振荡器的典型电路如图 6.36 所示。该电路是一个双回路振荡器,它的固有谐振频率略高于振荡器的工作频率,负载回路选用的是并联谐振回路,可以抑制其他谐波,有利于改善输出波形,并且电路的输出信号较大,但频率稳定度不如 b-c 型振荡电路,因为在 b-e 型电路中,石英晶体接在输入阻抗低的 b-e 之间,降低了石英晶体的标准性。其等效电路如图 6.37 所示。

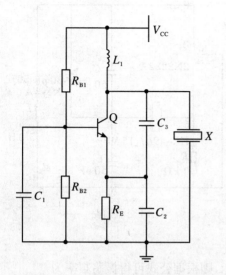

图 6.34　c-b 型并联晶体振荡器实际线路

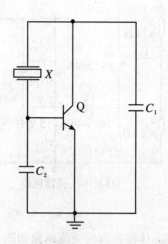

图 6.35　c-b 型并联晶体振荡器等效线路

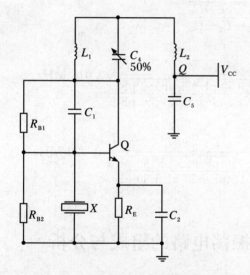

图 6.36　b-e 型并联晶体振荡器实际电路

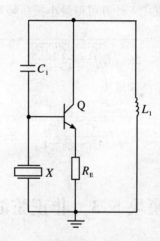

图 6.37　b-e 型并联晶体振荡器等效电路

和一般 LC 振荡器相比,石英晶体振荡器在外界因素变化而影响到晶体的回路固有频率时,它还具有使频率保持不变的电抗补偿能力,原因是石英晶体谐振器的等效电感 L_e 与普通电感不同,当频率由 W_q 变化到 W_o 时,等效电感值将由零变到无穷大,这段曲线十分陡峭,而振荡器又刚好被限定工作在这段线性范围内,也就是说,石英晶体在这个频率范围内具有极陡峭的相频特性曲线,因而它具有很高的电感补偿能力。

【**例 6.1**】　一晶体振荡电路如图 6.38(a)所示,其中 C_3 为 50 pF,C_5 从 5~22 pF 可变,C_4 为 50 pF,L 为 3 μH,试求出该电路的振荡频率。

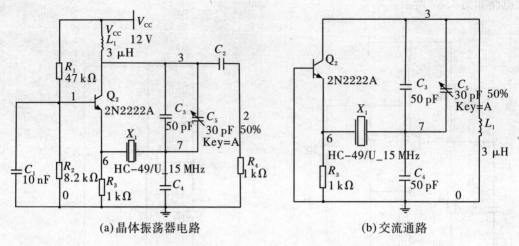

(a)晶体振荡器电路　　　　　　(b)交流通路

图 6.38

解：该晶体振荡器的交流通路如图 6.38(b)所示，则根据公式可得振荡频率为

$$f_o = \cfrac{1}{2\pi\sqrt{L\cfrac{(C_3+C_5)C_4}{C_3+C_5+C_4}}}$$

将数值代入计算可得最小振荡频率为

$$f_{min} = \cfrac{1}{2\pi\sqrt{L\cfrac{(C_3+C_5)C_4}{C_3+C_5+C_4}}} = \cfrac{1}{2\pi\sqrt{3\ \mu H \times \cfrac{(50\ pF+5\ pF)50\ pF}{50\ pF+5\ pF+50\ pF}}} \approx 0.018\ MHz$$

最大振荡频率为

$$f_{max} = \cfrac{1}{2\pi\sqrt{L\cfrac{(C_3+C_5)C_4}{C_3+C_5+C_4}}} = \cfrac{1}{2\pi\sqrt{3\ \mu H \times \cfrac{(50\ pF+25\ pF)50\ pF}{50\ pF+25\ pF+50\ pF}}} \approx 0.029\ MHz$$

模块 6.3　非正弦波信号振荡电路的组成与分析

实训 6.3.1　三角波产生电路的检测

 实训目的

① 熟练掌握利用 Multisim 软件搭建三角波产生电路的方法。

② 通过仿真加深理解三角波产生电路的工作原理。

③ 学习用集成运算放大器组成方波发生器及三角波发生器的方法。

实训测试电路

电路如图 6.39 所示。

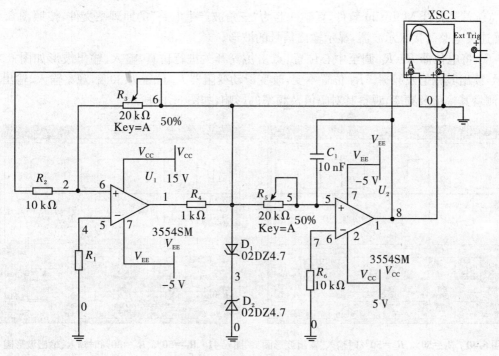

图 6.39　三角波产生电路实验电路

 **实训环境**

① 软件环境：Multisim 软件。
② 硬件环境：计算机、双路直流稳压电源、晶体管毫伏表、电流表、万用表、双踪示波器。

 **实训器材**

① 集成运放：3554SM×2。
② 电阻：10 kΩ×3,1 kΩ×1。
③ 电位器：R_P＝20 kΩ×2。
④ 电容：10 nF×1。
⑤ 稳压二极管：02DZ4.7×2。
⑥ 面包板一块、导线若干等。

 **实训步骤及内容**

图 6.39 所示为一三角波产生电路的实验电路,该电路将迟滞比较器和积分器首尾相接,组成正反馈电路,形成自激振荡。其中第一级迟滞比较器电路为方波产生电路,输出的

方波作为第二级积分器电路的输入,输入方波后经过积分电路进行积分,输出为三角波。也就是说,比较器输出方波,积分器输出三角波。方波发生器由三角波触发,积分器对方波发生器的输出积分,形成一闭环电路。

1. 软件仿真

① 首先打开 Multisim 软件,新建一名为"三角波产生电路"的原理图文件,按照图 6.39 正确连接电路。接入示波器,显示输出信号的波形。

② 将电位器 R_3、R_5 调至中心位置,点击仿真开关进行仿真,输入、输出波形如图 6.40 所示,读出其幅值及频率。R_3 位置不变,改变滑动变阻器 R_5 位置为 30%,观察输入、输出波形、测量其幅值及频率,观察其对幅值及频率的影响,如图 6.41 所示。

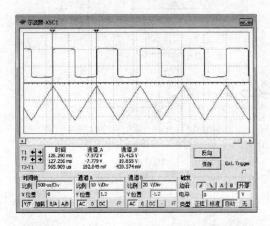
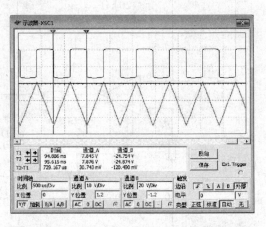

图 6.40　$R_3=50\%$,$R_5=50\%$ 时输入、输出波形图　　图 6.41　$R_3=50\%$,$R_5=30\%$ 时输入、输出波形图

③ 改变滑动变阻器 R_3 位置为 30%,R_5 位置为 50%,观察输入、输出波形、测量其幅值及频率,观察其对幅值及频率的影响,如图 6.42 所示。滑动变阻器 R_3 位置不变,R_5 位置为 30%,观察输入、输出波形、测量其幅值及频率,观察其对幅值及频率的影响,如图 6.43 所示。

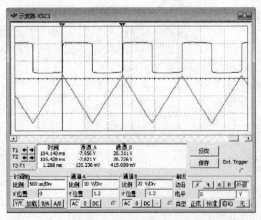
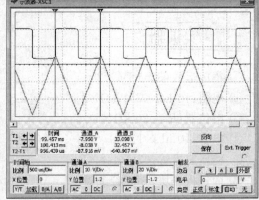

图6.42　$R_3=30\%$,$R_5=50\%$ 时输入、输出波形图　　图 6.43　$R_3=30\%$,$R_5=30\%$ 时输入、输出波形图

④ 不断改变 R_5、R_3 的位置,观察它们对输入、输出波形的影响。

2. 实践操作

① 根据实训电路图 6.39 连接电路,调节双路直流稳压电源均为 5 V,并加入电路(注意正负电源的连接)。

② 将电位器 R_5 调至中心位置,观察并描绘输入、输出波形,测量其幅值及频率,测量 R_5 值,将数据记录在表 6.7 中。

③ 改变滑动变阻器 R_5 位置,观察输入、输出波形、测量其幅值及频率,观察对幅值及频率的影响,数据记录在表 6.7 中。

④ 改变滑动变阻器 R_3 位置,观察输入、输出波形,测量其幅值及频率,观察对幅值及频率的影响,将 R_3 取值 30% 时的数据记录在表 6.7 中。

⑤ 不断改变 R_5、R_3 的位置,观察它们对输入、输出波形的影响。

表 6.7 数据记录表

R_3 位置	R_5 位置	u_i		u_o	
		幅度	频率	幅度	频率
50%	50%				
30%	50%				
50%	30%				
30%	30%				

 实训思考

① 分析当 R_2、R_3 变化时,对输出波形、幅值及频率的影响。
② 观察示波器波形,分析三角波的产生过程。
③ 分析当 R_5 变化时,对输出波形、幅值及频率的影响。
④ 画出三角波的波形图,将实测频率值与仿真值进行比较。

实训 6.3.2　锯齿波产生电路的检测

 实训目的

① 熟练掌握利用 Multisim 软件搭建锯齿波产生电路的方法。
② 通过仿真加深理解锯齿波产生电路的工作原理。
③ 学习用集成运算放大器组成方波发生器及锯齿波发生器的方法。

 实训测试电路

电路如图 6.44 所示。

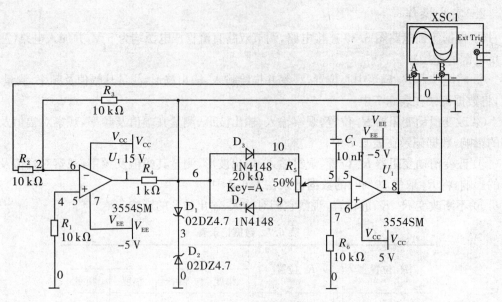

图 6.44　锯齿波产生电路实验电路图

 **实训环境**

① 软件环境：Multisim 软件。

② 硬件环境：计算机、双路直流稳压电源、晶体管毫伏表、电流表、万用表、双踪示波器。

 **实训器材**

① 集成运放：3554SM×2。

② 电阻：10 kΩ×4，1 kΩ×1。

③ 电位器：R_P = 20 kΩ×1。

④ 电容：10 nF×1。

⑤ 稳压二极管：02DZ4.7×2；二极管：1N4118×2。

⑥ 面包板一块、导线若干等。

 **实训步骤及内容**

图 6.44 所示为一锯齿波产生电路的实验电路。该电路将迟滞比较器和积分器首尾相接，组成正反馈电路，形成自激振荡。其中第一级迟滞比较器电路为方波产生电路，输出的方波作为第二级电路的输入，输入方波后输出为锯齿波。

1. **软件仿真**

① 首先打开 Multisim 软件，新建一名为"锯齿波产生电路"的原理图文件，按照图 6.44 正确连接电路。接入示波器，显示输出信号的波形。反复调节滑动变阻器 R_5 的百分比，以此来控制 D_3 和 D_4 的充放电时间。

② 调节滑动变阻器 R_5 为 30% 时，观察输出的负向锯齿波，如图 6.45 所示。

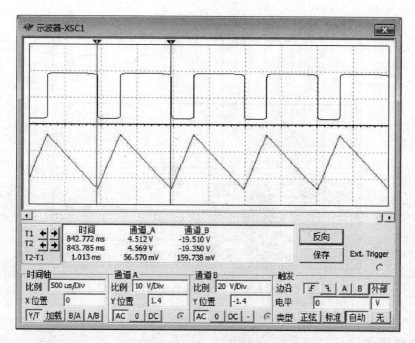

图 6.45　输出波形为负向锯齿波图

③ 调节滑动变阻器 R_5 为 70％时,观察输出的正向锯齿波,如图 6.46 所示。

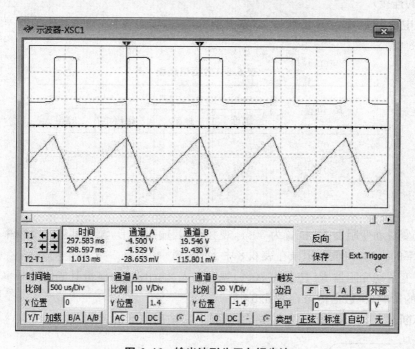

图 6.46　输出波形为正向锯齿波

④ 调节滑动变阻器 R_5 为 50％时,输出的锯齿波此时变成三角波,如图 6.47 所示。

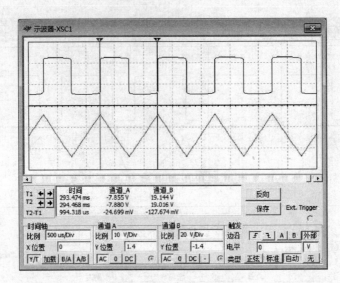

图 6.47 输出波形为三角波

2. 实践操作

① 根据实训电路图 6.44 连接电路,调节双路直流稳压电源均为 5 V,并加入电路(注意正负电源的连接)。

② 将电位器 R_5 调至中心位置,观察并描绘输入、输出波形,测量其幅值频率,将数据记录在表 6.8 中。

表 6.8 数据记录表

R_5 位置	u_i		u_o	
	幅度	频率	幅度	频率
50%				
30%				
70%				

③ 改变滑动变阻器 R_5 位置为 30%,观察输入、输出波形,测量其幅值及频率,观察其对幅值及频率的影响,将数据记录在表 6.8 中。

④ 改变滑动变阻器 R_5 位置为 70%,观察输入、输出波形,测量其幅值及频率,观察对幅值及频率的影响,将数据记录在表 6.8 中。

⑤ 不断改变 R_5、R_3 的位置,观察它们对输入、输出波形的影响。

实训思考

① 分析当 R_5 变化时,对输出波形、幅值及频率的影响。

② 观察示波器波形,分析锯齿波的产生过程。

③ 画出 R_5 不同位置时,锯齿波的波形图。将实测频率值与仿真值进行比较。

项目小结

1. 正弦振荡的条件电路的组成,放大电路、选频网络、正反馈网络和稳幅环节在正弦振荡电路中所起的作用。

2. RC、LC、石英晶体正弦波振荡电路振荡频率的范围及应用场合。

3. 判断电路是否可能产生正弦波振荡的方法。

4. RC 串并联网络的选频特性。

5. 怎样利用 RC 串并联网络作为选频网络和正反馈网络组成桥式正弦波振荡电路? 应该选用什么样的放大电路? 为什么电路中还引入电压串联负反馈,有什么好处? 桥式正弦波振荡电路的特点是什么?

6. 为什么 LC 正弦波振荡电路中采用分立元件放大电路,有些情况下还采用共基放大电路;如何将 LC 正弦波振荡电路从变压器反馈式演变为电感三点式再演变为电容三点式,进而演变为改进型电容三点式电路? 根据什么需求产生这些变换? 上述电路分别有什么特点?

7. 石英晶体及其组成的正弦波振荡电路的工作原理和特点。

习 题

6.1 判断题:

(1) 信号产生电路是用来产生正弦波信号的。   (   )

(2) RC 桥式振荡电路中,RC 串并联网络既是选频网络又是正反馈网络。   (   )

(3) 电路中存在正反馈,就会产生自激振荡。   (   )

(4) 理想集成运放用作电压比较器时,其输出电压应为高电平或低电平。   (   )

(5) 单限电压比较器比迟滞比较器灵敏,但不如后者抗干扰能力强。   (   )

(6) 迟滞比较器的回差电压越大,其抗干扰能力越强。   (   )

(7) 振荡器中的放大电路都由集成运放构成。   (   )

(8) 负反馈放大电路不可能产生自激振荡。   (   )

(9) 迟滞比较器具有两个门限电压,因此当输入电压从小到大逐渐增大经过两个门限电压时,会发生两次跳变。   (   )

(10) 单限电压比较器中的集成运放工作在非线性状态,迟滞比较器中的集成运放工作在线性状态。   (   )

6.2 填空题:

(1) 正弦波振荡电路的振幅平衡条件是_____,相位平衡条件是_____。

(2) 一迟滞电压比较器,当输入信号增大到 3 V 时输出信号发生负跳变,当输入信号减小到 -1 V 时发生正跳变,则该迟滞比较器的上门限电压是_____,下门限电压是_____,

回差电压是_____。

（3）LC 谐振回路发生谐振时，等效为_____。LC 振荡电路的_____取决于 LC 谐振回路的谐振频率。

（4）比较器_____电平发生跳变时的_____电压称为门限电压，过零电压比较器的门限电压是_____。

（5）一单限电压比较器，其饱和输出电压为 ± 12 V，若反相端输入电压为 3 V，则当同相端输入电压为 4 V 时，输出_____V；当同相端输入电压为 2 V 时，输出为_____V。

（6）在 RC 桥式正弦波振荡电路中，通过 RC 串并联网络引入的反馈是_____反馈。

（7）正弦波振荡电路的振幅起振条件是_____，相位起振条件是_____。

6.3 电路如图 6.48 所示，已知 $L_1 = 40 \ \mu H$，$L_2 = 15 \ \mu H$，$M = 10 \ \mu H$，$C = 470$ pF。（1）画出其交流通路（偏置电路和负载电路可不画出），并用相位条件判别该电路能否振荡。图中电容 C_B、C_E、C_C 和 C_L 为隔直、耦合或旁路电容。（2）电路如能振荡，试指出电路类型，并计算振荡器的振荡频率 f_0。（3）说明图中 L_3 在电路中的作用。

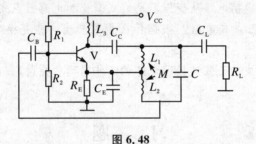

图 6.48

6.4 振荡电路如图 6.49 所示，已知 $L = 25 \ \mu H$，$Q = 100$，$C_1 = 500$ pF，$C_2 = 1000$ pF，C_3 为可变电容，且调节范围为 $10 \sim 30$ pF，试求振荡器振荡频率 f_0 的变化范围。

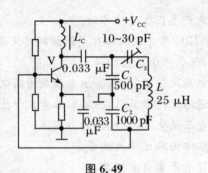

图 6.49

项目 7　功率放大器

学习目标

1. 了解功率放大电路的组成及功放管的选用原则。
2. 理解乙类双电源互补对称功率放大电路的交越失真。
3. 掌握甲乙类互补对称功率放大电路的工作原理及输出功率和效率估算。
4. 掌握 OCL、OTL 集成电路的型号、性能指标及实用电路。

模块 7.1　乙类互补对称功率放大电路的调试、分析与检测

实际应用中往往要求电路有较大的功率输出,去控制如扬声器、伺服电机等执行机构,这就不仅要输出足够大的信号电压,也要输出足够大的信号电流。功率放大电路则以向负载输出功率为主要目的,实现对信号进行功率放大的电路称为功率放大电路,简称功放。

1. 功率放大电路的特点

功率放大电路与电压放大电路没有本质的区别,它们都是将电源的直流功率转换成被放大信号的交流功率。但功率放大电路又有其自己的特点,主要是下面几点:

① 输出功率要足够大。功率放大电路的输出负载一般都需要较大功率。为了满足这个要求,功率放大器的输出电压和电流的幅值都应较大,功率放大器(功放管)往往接近极限运用状态。对功率放大级的分析,小信号模型已不再适用,常采用图解分析法。

② 效率要高。所谓效率,就是负载所得到的有用信号功率与直流电源提供的直流功率的比值。由于功率放大器件工作在大信号状态,输出功率大,消耗在功率放大器件和电路上的功率也大,因此必须尽可能降低在功率放大器和电路上的功率,提高效率。

③ 非线性失真要小。由于功率放大器件在大信号下工作,动态工作点易进入非线性区,为此在功放电路设计、调试过程中,必须将非线性失真限制在允许范围内。减小非线性失真与输出功率要大又互相矛盾,在使用功率放大器时,要根据实际情况选择。例如在电声设备中,减小非线性失真就是主要问题,而在驱动继电器等场合下,对非线性失真的要求就降为次要问题了。

④ 采用散热措施。在功率放大器中,晶体管本身也要消耗一部分功耗,直接表现为管子的结温升高,若结温升高到一定程度以后,管子就要损坏。因而输出功率受到管子允许的最大集电极损耗功率的限制。采取适当的散热措施,改善热稳定性,就可能充分发挥管子的潜力,增加输出功率。

2. 功率放大电路的类型

功率放大电路类型很多,根据不同的标准,有不同的分类方法。

(1) 按工作频率的不同

按放大信号频率的不同可分为低频功率放大电路和高频功率放大电路。本章介绍的是低频功率放大电路。

(2) 按晶体管导通时间的不同

功率放大电路按晶体管导通时间的不同,一般可分为甲类、乙类、甲乙类和丙类功率放大电路。

在输入为正弦信号情况下,三极管在整个周期内均有电流流通的称为甲类工作状态(或称A类),如图 7.1(a)所示,其特点是:非线性失真小,但管耗大,效率低,最高不超过 50%。在正弦信号一个周期中,三极管只有半周导通的称为乙类工作状态(或称 B 类),如图 7.1(b)所示,其特点是:管子仅在半个周期内导通,故管耗小,效率高,但波形失真严重。导通时间大于半个周期而小于全周期的称为甲乙类工作状态(或称 AB 类),如图 7.1(c)所示,其特点是:管子导通时间大于半个周期,小于一个周期;静态工作点低,电路功耗低,效率较高。甲乙类电路既提高了能量的转换效率,又解决了交越失真问题。在低频功率放大电路中主要用乙类或甲乙类功率放大电路。

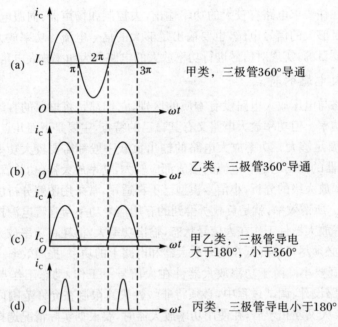

图 7.1 三种工作状态的集电极电流波形

(3) 按构成放大电路的器件的不同

功率放大电路有分立元件功放和集成功放之分。分立元件构成的功率放大电路使用时元件较多,电路设计要求严格,对元件的要求也比较高。集成功放主要优点是使用方便,性能好。

(4) 按电路形式的不同

功率放大电路有 OTL(Output Transformerless,无输出变压器)、OCL(Output Capacitorless,无输出电容)和 BTL(Balanced Transformerless,平衡式无输出变压器)三种形式。

实训 7.1.1 乙类双电源互补对称功率放大电路的仿真、调试与检测

实训目的

① 观察乙类互补对称功放电路输出波形。
② 掌握用 Multisim 进行直流分析的方法。
③ 理解产生交越失真的原因和改善的方法。

实训测试电路

电路如图 7.2 所示。

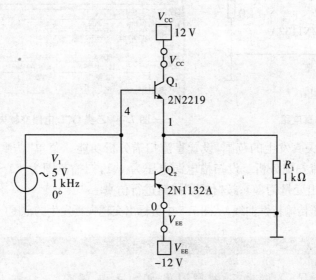

图 7.2 乙类 OCL 功率放大电路图

典型乙类 OCL 功率放大电路如图 7.2 所示。电路采用 ±12 V 双电源供电,输入信号为 5 V、1 kHz 的正弦信号。示波器 A 通道用于观察输入信号波形,B 通道用于观察输出信号波形。

实训环境

① 软件环境:Multisim 软件。
② 硬件环境:计算机、双踪示波器等仪器。

实训步骤及内容

1. 软件仿真

首先打开 Multisim 软件,新建一名为"乙类放大电路"的原理图文件,按照图 7.2 正确

连接电路。仿真电路如图 7.3 所示。

双击示波器图标打开功能面板,适当地调整示波器参数,显示输入、输出波形如图 7.4 所示,可见此时输出波形有交越失真产生。

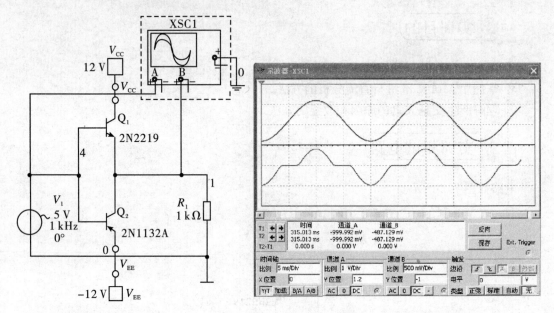

图 7.3　仿真电路　　　　　　图 7.4　乙类 OCL 电路交越失真的波形

为了求出交越失真发生的范围,设置直流扫描分析功能。菜单"仿真-分析- DC Sweep Analysis",进行直流扫描分析。设扫描电源电压为 vv1,扫描范围为 $-1 \sim +1$ V,扫描步长为 0.01 V,设置输出变量为 V1;按"仿真"按钮进行仿真。

仿真后得到电压传输特性曲线,从图 7.5 中可标出交越失真发生的范围($-0.6 \sim +0.6$ V)。

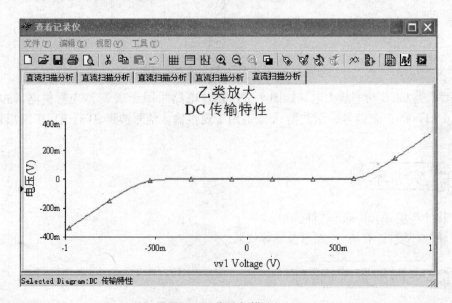

图 7.5　直流扫描分析

知识 7.1.1　乙类双电源互补对称功率放大电路的分析与估算

根据输出波形合成方法的不同,乙类推挽功率放大电路有两种结构,分别称为变压器耦合乙类推挽功率放大电路和无输出变压器乙类推挽功率放大电路。目前大量使用的是无变压器的乙类互补对称功率放大电路,此类电路按电源供给的不同分为双电源互补对称功率放大电路和单电源互补对称功率放大电路。

1. 乙类推挽功率放大电路

（1）电路组成

采用正、负电源构成的乙类推挽功率放大电路选用两个互补对称的 NPN 和 PNP 管子并且性能参数完全相同,使 NPN 管在正弦信号的正半周工作,PNP 管在负半周工作,从而在负载上可以得到一个不失真的完整的波形。电路如 7.6 所示。由于该电路中两个管子导电特性互为补充,电路对称,因此该电路称为乙类互补推挽功率放大电路,又称为 OCL 电路。

（2）基本工作原理

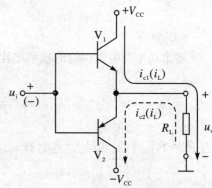

图 7.6　乙类双电源互补推挽功放电路

当 $u_i = 0$ 时,V_2,V_1 都截止,静态电流为零,由于两个三极管互补对称并且性能参数完全相同,输出端的静态电压为零。

当输入正弦交流波形时,若信号处于正弦信号的正半周,V_2 截止,V_1 导通,有电流 i_{c1} (i_L) 从电源 $+V_{cc}$ 经 V_1 通过负载 R_L;当信号处于正弦信号的负半周时,V_1 截止,V_2 导通,有电流 $i_{c2}(i_L)$ 从电源 $-V_{cc}$ 经 V_2 通过负载 R_L。可见,V_1 和 V_2 轮流导通,在负载 R_L 上得到一个完整的波形。这种电路由两管构成互补推挽输出,常称为乙类互补推挽功放电路。

OCL 互补对称电路的特点是:双电源供电,不需输出电容,频率特性好,可以放大慢变化的信号。其主要缺点是:电路中两个三极管的发射极直接连到负载电阻上,假如静态工作点失调或电路内元器件损坏,将会使一个较大的电流流过负载,可能造成电路损坏。为了解决这个问题,实际工作中常常采取保护措施,即在负载回路接入熔断丝。

2. 乙类 OCL 推挽功率放大电路性能的估算

功率和效率是功率放大电路的主要性能指标。下面我们分析功率、效率及管耗的计算。

（1）最大输出功率

输出电流 i_O 和输出电压 u_O 有效值的乘积,就是功率放大电路的输出功率。

$$P_O = \frac{U_{om}^2}{2R_L} = \frac{1}{2} I_{cm}^2 R_L$$

即

$$P_{om} = \frac{1}{2} \frac{V_{cc}^2}{R_L}$$

（2）电源提供的功率

电源提供的平均功率为

$$P_{DC} = \frac{1}{2\pi}\int_0^\pi V_{CC} i_{C1} \mathrm{d}(\omega t) + \frac{1}{2\pi}\int_0^\pi (-V_{CC})(-i_{C2})\mathrm{d}(\omega t)$$

$$= \frac{1}{\pi}\int_0^\pi V_{CC} I_{cm}\sin\omega t\,\mathrm{d}(\omega t)$$

$$= \frac{2}{\pi} V_{CC} I_{cm}$$

当 $u_O = V_{CC}$ 时,电源所提供的功率最大,其大小为

$$P_{DC} = \frac{2}{\pi}\frac{V_{CC}^2}{R_L}$$

（3）效率

输出功率与电源供给的功率之比称为效率。

$$\eta = \frac{P_O}{P_{DC}} = \frac{\frac{1}{2}U_{cem} I_{cm}}{\frac{2}{\pi}V_{CC} I_{cm}} = \frac{\pi}{4}\frac{U_{om}}{V_{CC}}$$

当 $P_O = P_{OM}$ 时,效率最大,此时有 $u_{cem}\approx V_{CC}$,所以

$$\eta_m \approx \frac{\pi}{4} = 78.5\%$$

（4）管耗

由于每只管子只导通半个周期,因而每只管子的损耗为

$$P_{C1} = \frac{1}{2\pi}\int_0^{2\pi} u_{CE1} i_{C1} \mathrm{d}(\omega t)$$

$$= \frac{1}{2\pi}\int_0^\pi (V_{CC} - U_{cem}\sin\omega t)\frac{U_{cem}\sin\omega t}{R_L}\mathrm{d}(\omega t)$$

$$= \frac{1}{R_L}\left(\frac{V_{CC} U_{cem}}{\pi} - \frac{U_{cem}^2}{4}\right)$$

当输出功率最大时,$u_{cem}\approx V_{CC}$,此时每管的管耗为

$$P_{C1} = \frac{1}{R_L}\left(\frac{V_{CC}^2}{\pi} - \frac{V_{CC}^2}{4}\right) = \frac{V_{CC}^2}{R_L}\frac{4-\pi}{4\pi} \approx 0.137 P_{OM}$$

每管的最大管耗为

$$P_{cm1} \approx 0.2 P_{om}$$

3. 功率放大管的选择

根据以上分析,要使功放管在输出最大功率的情况下安全工作,每只功率管的参数必须满足下列条件:

① 集电极最大功耗 $P_{CM} > 0.2 P_{OM}$;

② 基极开路击穿电压 $u_{(BE)CEO} > 2V_{CC}$;

③ 集电极最大电流 $I_{CM} > V_{CC}/R_L$。

【例7.1】 若采用如图7.2所示的乙类推挽功率放大电路,已知:$V_{CC} = V_{EE} = 24\text{ V}$,$R_L = 8\ \Omega$,忽略 $u_{CE(sat)}$,求 P_{om} 以及此时的 P_{DC}、P_{C1},并选择合适的功率管。

解:

$$P_{om} = \frac{V_{CC}^2}{2R_L} = \frac{24^2}{2\times 8} = 36(\text{W})$$

$$P_{DC} = \frac{2}{\pi} \frac{V_{CC}^2}{R_L} = 2 \times 24^2 / (\pi \times 8) = 45.9 \ (W)$$

因此

$$P_{C1} = \frac{1}{2}(P_{DC} - P_o) = 0.5(45.9 - 36) = 4.9 \ (W)$$

因为每只管子的极限参数为

$$P_{cm1} = 0.2 \times 36 = 7.2 \ (W)$$

所以查阅有关手册可选:

$$U_{(BR)CEO} > 48 \ V$$
$$I_{CM} > 24/8 = 3 \ (A)$$
$$P_{CM} = 10 \sim 15 \ W$$
$$U_{(BR)CEO} = 60 \sim 100 \ V$$
$$I_{CM} = 5 \ A$$

知识 7.1.2　乙类单电源互补对称功率放大电路的分析与估算

1. 乙类 OTL 推挽功率放大电路

OCL 电路具有很多优点,但采用双电源供电的方式很不方便。下面介绍一种单电源供电的互补对称电路,即 OTL 电路。电路如图 7.7 所示,与乙类双电源互补对称功率放大电路相比,在输出端负载支路中串接了一个大容量电容 C_L。

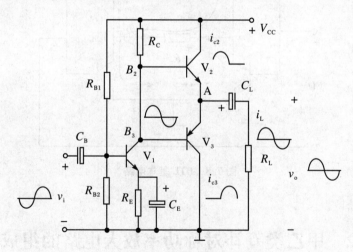

图 7.7　乙类 OTL 推挽功率放大电路

（1）电路组成

图 7.7 中,V_1 组成电压放大级,R 为其集电极负载。V_2、V_3 是一对性能相近的异型管,它们组成互补对称电路。由于 V_2、V_3 特性对称,且它们在电路中是串联的,所以静态时 A 点电位应为 $V_{cc}/2$,电容 C_L 上的电压也为 $V_{cc}/2$。由于 C_L 容量很大,满足 $R_L C_L \gg T$（信号周期）,故有信号输入时,电容两端电压基本不变,可视为一恒定值 $V_{cc}/2$。该电路就是利用大电容的储能作用,来充当另一组电源 $-V_{CC}$,使该电路完全等同于双电源时的情况。此外,C_L 还有隔直作用。电路中,V_1 的偏置由 V_{cc} 通过 R_{B1}、R_{B2} 提供。由此可见,OTL 电路和正负电

源各为 V_{cc} 的 OCL 电路完全相同。

（2）基本工作原理

输入信号电压负半周，经 V_1 倒相放大，V_1 集电极电压瞬时极性为"正"，V_2 正向偏置导通，V_3 反向偏置截止。经 V_2 放大后的电流经 C_L 送给负载 R_L，且对 C_L 充电，R_L 上获得正半周电压。

输入信号的正半周，经 V_1 倒相放大，V_1 集电极电压瞬时极性为"负"，V_2 反向偏置截止，V_3 正向偏置导通。C_L 放电，经 V_3 放大后的电流由该管集电极经 R_L 和 C_L 流回发射极，负载 R_L 上获得负半周电压。

它的特点是：采用互补对称电路，有输出电容，单电源供电，电路轻便可靠。电路的频率特性也比较好，是目前常见的一种功率放大电路。

2. 乙类 BTL 推挽功率放大电路

OTL 和 OCL 两种功放电路的效率很高，但是他们的电源电压的利用率不高。电路的最大输出功率就受到限制而不能很大。为了提高电源的利用率，也就是在较低电源电压的作用下，使负载获得较大的输出功率，一般采用平衡式无输出变压器电路，又称为 BTL 电路，如图 7.8 所示。它的特点是：静态时，由于四个三极管参数一致，输出为零。负载 R_L 上获得的功率就是一对推挽管功放（OTL 或 OCL）的四倍输出。

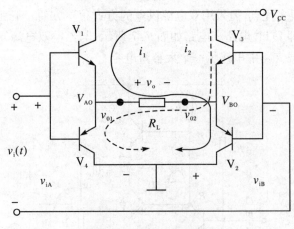

图 7.8　BTL 基本电路

模块 7.2　甲乙类互补对称功率放大电路的组成与分析

在乙类功率放大电路中，当 u_i 的绝对值小于死区电压时，三极管为截止状态，使其输出波形在过零附近有一段较严重的失真，这种现象称为交越失真，如图 7.9 所示。输入信号幅度越小，交越失真越明显。

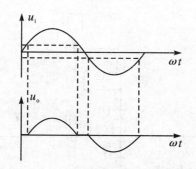

图 7.9　乙类放大电路的交越失真现象

为了消除交越失真,OCL(输出无电容)电路通常给 V_1、V_2 加上较小的正向偏压(甲乙类偏置),使三极管工作于接近乙类的甲乙类状态,故这种电路称为甲乙类互补对称电路,如图 7.10 所示。

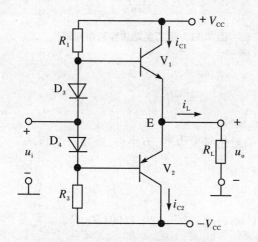

图 7.10　OCL 甲乙类互补推挽功率放大电路

实训 7.2.1　甲乙类互补对称功率放大电路的仿真、调试与检测

实训目的

① 观察甲乙类互补对称功放电路输出波形。
② 掌握用 Multisim 进行直流分析的方法。
③ 理解产生交越失真的原因和改善的方法。

实训测试电路

电路如图 7.11 所示。

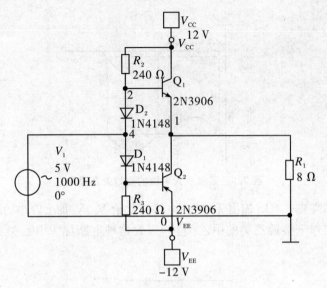

图 7.11　甲乙类功放实验电路图

 实训环境

① 软件环境：Multisim 软件。
② 硬件环境：计算机、函数信号发生器、万用表、双踪示波器。

 实训器材

① 三极管：3DG12×1(9031×1)，3CG12×1(9012×1)。
② 晶体二极管：2CP×1。
③ 电阻：240 Ω×2，8 Ω 喇叭×1。
④ 面包板一块、导线若干等。

 实训步骤及内容

1. 软件仿真

首先打开 Multisim 软件，新建一名为"甲乙类功放电路"的原理图文件，按照图 7.11 正确连接电路。其中 u_i 取 1 kHz 的正弦信号，幅度为 5 V，V_{CC} 和 V_{EE} 为直流电源，其大小分别为 12 V 和－12 V。仿真电路如图 7.12 所示。

双击示波器图标打开功能面板，适当地调整示波器参数，显示输入、输出波形如图 7.13 所示，可见此时交越失真已明显削弱，几乎观察不到。

设置直流扫描分析功能。菜单"仿真-分析- DC Sweep Analysis"，进行直流扫描分析，如图 7.14 所示。设扫描电源电压为 vv1，扫描范围为－10～＋10 V，扫描步长为 0.01 V，设置输出变量为 V1，按"仿真"按钮进行仿真。

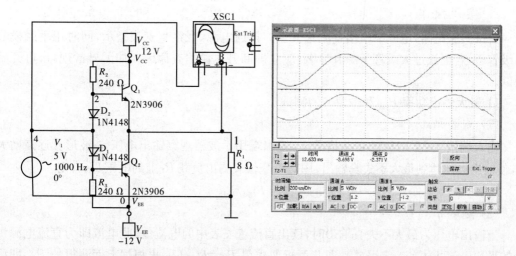

图 7.12　仿真电路　　　　　　图 7.13　甲乙类功放电路仿真波形

　　重新设置瞬态分析,仿真观察输出、输入波形;然后启动后处理程序,输入合适的函数得到输出功率 P_O、效率 η 和功率管管耗 P_{T1} 的仿真曲线,启用游标得到甲乙类互补对称功率放大电路的输出功率、效率和管耗,如图 7.15、图 7.16、图 7.17 所示。

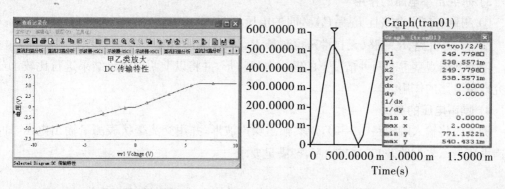

图 7.14　直流扫描分析　　　　　　图 7.15　输出功率曲线(输出功率 $P_O = 0.538$ W)

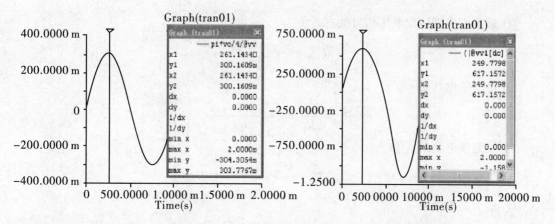

图 7.16　效率曲线(效率 $\eta = 30\%$)　　　　　　图 7.17　管耗曲线(管耗 $P_{T1} = 0.617$ W)

2. 实践操作

连接实验电路,电源中串接直流毫安表。接通电源,观察毫安表指示,同时用手触摸输出级管子,若电流过大或管子温升显著,应立即断开电源检查原因。如无异常现象,可开始调试。

1) 最大输出功率 P_{OM} 和效率 η 的测试

(1) 测量 P_{OM}

输入端接 $f=1$ kHz 的正弦信号 u_i,输出端用示波器观察输出电压 u_O 波形。逐渐增大 u_i,使输出电压达到最大不失真输出,用交流毫伏表测出负载 R_L 上的电压 U_{OM},则

$$P_{OM}=P_{OM}^2/R_L$$

(2) 测量 η

当输出电压为最大不失真输出时,读出直流毫安表中的电流值,此电流即为直流电源供给的平均电流 I_{ac}(有一定误差),即此可近似求得 $P_E=U_{CC}I_{CC}$,再根据上面测得的 P_{OM} 即可求出 $\eta=P_{OM}/P_E$。

2) 输入灵敏度测试

根据输入灵敏度的定义,只要测出功率 $P_O=P_{OM}$ 时的输入电压值 u_i 即可。

3) 研究自举电路的作用

① 测量有自举电路且 $P_O=P_{OMAX}$ 时的电压增益 $A_U=u_{OM}/u_i$。

② 当 C_2 开路,R 短路(无自举),再测量 $P_O=P_{OMAX}$ 的 A_U。

用示波器观察①②两种情况下的输出电压波形,并将以上两项测量结果进行比较,分析研究自举电路的作用。

4) 噪声电压的测试

测量时将输入端短路($u_i=0$),观察输出噪声波形,并用交流毫伏表测量输出电压,即为噪声电压 U_N,本电路若 $U_N<15$ mV,即满足要求。

知识 7.2.1 甲乙类互补对称功率放大电路的分析与估算

① 最大不失真输出电压信号的有效值为

$$U_{om}=\frac{V_{CC}-U_{CES}}{\sqrt{2}}$$

② 最大输出功率

$$P_{om}=\frac{U_{om}^2}{R_L}=\frac{(V_{CC}-U_{CES})^2}{2R_L}$$

③ 集电极电流最大值

$$I_{cm}=\frac{V_{CC}-U_{CES}}{R_L}$$

④ 最大转换效率

$$\eta=\frac{P_{om}}{P_E}=\frac{\pi}{4}\cdot\frac{V_{CC}-U_{CES}}{V_{CC}}$$

在理想情况下,即忽略饱和压降的情况下,$\eta\approx78.5\%$。

资料 1　复合管互补对称功率放大电路

在实际中,一般小功率管容易配对,但对于大功率管比较困难,因而一般可以采用复合管(达林顿管)代替互补对称管,构成 OCL 准互补对称推挽功率放大器。

复合管是把两个或两个以上的晶体管的电极适当联接起来,等效为一个管子使用,即为复合,如图 7.18 所示。

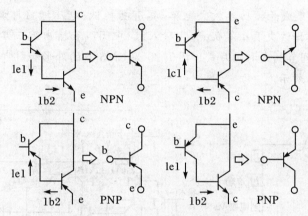

图 7.18　复合管的复合方法

下面简要介绍一下复合管的复合方法:

① 两管复合时,应将第一只管子的 c-e 接到第二只管子的 b-c 极。

② 复合管的导电类型(NPN 或 PNP)决定于前一管。

③ 复合管的电极名称与前一管的相应电极名称相同。

④ 复合管的功率决定于第二管(实际使用时,一般小功率管在前,大功率管在后,所以可用小功率异型对管和大功率异型对管复合来代替大功率异型对管)。为了使复合管仍具有一定的热稳定特性,一般最多有三只管子复合,且要另加泄放电阻。

⑤ 两管复合后的放大倍数等于两者乘积。

采用复合管的 OCL 电路如图 7.19 所示。

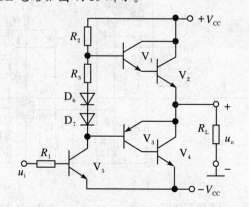

图 7.19　OCL 甲乙类准互补推挽功率放大电路

资料 2 LM386 集成功率放大器及其应用

随着科技的发展,集成功率放大电路具有线路简单,性能优越,工作可靠,调试方便而且在性能上也优于分立元件等优点,应用越来越广泛。下面介绍几种常用的集成功率放大电路。

(1) LM386 集成功率放大电路

LM386 是一种集成音频功率放大电路,具有功耗低、电压增益可调整、电源电压范围大、外接元件少和总谐波失真小等优点,由输入级、中间级和输出级三部分组成。其封装形式有塑封 8 引线双列直插式和贴片式。图 7.20 为 LM386 的外形和引脚排列图。LM386 的内部结构如图 7.21 所示。

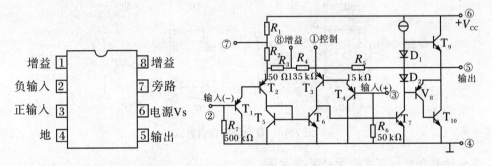

图 7.20 LM386 的外部引线图   图 7.21 LM386 的内部结构电路图

(2) LA4112 集成功率放大电路

LA4112 集成音频功率放大电路在音响集成电路中被推荐为优先采用的功放电路,电路内部具有静噪电路和纹波滤波器。LA4112 是一种塑料封装十四脚的双列直插器件,本身带有散热片。它的外形及管脚排列如图 7.22 所示。它的内部电路如图 7.23 所示,由三级电压放大,一级功率放大以及偏置、恒流、反馈、退耦电路组成。

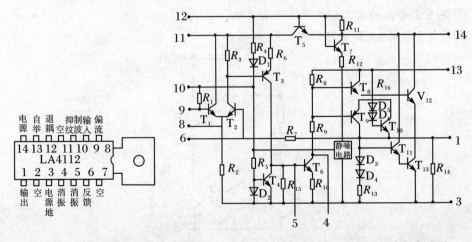

图 7.22 LA4112 外形及管脚排列图图   7.23 LA4112 内部电路图

项目小结

1. 功率放大电路的主要任务是在非线性失真允许的范围内,高效地获得尽可能大的输出功率。功率放大电路的主要性能指标有输出功率和效率。

2. 低频功率放大电路按晶体管导通时间的不同划分主要有甲类、乙类和甲乙类三种。常采用乙类(或甲乙类)工作状态来降低管耗,提高效率。互补对称功率放大电路有双电源供电 OCL 电路和单电源供电 OTL 电路。

3. 为了克服交越失真,常采用二极管偏置甲乙类互补对称电路。

4. OCL 电路采用双电源供电,输出无耦合电容;而 OTL 电路采用单电源供电,输出有耦合电容。在极限运用情况下,它们的输出电压最大幅值相差一倍。BTL 电路和同种供电方式的 OTL 和 OCL 电路比较,其输出电压提高一倍,输出功率提高四倍。

5. 由于集成功率放大电路具有体积小、重量轻、安装调试简单、使用方便的特点,内部还设置了各种保护电路,在电路性能上十分优越;所以在实际生产中得到了广泛应用。

习　题

7.1　填空题:

(1) 功率放大电路中 OCL 表示_____,OTL 表示_____。

(2) 为了提高功率放大电路的输出功率,一般采用的方法是_____,为了提高功率放大器的效率采用的常用措施有_____。

(3) 甲类、乙类和甲乙类放大电路中,_____电路导通角最大;_____电路效率较高;_____电路交越失真最大,为了消除交越失真而又有较高的效率一般采用_____电路。

(4) 在理想情况下,OCL 电路的 $V_{CC}=12$ V,$R_L=10$ Ω 负载上得到的最大输出功率为_____。

7.2　分析下列说法是否正确,凡对者在括号内打"√",凡错者在括号内打"×"。

(1) 乙类功率放大器的效率比甲类的高。　　　　　　　　　　　　　　　( )

(2) 功率放大器输出最大功率时,管子发热最严重。　　　　　　　　　　( )

(3) 在功率放大电路中,输出功率愈大,功放管的功耗愈大。　　　　　　( )

(4) 功率放大电路的最大输出功率是指在基本不失真情况下,负载上可能获得的最大交流功率。　　　　　　　　　　　　　　　　　　　　　　　　　　　( )

(5) 复合管的导电类型取决于第一个管子,其电流放大系数为两只管子电流放大系数之和。　　　　　　　　　　　　　　　　　　　　　　　　　　　　( )

(6) 电路如图 7.10 所示,电路中 D_3 和 D_4 管的作用是消除交越失真。　　( )

(7) 电路如图 7.10 所示,当输入为正弦波时,若 R_1 虚焊,即开路,则输出电压仅有正

半波。　　　　　　　　　　　　　　　　　　　　　　　　　　　　　　　　（　　）

　　(8) 电路如图 7.10 所示,若 D_1 虚焊,则 T_1 管始终截止。　　　　　　　　（　　）

　　7.3　已知电路如图 7.10 所示,V_1 和 V_2 管的饱和管压降 $|u_{CES}|=3$ V,电源 $V_{CC}=15$ V,负载 $R_L=8$ Ω。求该电路的最大输出功率和最大转换效率。

项目 8　直流稳压电源的分析与检测

学习目标
1. 掌握直流稳压电源的组成。
2. 掌握各种集成稳压器的使用方法。
3. 掌握串联型集成稳压电路的工作原理。
4. 掌握三端线性集成稳压器的使用常识及其常见实用电路。

模块 8.1　串联型直流稳压电路的分析与测试

生活中许多电器设备都需要使用直流电源,而电力工厂输送出来的是工频(50 Hz)220 V的交流电。这就需要直流稳压电源将 220 V 工频交流电转换成用电设备所需要的直流电。常用的稳压电源外形如图 8.1 所示。

图 8.1　稳压电源的外形

直流稳压电源的作用是将交流电压转换成输出幅值稳定的直流电压。它通常由电源变压器、整流、滤波和稳压电路等四部分组成,其方框图如图 8.2 所示。

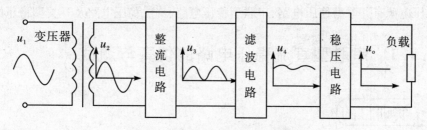

图 8.2　直流稳压电源的组成框图

直流稳压电源的工作过程是:首先将民用交流电 220 V 经过电源变压器降压,转换成所需幅值的交流电压;其次将交流电压通过整流电路转换成单向脉动的直流电压;然后将脉动的直流电压通过滤波电路将其中的交流成分滤去,使滤波后直流电压变得比较平滑;最后将滤波后的直流电压通过稳压电路,当交流电源电压波动或负载变化时,以维持输出电压的基本稳定。

直流稳压电源的技术指标及对稳压电源的要求:稳压电源的技术指标可以分为两大类,一类是特性指标,如输出电压、输出电流及电压调节范围;另一类是质量指标,反映一个稳压电源的优劣,包括稳定度、等效内阻(输出电阻)、纹波电压及温度系数等。对稳压电源的性能,主要有以下四个方面的要求:

1. 稳定性好

当输入电压 U_{sr}(整流、滤波的输出电压)在规定范围内变动时,输出电压 U_{sc} 的变化应该很小,一般要求 $\dfrac{\Delta U_{sc}}{U_{sc}} \leqslant 1\%$。

由于输入电压变化而引起的输出电压变化的程度,称为稳定度指标,常用稳压系数 S 来表示;S 的大小反映一个稳压电源克服输入电压变化的能力。在同样的输入电压变化条件下,S 越小,输出电压的变化越小,电源的稳定度越高。通常 S 约为 $10^{-2} \sim 10^{-4}$。

$$S = \frac{\Delta U_{sc}}{\Delta U_{sr}} \cdot \frac{U_{sr}}{U_{sc}}$$

2. 输出电阻小

负载变化时(从空载到满载),输出电压 U_{sc} 应基本保持不变。稳压电源这方面的性能可用输出电阻表征。输出电阻(又叫等效内阻)用 r 表示,它等于输出电压变化量和负载电流变化量之比。r 反映负载变动时输出电压维持恒定的能力,r 越小,则负载变化时输出电压的变化也越小。性能优良的稳压电源,输出电阻可小到 1 Ω,甚至 0.01 Ω。

3. 电压温度系数小

当环境温度变化时,会引起输出电压的漂移。良好的稳压电源,应在环境温度变化时有效地抑制输出电压的漂移,保持输出电压稳定,输出电压的漂移用温度系数 K_T 来表示。

4. 输出电压纹波小

所谓纹波电压,是指输出电压中 50 Hz 或 100 Hz 的交流分量,通常用有效值或峰值表示。经过稳压作用,可以使整流滤波后的纹波电压大大降低,降低的倍数反比于稳压系数 S。

前面我们已经对直流稳压电源中的整流和滤波电路作了详细介绍,下面重点介绍稳压电路。稳压电源有并联型稳压电路、串联型稳压电路、集成稳压电路及开关型稳压电路。

实训 8.1.1　串联型直流稳压电路的仿真与测试

 实训目的

① 熟悉 Multisim 软件的使用方法。
② 进一步熟悉单项桥式整流、电容滤波电路的特性。
③ 掌握串联型晶体管稳压电路指标测试方法。

实训测试电路

电路如图 8.3 所示。

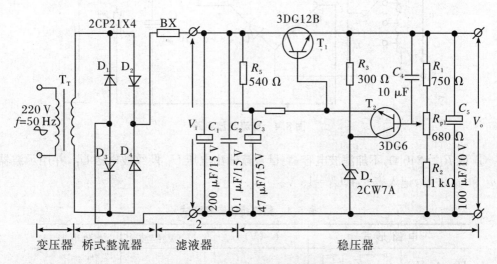

图 8.3　串联型晶体管稳压电路

图 8.3 所示为串联型直流稳压电源。它除了变压、整流、滤波外,稳压器部分一般有四个环节:调整环节、基准电压、比较放大器和取样电路。当电网电压或负载变动引起输出电压 V_o 变化时,取样电路将输出电压 V_o 的一部分馈送回比较放大器与基准电压进行比较,产生的误差电压经放大后去控制调整管的基极电流,自动地改变调整管的集-射极间电压,补偿 V_o 的变化,从而维持输出电压基本不变。

实训环境

① 软件环境:Multisim 软件。
② 硬件环境:计算机、双踪示波器、信号发生器、交流毫伏表、数字万用表等仪器。

实训器材

① 晶体三极管 3DG6×2(9011×2)、DG12×1(9013×1)。
② 晶体二极管 IN4007×4。
③ 稳压管 IN4735×1。

实训步骤及内容

1. 整流滤波电路测试

按图 8.4 连接实验电路。取可调工频电源电压为 16 V,作为整流电路输入电压 u_2。

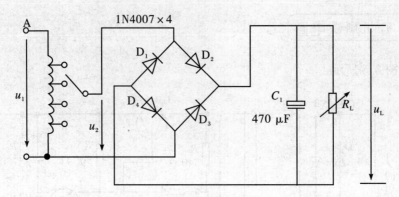

图 8.4　整流滤波电路

① 取 $R_L=240\ \Omega$,不加滤波电容,测量直流输出电压 U_L 及纹波电压 $\widetilde{U}_L$,并用示波器观察 u_2 和 u_L 波形,记入表 5.1,$U_2=16$ V。

表 5.1　整流滤波电路测试

电 路 形 式	U_L(V)	$\widetilde{U}_L$(V)纹波	u_L 波形
$U_2=16$ V~ $R_L=240\ \Omega$			
$U_2=16$ V~ $R_L=240\ \Omega$ $C=470\ \mu$F			
$U_2=16$ V~ $R_L=120\ \Omega$ $C=470\ \mu$F			

② 取 $R_L=240\ \Omega$,$C=470\ \mu$F,重复内容①的要求,记入表 5.1。

③ 取 $R_L=120\ \Omega$,$C=470\ \mu$F,重复内容①的要求,记入表 5.1。

2. 测量输出电压可调范围

更改电路如图 8.5 所示。

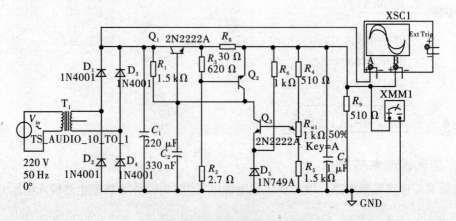

图 8.5　串联型晶体管稳压仿真电路

接入负载,并调节 R_{w1},使输出电压 $U_O = 9$ V。若不满足要求,可适当调整 R_4、R_5 之值。

3. 测量各级静态工作点

调节输出电压 $U_O = 9$ V,输出电流 $I_o = 100$ mA,测量各级静态工作点,记入表 5.2。

表 5.2 $U_2 = 14$ V,$U_0 = 9$ V,$I_o = 100$ mA

	Q_1	Q_2	Q_3
U_B(V)			
U_C(V)			
U_E(V)			

4. 测量稳压系数 S

取 $I_o = 100$ mA,按表 5.3 改变整流电路输入电压 U_2(模拟电网电压波动),分别测出相应的稳压器输入电压 U_I 及输出直流电压 U_O,记入表 5.3。

表 5.3   测量稳压系数

U_2(V)	U_I(V)	测 试 值($I_O = 100$ mA)		计算值
		U_O(V) $R_4 = 1.87$ kΩ,$R_{w1} = 30\%$ $R_5 = 1.5$ kΩ,$R_L = 120$ kΩ	U_O(V) $R_4 = 510$ kΩ,$R_{w1} = 30\%$ $R_5 = 1.5$ kΩ,$R_L = 90$ kΩ	S $R_4 = 1.87$ kΩ,$R_{w1} = 30\%$ $R_5 = 1.5$ kΩ,$R_L = 120$ kΩ
14	17.5			
16	20			
18	22.5			

知识 8.1.1   串联型直流稳压电路的分析与估算

串联型三极管稳压电路组成框图如图 8.6(a)所示,它由调整管、取样电路、基准电压和比较放大电路等部分组成。图 8.6(b)是典型的串联型三极管稳压电路。

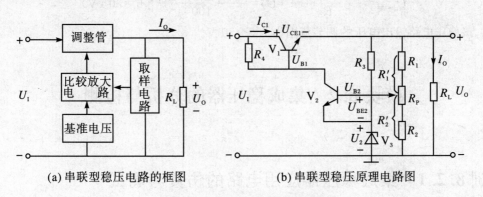

(a) 串联型稳压电路的框图   (b) 串联型稳压原理电路图

图 8.6   串联型三极管稳压电路

取样电路由 R_1、R_P 和 R_2 组成,与负载并联,可以反映输出电压的变化。基准单元由限流电阻 R_3 和稳压管 V_3 组成,提供基准电压。比较放大电路由 V_2 组成,三极管 V_2 将取样电压与基准电压进行比较并将误差电压通过 V_2 进行放大。调整单元由三极管 V_1 和 R_4 组成。三

极管 V_1 为调整管。R_4 既是 V_2 的集电极负载电阻，又是 V_1 管的基极偏置电阻。

　　电路的稳压原理如下：当某种原因致使输出电压 u_O 增大时，经 R_1、R_P 和 R_2 取样后的取样电压 u_{R2} 也随之增加，$U_{BE2}=U_{R2}-U_{REF}$ 也随之增加，u_{REF} 为稳压管提供的基准电压，其值基本不变。于是基极电流 I_{B2} 增大，使 V_2 管集电极电流 I_{C2} 增大，V_2 管集电极电位（即 V_1 管基极电位）下降，V_1 管的 u_{BE1} 下降，导致基极电流 I_{B1} 下降，管压降 u_{CE1} 增大，因而输出电压 $u_O(=u_1-u_{CE1})$ 的增大受到抑制。反之，当某种原因致使输出电压 u_O 升高时，通过类似的过程，调整管的 u_{CE1} 增大，使输出电压 u_O 基本不变。

　　在图 8.6(b) 中，$U_{B2}=U_{BE2}+U_Z$，若忽略 V_2 管的基极电流 I_{B2}，V_2 管的基极电位 $U_{B2}=\dfrac{R_2'}{R_1'+R_2'}U_O$，则

$$U_O=\frac{R_1'+R_2'}{R_2'}(U_{BE2}+U_Z)\approx\frac{R_1+R_P+R_2}{R_2'}U_Z$$

其中 $R_2'=R_2+R_P'$。

　　当电位器调至最上端时，$R_P'=R_P$，$R_2'=R_2+R_P$，此时输出电压最小：

$$U_{Omin}=\frac{R_1+R_2+R_P}{R_2+R_P}\cdot U_Z$$

　　当电位器调至最下端时，$R_P'=0$，$R_2'=R_2$，此时

$$U_{Omin}=\frac{R_1+R_2+R_P}{R_2}\cdot U_Z$$

输出电压最大。

　　【例 8.1】　电路如图 8.6(b) 所示。设稳压管工作电压 $u_Z=6$ V，采样电路中 $R_1=R_2=100\ \Omega$，$R_P=300\ \Omega$ 估算稳压电路输出电压 u_O 的调节范围。

　　解：由上式可知，当 $R_P'=R_P=300\ \Omega$ 时，$R_2'=R_2+R_P$，此时输出电压最小：

$$U_{Omin}=\frac{R_1+R_2+R_P}{R_2+R_P}\cdot U_Z=\frac{100+100+300}{100+300}\times6=7.5\ (V)$$

　　当 $R_P'=0$ 时，$R_2'=R_2$，此时输出电压最小：

$$U_{Omax}=\frac{R_1+R_2+R_P}{R_2}\cdot U_Z=\frac{100+100+300}{100}\times6=30\ (V)$$

所以，该稳压电路输出电压的调节范围为 7.5～30 V。

模块 8.2　集成稳压器的分析与检测

实训 8.2.1　集成稳压器应用电路的仿真与测试

 实训目的

　　① 加深对直流稳压电源工作原理的理解。

② 熟悉三端固定输出集成稳压器的型号、参数及其应用。

③ 掌握直流稳压电源调整与测试的方法。

实训测试电路

图 8.7 所示为采用 CW7805 构成的直流稳压电源电路,各元器件的参数值为:R_P = 470 Ω,R_L = 51 Ω,C_1 = 470 μF,C_2 = 220 μF。

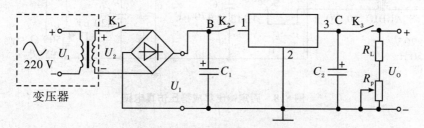

图 8.7　固定输出集成稳压电路

图中 CW7805 为三端固定式输出电压稳压器,输出为 +5 V,最大输出电流 $I_{omax} \leqslant$ 1.5 A,最小压差为 2 V。本实训采用 CW7805 来组成一个直流稳压电源,电源输出电压为 U_o = 5 V,输出电流 $I_{omax} \leqslant$ 100 mA。

实训环境

① 软件环境:Multisim 软件。

② 硬件环境:计算机、函数信号发生器、自耦变压器、万用表、双踪示波器。

实训器材

① 二极管:4007×4。

② 电容器:220 μF×1,470 μF×1。

③ 电阻:电阻 51 Ω×1。

④ 电位器:电位器 470 Ω×1。

⑤ 三端稳压器:CW7805×1。

⑥ 面包板一块、导线若干等。

实训步骤及内容

1. 软件仿真

电路如图 8.8 所示。

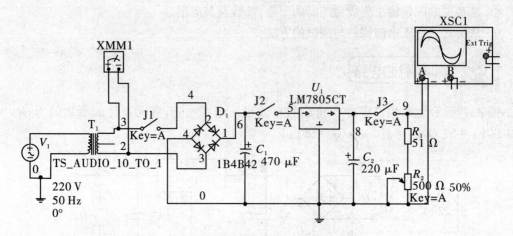

图 8.8　固定输出集成稳压仿真电路

2. 实践操作

(1) 按图 8.7 搭接好测试电路

(2) 空载检查测试

① 将 K_1 断开,接通 220 V 交流电压,调整电源变压器的二次抽头,用万用表交流电压挡测量变压器二次交流电压值,使其有效值 U_2 约为 6 V。

② 将 K_1 合上,K_2 断开,并接通 220 V 交流电压,用万用表直流电压挡测整流滤波电路输出的直流电压 U_1,其值应约为 $1.4U_2$。

③ 将 K_3 断开,K_2 合上,并接通 220 V 交流电压,测量集成稳压器的输出端 C 点的电压 U_C,其值应为 5 V。最后检查稳压器输入、输出端的电压差,其值应大于最小电压差。

(3) 加载检查测试

① 上述检查符合要求之后,稳压电路工作基本正常。此时合上 K_3,测量 U_2、U_1、U_o 的大小,观察其值是否符合设计值(此时 U_2、U_1 的测量值要比空载测量值略小,且 $U_1 \approx 1.2U_2$,而 U_o 基本不变)。

② 用示波器观察 B 点和 C 点的纹波电压。

(4) 电压调整率 S_U 的测量

① 由于集成直流稳压电源的电压调整率比较小,若要准确测量输出电压的变化量,可采用差值法测量。如图 8.9 所示,图中 E 为稳定度高的基准电压,调节 E 使之与集成直流稳压电源的输出电压 U_o 值近似相等,然后用万用表直流电压小量程挡(例如 2.5 V 挡)即可测出 U_o 的变化量 ΔU_o。

② 为调节交流输入电压,在集成稳压器的输入端可接入一自耦变压器,如图 8.10 所示。调节自耦变压器使 U_I 等于 220 V,并调节集成直流稳压电源及负载 R_L,使 I_o、U_o 为额定值,然后调节自耦变压器,使 U_I 分别为 242 V(增加 10%)、198 V(减小 10%),并测出两者对应的输出电压 U_O,即可求出变化量 ΔU_o。将其中较大者代入式

$$S_U = \frac{\Delta U_O/U_O}{\Delta U_I/U_I}\bigg|_{\Delta R_L=0}$$

即可得到该电路的电压调整率。

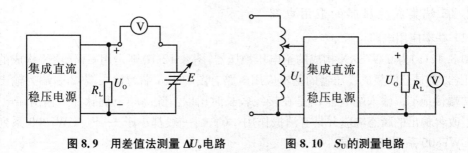

图 8.9　用差值法测量 ΔU_{o} 电路　　　　图 8.10　S_{U} 的测量电路

 实训思考

在测量电压调整率 S_{U} 和内阻 R_{o} 时,应怎样选择测量仪表?

知识 8.2.1　集成稳压器实用电路的分析与估算

目前集成电路的应用极为广泛,集成稳压器是将稳压电源组成电路都集成在同一芯片上的集成电路,包括调整管、取样电路、基准电压、比较放大电路以及启动电路、保护电路等。它具有体积小、重量轻、可靠性高等优点,在电子线路中得到广泛的应用。按集成稳压器的引出端子分类,有多端式(引脚多于 3 脚)和三端式。本节主要介绍三端式集成稳压器。按输出电压是否可调,三端集成稳压器可分为固定式和可调式两种。

1. 三端集成稳压器

常用的三端固定输出集成稳压器产品有正电压输出的 CW78XX 系列和负电压输出的 CW79XX 系列。输出电压由具体型号中的后两位数字代表,有 5 V、6 V、9 V、12 V、15 V、18 V、24 V 等挡次。例如 CW7812 的输出电压为 12 V。三端固定输出集成稳压器的额定输出电流以 78(或 79)后面所加字母来区分,L 表示 0.1 A,M 表示 0.5 A,无字母表示 1.5 A。例如 CW7805,输出电压是 5 V,最大输出电流可达 1.5 A。

CW7800 和 CW7900 系列金属封装和塑料封装三端集成稳压器的外形及管脚排列如图 8.11 所示。

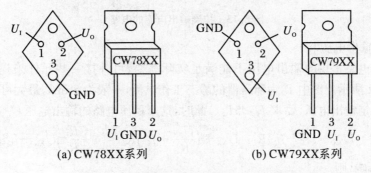

(a) CW78XX系列　　　　　　(b) CW79XX系列

图 8.11　三端固定输出稳压器外形引脚图

2. 三端集成稳压器的应用电路

(1) 基本应用电路

图 8.12(a)为 CW78XX 构成的正电压稳压器,图 8.12(b)则是用 CW79XX 构成的负电压稳压器,都是三端集成稳压器的基本应用电路。图中 1、3 端为输入端,2、3 端为输出端,3端公共端接地端。输入端电容 C_1 是在接线较长时用以消除高频干扰脉冲。输出端电容 C_2是为了改善输出的瞬态响应并具有消振作用。C_1、C_2 一般都小于 1 μF。CW7900 系列的接线与 CW7800 系列基本相同。

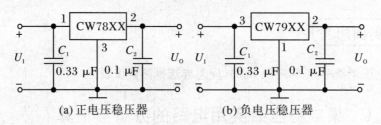

(a) 正电压稳压器   (b) 负电压稳压器

图 8.12 三端稳压器基本电路

(2) 扩展输出电流

CW78XX 系列和 CW79XX 系列的稳压管最大输出电流只能达到 1.5 A。为适应更大输出电流的需要,三端集成稳压器可以借助于外接一个大功率管来扩展输出电流。如图 8.13 所示,输出电压仍由三端固定输出稳压器的输出值来决定,而输出电流则是集成稳压器输出电流的 β 倍(β 为功率管 V 的电流放大倍数)。二极管 D 用来补偿功率管 V 的 u_{BE}随温度变化对输出电压的影响。

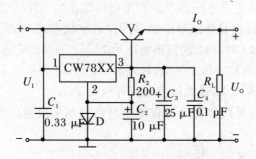

图 8.13 扩展输出电流的电路

(3) 提高输出电压

如果稳压电路提供的输出电压不能满足实际需要,可外接一些元件来提高输出电压。电路如图 8.14 所示。图中 I_Q 为稳压器的静态工作电流,一般为 5 mA,最大可达 8 mA;U_{XX}为稳压器的固定输出电压,要求 $I_1 \geqslant 5I_Q$。此时,这个稳压电路的输出电压 U_o 为

$$U_o = U_{XX} + (I_1 + I_Q)R_2 = U_{XX} + \left(\frac{U_{XX}}{R_1} + I_Q\right)R_2 = \left(1 + \frac{R_2}{R_1}\right)U_{XX} + I_Q R_2$$

若忽略 I_Q 的影响,则

$$U_o \approx \left(1 + \frac{R_2}{R_1}\right)U_{XX}$$

由此可见,提高 R_1 与 R_2 的比值,可提高输出电压 U_o 的值。

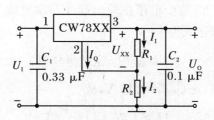

图 8.14　提高输出电压的电路

（4）正负对称输出两组电源

当需要同时输出正、负两组电压时，可选用正、负两块稳压器。用 CW7815 和 CW7915 组成正负对称输出两组电源的稳压电路如图 8.15 所示。

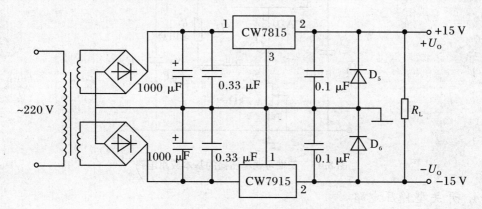

图 8.15　正负对称输出两组电源的稳压电路

3. 三端可调输出集成稳压器

三端可调输出集成稳压器输出电压可调节、稳压精度高，其性能优于三端固定式集成稳压器。该集成稳压器也分为正负电压稳压器，正电压稳压器为 CW117 系列，负电压稳压器为 CW137 系列，有正电压输出系列的典型产品 CW117、CW217、CW317，负电压输出系列 CW137、CW237、CW337 等。其内部结构与三端固定式稳压电路相似，所不同的是 3 个端分别为输入端 U_1、输出端 U_O 及调整端 ADJ。在电路正常工作时，输出电压就等于基准电压 1.25 V。其外形及管脚排列如图 8.16 所示。

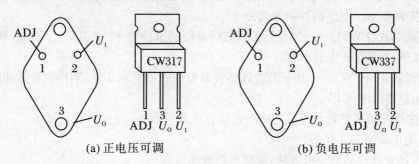

（a）正电压可调　　　　　　　　　　　（b）负电压可调

图 8.16　三端可调输出集成稳压器

基本应用电路如图 8.17 所示，只需外接两个电阻 R_1 和 R_2 即可。因 CW117、CW217、

CW317 的基准电压为 1.25 V,这个电压在输出端 3 与调整端 1 之间,故输出电压只能从 1.25 V 上调。输出电压的表达式为

$$U_o = U_{REF}\left(1+\frac{R_2}{R_1}\right) + I_{ADJ}R_2$$

由于 $I_{ADJ}=50\ \mu A$,可以忽略,又 $U_{REF}=1.25$ V,故

$$U_o \approx 1.25 \times \left(1+\frac{R_2}{R_1}\right)$$

所以调节 R_2 就可改变输出电压的大小,当 $R_2=0$ 时,$U_O=1.25$ V,当 $R_2=4.7$ kΩ 时,$U_O \approx 25.7$ V,因此,输出电压的调节范围为 1.25~25.7 V。

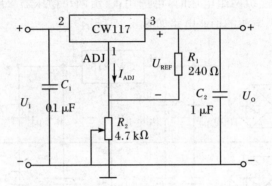

图 8.17 三端可调稳压器的基本应用电路

4. 开关型稳压电路

串联型稳压电源,其调整管功耗大,使电源的效率较低。另外调整管需要解决散热问题,必须增大电源设备的体积和重量,这是这种稳压器的主要缺点。但近年来,由于集成开关型稳压器件的出现,使其效率可达 $60\%\sim80\%$,性能和精度进一步提高。目前在计算机、航天设备、电视机、通信设备、数字电路系统等装置中广泛应用开关型稳压电源。

1) 开关电源的类型

开关稳压电源类型很多,主要有以下几种类型:

(1) 按照起开关控制作用的振荡电路的组成形式分

自激开关式——调整管兼作开关作用的振荡电路器件。

他激开关式——由独立器件组成振荡电路,其输出脉冲以开关方式去控制调整管。

(2) 按调整输出电压的控制方式分

脉宽调制式(PWM)——加至开关调整管基极的脉冲频率(或周期 T)不变,利用改变脉冲宽度 TON 来调整输出电压 U_O。

频率调制式(PFW)——加至开关调整管基极的脉冲宽度不变,利用改变脉冲频率(或周期 T)来调整输出电压 U_O。

(3) 按照开关调整管与负载之间的连接方式分

可分为串联型和并联型。

此外,还有其他类型分析方法,这里不在赘述。

2) 串联式开关稳压电源的基本工作原理

开关集成稳压器的电路主要包括三大部分:开关电路、滤波电路和反馈电路。图 8.18 是串联式开关稳压电源的基本电路。图中 D_1 为整流二极管,D_2 为续流二极管,V_3 为开关调

整管,C_1、C_2为滤波电容,L为储能电感。由于负载R_L与储能电感L串联,故称为串联式开关稳压电源。220 V电网电压经D_1整流,C_1滤波,得到直流电压U_i,加至开关调整管V_3,开关调整管V_3在控制电路的作用下使其呈导通或截止状态。当V_3饱和导通时,由于有储能电感L的存在,I_e线性增加,I_e给负载R_L供电,给C_2滤波电容充电,同时在L中储能。当V_3截止时,L产生左负右正的感应电动势,使续流二极管D_2导通,并给R_L供电,给C_2充电,充电电流为I_d。C_2有平滑输出电压的作用,D_2有延续电流的作用。当输出电压变化时,控制电路自动调整开关调整管导通时间与周期的比例,从而达到稳压输出的目的。

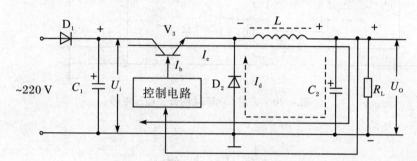

图 8.18　串联式开关稳压电源的基本电路

资料　集成稳压器实用电路

采用集成控制器使开关稳压电源使用方便、工作可靠、性能提高。我国已经有系列生产开关电源的集成控制器,它将基准电压源、三角波电压发生器、比较放大器和脉宽调制式电压比较器等电路集成在一芯片上,也称集成脉宽调制器。现以采用 CW3524 集成开关稳压电源为例,CW3524 芯片共有 16 个引脚,其引脚如图 8.19 所示:1、2 脚分别为比较放大器A_1的反相和同相输入端;6、7 脚分别为三角波振荡器外接振荡元件R_T和C_T的连接端;8 脚为接地端;9 脚为补偿端;12、11 和 14、13 为驱动调整管基极的开关信号的两个输出端(即脉宽调制式电压比较器输出信号U_{o2}),两个输出端可单独使用,亦可并联使用,连接时一端接调整管基极,另一端接 8 脚(即地端);15、8 脚分别接输入电压U_i的正、负端;16 脚为基准电压源输出端。采用 CW3524 的开关稳压电源电路如图 8.20 所示。

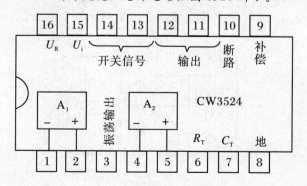

图 8.19　CW3524 引脚图

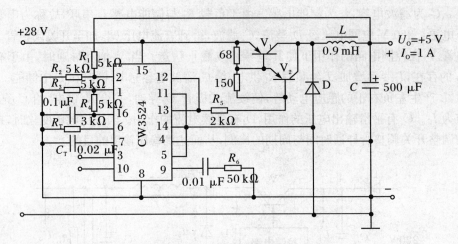

图 8.20　采用 CW3524 的开关稳压电源

项目小结

1. 直流稳压电源是用来将交流电网电压变为稳定的直流电压的器件。一般小功率直流电源由变压器、整流电路、滤波电路和稳压电路等部分组成。

2. 稳压电路的作用是在电网电压和负载电流变化时,保持输出电压基本不变。稳压电路有线性稳压电路和开关型稳压电路两大类。三端集成稳压器可分为固定式和可调式两种。固定式有正电压输出的 CW78XX 系列和负电压输出的 CW79XX 系列;可调式有正电压输出的 CW117 系列和负电压输出的 CW137 系列。线性稳压电路效率较低,多用于小功率电源中;开关型稳压电路效率高,多用于中、大功率电源中。

习　题

8.1　直流稳压电源由哪几部分组成?各组成部分的作用如何?

8.2　电路如图 8.21 所示,已知电流 $I_Q = 5$ mA,试求输出电压 $U_O = ?$

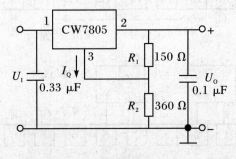

图 8.21

8.3　图 8.22 所示为三端可调式集成稳压器 CW117 组成的稳压电路。已知 CW117 调整端电流 $I_{ADJ}=50\ \mu A$，输出端 3 和调整端 1 之间的电压 $U_{REF}=1.25\ V$。(1) 求 $R_1=200\ \Omega$，$R_2=500\ \Omega$ 时，输出电压 U_o 的值。(2) 若将 R_2 改为 3 kΩ 的电位器，则 U_o 的可调范围有多大？

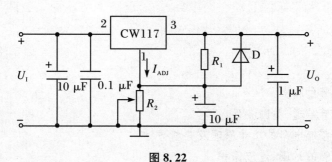

图 8.22

项目 9　晶闸管调压电路

学习目标

1. 了解晶闸管结构。
2. 掌握晶闸管导通、关断条件。
3. 掌握可控整流电路的工作原理及分析方法。
4. 理解晶闸管的过压、过流保护。
5. 掌握晶闸管的测量、可控整流电路的调试和测量。
6. 掌握晶闸管的好坏测试及管脚的判别方法。

模块 9.1　单向晶闸管

晶闸管,又称为硅可控元件(SCR),是由三个 PN 结构成的大功率半导体器件,具有体积小、重量轻、容量大、响应速度快、控制灵活、寿命长以及维护方便等优点,常用于大功率场合。它可通过毫安级的电流、几伏电压来控制几百安的电流、数千伏以上的电压,使半导体器件的应用从弱电领域进入强电领域。但它也存在缺点:工作状态的断续非周期状况而产生的大量谐波会对电网产生不良的影响。

晶闸管多用于可控整流、逆变、调压等电路,也可作为无触点开关。晶闸管的外形和符号如图 9.1 所示。

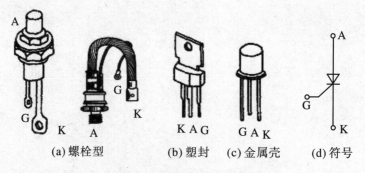

(a) 螺栓型　　(b) 塑封　　(c) 金属壳　　(d) 符号

图 9.1　晶闸管外形及符号

实训 9.1.1　单向晶闸管的特性仿真、测试与元器件检测

 **实训目的**

① 掌握利用 Multisim 软件对晶闸管特性仿真的方法。
② 加深对晶闸管特性的理解。
③ 掌握利用万用表检测晶闸管的好坏的方法。
④ 掌握利用万用表判别晶闸管管脚的方法。

 **实训测试电路**

电路如图 9.2 所示。

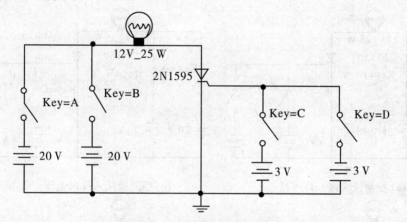

图 9.2　晶闸管特性测试电路图

 **实训环境**

① 软件环境：Multisim 软件。
② 硬件环境：计算机、双路直流稳压电源、万用表。

 **实训器材**

① 晶闸管：若干。
② 面包板一块、小灯泡若干、开关若干、导线若干等。

 **实训步骤及内容**

1. 软件仿真
在 Multisim 软件中按图 9.2 所示搭建电路，进行仿真，并将结果记录在表 9.1 中。

表 9.1　晶闸管特性测试仿真数据记录表

阳极和阴极间	控制级	灯泡(12 V,25 W)的亮灭
20 V 正电源		
20 V 正电源		
20 V 正电源		
20 V 正电源		
20 V 负电源		
20 V 负电源		

　　① 晶闸管 2N1595 阳极接 20 V 直流电源的正端,阴极经灯泡接电源的负端,此时晶闸管承受正向电压。控制极断开(不加电压),如图 9.3(a)所示,这时灯不亮,说明晶闸管不导通。控制极加反向电压,如图 9.3(b)所示,这时灯不亮,说明晶闸管也不导通。

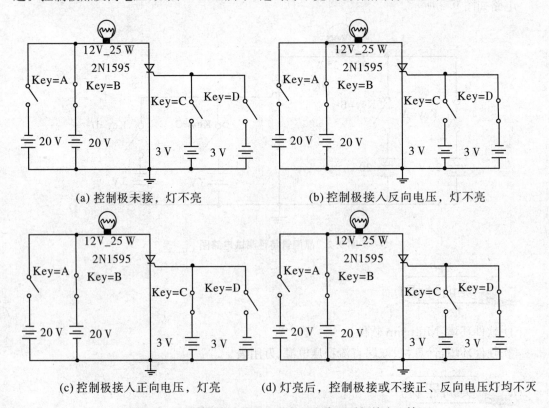

(a) 控制极未接,灯不亮　　　　　　　　(b) 控制极接入反向电压,灯不亮

(c) 控制极接入正向电压,灯亮　　　(d) 灯亮后,控制极接或不接正、反向电压灯均不灭

图 9.3　晶闸管阳极和阴极之间接正向电压时灯的亮灭情况

　　② 晶闸管 2N1595 的阳极和阴极间加正向电压,控制极相对于阴极也加 3V 正向电压,如图 9.3(c)所示。这时灯亮,说明晶闸管 2N1595 导通。

　　③ 晶闸管导通后,如果去掉控制极上的电压,即将图 9.3(c)中的 Key=A 断开,即控制极断开,灯仍然亮,这表明晶闸管继续导通,说明晶闸管一旦导通后,控制极就失去了控制作用。

　　④ 若在晶闸管的阳极和阴极间加反向电压,无论控制极加不加电压,灯都不亮,如图 9.4所示,此时晶闸管截止。

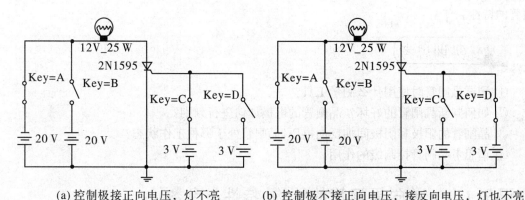

(a) 控制极接正向电压，灯不亮　　　(b) 控制极不接正向电压，接反向电压，灯也不亮

图 9.4　晶闸管阳极和阴极之间接反向电压时特性仿真图

⑤ 从图 9.3 和图 9.4 来看，如果控制极加反向电压，晶闸管阳极回路无论加正向电压还是反向电压，晶闸管都不导通。

从上述仿真实验可以看出，晶闸管导通必须同时具备两个条件：

① 晶闸管阳极电路加正向电压；

② 控制极电路加适当的正向电压（实际工作中，控制极加正触发脉冲信号）。

2. 实践操作

（1）晶闸管电极的测试

晶闸管的控制极与阴极之间有一个 PN 结，而在阳极与控制极之间有两个反极性串联 PN 结，据此可采用万用表对晶闸管的电极进行测试。

操作：万用表置 $R \times 10$ 挡或者 $R \times 1$ 挡，将可控硅其中一端假定为控制极，与黑表笔相接，然后用红表笔分别接另外两个脚。若有一次出现正向导通，阻值很小，约几百欧，另一次阻值很大，约几千欧，则假定的控制极是对的，而导通那次红表笔所接的脚是阴极 K，另一极则是阳极 A。如果两次均不导通，测出的阻值都很大，则说明假定的不是控制极 G，可重新设定一端为控制极，采用相同的办法重新测试。如果上述测量过程不能顺利进行，该管可能已经损坏。

（2）晶闸管好坏的检测

在正常情况下，可控硅的 GK 是一个 PN 结，具有 PN 结特性，而 GA 和 AK 之间存在反向串联的 PN 结，故其间电阻值均为无穷大。如果 GK 之间的正反向电阻都等于零，或 GK 和 AK 之间正反向电阻都很小，说明可控硅内部击穿短路。如果 GK 之间正反向电阻都为无穷大，说明可控硅内部断路。据此可采用万用表对晶闸管的好坏进行检测。

操作：将万用表置 $R \times 10$ 挡或者 $R \times 1$ 挡，红表笔接阴极 K，黑表笔接阳极 A，万用表应指示为不通（零偏），在黑表笔接 A 的瞬时碰触控制极 G（给 G 加上触发信号），万用表指针向右偏转，说明可控硅已经导通。此时即使断开黑表笔与控制极 G 的接触，可控硅仍将继续保持导通状态。如果上述测量过程不能顺利进行，说明该管是坏的。

（3）晶闸管特性测试

① 根据实训电路图在面包板上连接电路，调节双路直流稳压电源分别为 20 V 和 3 V。

② 按图 9.3 和图 9.4 所示的不同情况分别将 20 V 和 3 V 电源加入电路。（注意正负电源的连接）。观察小灯泡的亮灭情况并记录在表 9.1 中，分别与仿真结果进行比较，总结晶

闸管的特性。

实训思考

① 测试晶闸管时使用什么测量工具？
② 如何判断晶闸管的好坏？晶闸管的电极如何进行判别？
③ 晶闸管的阳极和阴极间加反向电压，晶闸管处于哪种工作状态？
④ 请思考晶闸管控制级的作用。

知识 9.1.1　单向晶闸管的结构、特性与参数

1. 晶闸管的结构

单向晶闸管的内部结构如图 9.5(a)所示，它由四层半导体材料 P 型半导体和 N 型半导体交替组成，中间具有三个 PN 结 J_1、J_2 和 J_3，外部引出三个电极，分别为阳极 A、阴极 K、控制极 G。为了更好地理解晶闸管的工作原理，常将其 N_1 和 P_2 两个区域分解成两部分，如图 9.5(b)所示；用晶体管的符号表示等效电路，如图 9.5(c)所示；晶闸管的符号如图 9.5(d)所示。

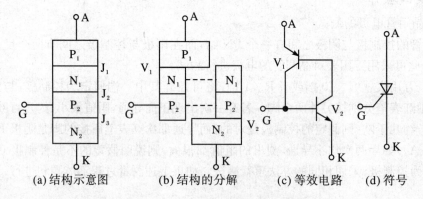

(a) 结构示意图　　(b) 结构的分解　　(c) 等效电路　　(d) 符号

图 9.5　晶闸管的结构和原理等效电路

晶闸管导通时，要求加上正向阳极电压，并且在控制极和阴极间加正向触发电压。在阳极电压作用的同时，在控制极触发电压 U_{GK} 的作用下，如图 9.5(c)所示等效电路中的 V_2 管产生基极电流为 I_{B2}，即触发电流为 I_G，V_2 管集电极电流为 $\beta_2 I_{B2}$；而 V_1 管的基极电流 $I_{B1} = \beta_2 I_{B2}$，故 V_1 管的集电极电流 $I_{C1} = \beta_1 \beta_2 I_{B2}$；该电流作为 V_2 管的基极电流再一次被放大，循环往复形成正反馈。则晶闸管在几微秒的时间内很快处于导通状态，这一过程称为触发导通。晶闸管一旦导通，即使再将控制极电压断开，管子依靠内部的正反馈始终维持导通状态，即控制极就失去控制作用。晶闸管导通后，阳极和阴极之间的管压降一般为 0.6～1.2 V，常可忽略不计。电源电压几乎全部加在负载电阻 R 上；阳极电流 I_A 因型号不同可达几十至几千安。

2. 晶闸管的伏安特性

晶闸管的导通和截止这两个工作状态是由阳极电压 U、阳极电流 I 及控制极电流 I_G 决定的，而这几个量又是互相有联系的。在实际应用中常用实验曲线来表示它们之间的关系，

这就是晶闸管的伏安特性曲线。图 9.6 所示的伏安特性曲线是在 $I_G = 0$ 的条件下作出的。

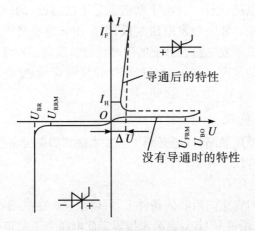

图 9.6 晶闸管的伏安特性曲线

当晶闸管的阳极和阴极之间加正向电压时,由于控制极未加电压,晶闸管内只有很小的电流流过,这个电流称为正向漏电流。这时,晶闸管阳极和阴极之间表现出很大的内阻,处于阻断(截止)状态,如图 9.6 所示第一象限中曲线的下部。当正向电压增加到某一数值时,漏电流突然增大,晶闸管由阻断状态突然导通。晶闸管导通后,就可以通过很大电流,而它本身的管压降只有 1 V 左右,因此特性曲线靠近纵轴而且陡直。晶闸管由阻断状态转为导通状态所对应的电压称为正向转折电压 U_{BO}。在晶闸管导通后,若减小正向电压,正向电流就逐渐减小。当电流小到某一数值时,晶闸管又从导通状态转为阻断状态,这时所对应的最小电流称为维持电流 I_H。

当晶闸管的阳极和阴极之间加反向电压时(控制极仍不加电压),其伏安特性与二极管类似,电流也很小,称为反向漏电流。当反向电压增加到某一数值时,反向漏电流急剧增大,使晶闸管反向导通,这时所对应的电压称为反向转折电压 U_{BR}。

从图 9.6 的晶闸管的正向伏安特性曲线可见,当阳极正向电压高于转折电压时元件将导通。但是这种导通方法很容易造成晶闸管的不可恢复性击穿而使元件损坏,在正常工作时是不采用的。晶闸管的正常导通受控制极电流 I_G 的控制。为了正确使用晶闸管,必须了解其控制极特性。

当控制极加正向电压时,控制极电路就有电流 I_G,晶闸管就容易导通,其正向转折电压降低,特性曲线左移。控制极电流愈大,正向转折电压愈低,如图 9.7 所示。

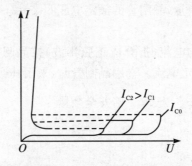

图 9.7 控制极电流对晶闸管转折电压的影响

实际中规定,当晶闸管的阳极与阴极之间加上 6 V 直流电压,能使元件导通的控制极最小电流(电压)称为触发电流(电压)。由于制造工艺上的问题,同一型号的晶闸管的触发电压和触发电流也不尽相同。如果触发电压太低,则晶闸管容易受干扰电压的作用而造成误触发;如果太高,又会造成触发电路设计上的困难,因此,规定了在常温下各种规格的晶闸管的触发电压和触发电流的范围。例如对 KP50 型的晶闸管,触发电压和触发电流分别为小于等于 3.5 V 和 8~150 mA。

3. 晶闸管的主要参数

为了正确地选择和使用晶闸管,还必须了解并掌握它的主要参数的意义。

晶闸管的主要参数有以下几项:

(1) 正向重复峰值电压 U_{FRM}

在控制极断路和晶闸管正向阻断的条件下,可以重复加在晶闸管两端的正向峰值电压,称为正向重复峰值电压,用符号 U_{FRM} 表示。按规定此电压为正向转折电压的 80%。

(2) 反向重复峰值电压 U_{RRM}

在控制极断路时,可以重复加在晶闸管元件上的反向峰值电压,称为反向重复峰值电压,用符号 U_{RRM} 表示。按规定此电压为反向转折电压的 80%。

(3) 正向平均电流 I_F

在环境温度不大于 40 ℃和标准散热及全导通的条件下,晶闸管通过的工频正弦半波电流(在一个周期内的)平均值,称为正向平均电流 I_F,简称正向电流。通常所说多少安的晶闸管,就是指这个电流。如果正弦半波电流的最大值为 I_m,则

$$I_F = \frac{1}{2\pi} \int_0^\pi I_m \sin \omega t \, d(\omega t) = \frac{I_m}{\pi} \tag{9.1}$$

然而,这个电流值并不是一成不变的,晶闸管允许通过的最大工作电流还受冷却条件、环境温度、元件导通角、元件每个周期的导电次数等因素的影响。

(4) 维持电流 I_H

在规定的环境温度和控制极断路时,维持元件继续导通的最小电流称为维持电流 I_H。当晶闸管的正向电流小于这个电流时,晶闸管将自动关断。

4. 晶闸管两个额定参数与晶闸管选用

(1) 额定电压

通常取晶闸管的正向重复峰值电压 U_{FRM} 和反向重复峰值电压 U_{RRM} 中较小的数值,按标准电压等级取整数,作为晶闸管的额定电压。我们选用晶闸管的额定电压常取工作峰值电压的 2~3 倍,作为安全余量,晶闸管的额定电压 $U_{TN} = 2 \sim 3 U_m$。

(2) 额定电流

将晶闸管的通态平均电流(折算成正弦半波)按晶闸管标准电流系列取相应的电流等级,即称为该晶闸管的额定电流。选用晶闸管时,采用其通态平均电流的 1.5~2 倍,即额定电流为 $I_{AV} \geq 1.5 \sim 2 \dfrac{I_T}{1.57}$,一般取 2 倍安全余量。

模块 9.2　单相半波可控整流电路

实训 9.2.1　单相半波可控整流电路的仿真与测试

 实训目的

① 掌握单相半波可控整流电路在电阻负载及电阻电感性负载时的工作原理。

② 了解续流二极管的作用。

③ 熟练掌握利用 Multisim 10 软件对单相半波可控整流电路的调试检测方法。

 实训测试电路

电路如图 9.8 所示。

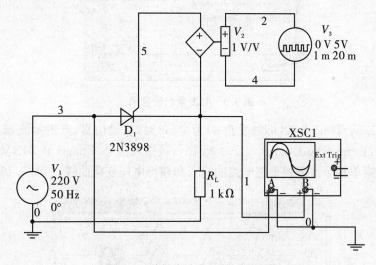

图 9.8　单相半波可控整流电路图

 实训环境

① 软件环境：Multisim 软件。

② 硬件环境：计算机。

 实训步骤及内容

① 在 Multisim 10 软件中搭建一个阻性负载单相半波可控整流电路，如图 9.8 所示，图

中 V_1 是 220 V 交流电源，电压控制电压源 V_2 和脉冲电压源 V_3 组成可控硅驱动电路，D_1 为可控硅，型号为 2N3898，栅极受电压控制电压源 V_2 的控制，电压控制电压源 V_2 受脉冲电压源 V_3 控制。

② 打开 V_3 的设置对话框，对脉冲电压源对话框进行如图 9.9 所示设置，在对话框中可以修改脉冲宽度、上升时间、下降时间和脉冲电压等参数。触发脉冲周期设置为 20 ms，对应是 360°，也就是 2π，触发角 α 也叫控制角，是与 Delay Time 参数相对应的，修改 Delay Time 参数就可以修改触发角 α。

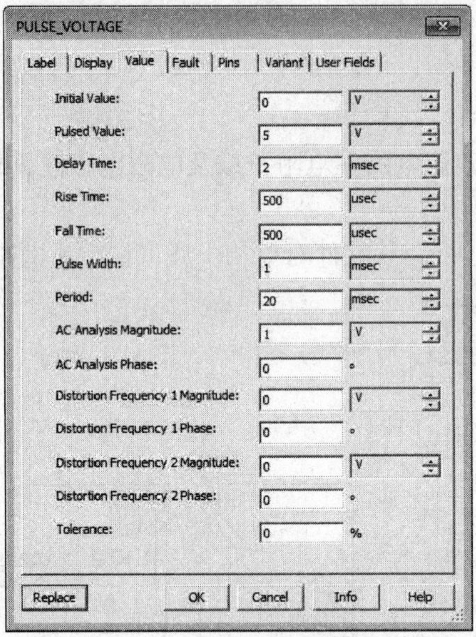

图 9.9　触发角的设置图

③ 设置 Delay Time 参数（即触发角 α）为 2 ms 时，启动仿真，点击示波器，示波器设置为：Time Base：10 ms/Div，Chanel A：200 V/Div，接输入信号，Chanel B：200 V/Div，接输出信号。可以观察单相半波可控整流电路的输入和输出电压变化曲线，如图 9.10 所示。

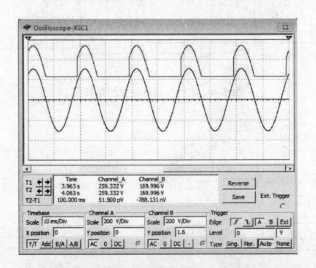

图 9.10　单相半波可控整流电路输入和输出电压曲线

④ 启动仿真,用示波器观察负载电压 U_d、晶闸管 V_T 两端电压 U_{VT} 的波形,设置触发角分别为 $\alpha=30°、60°、90°、120°、150°$ 时,分别进行仿真,同时用示波器观察 U_d、U_{VT} 的波形,并测量直流输出电压 U_O 和电源电压 U_I,记录于表 9.2 中。U_O 的计算公式为

$$U_O=0.45U_I(1+\cos\alpha)/2$$

表 9.2　实验数据记录表

α	30°	60°	90°	120°	150°
U_{IV}	216	216	216	216	216
U_O(记录值)	90	72	48	23.5	7.1
U_O/U_I					
U_O(计算值)	90.7	72.9	48.6	24.3	6.5

⑤ 在电路中接入一个滤波电容 C_1,示波器设置为:Time Base:20 ms/Div,Chanel A:500 V/Div,接输入信号,Chanel B:20 V/Div,接输出信号。观察单相半波可控整流电路的输出电压变化曲线,如图 9.11 所示,可发现输出电压脉动变化明显被减小。

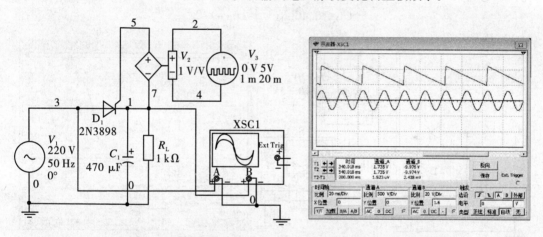

图 9.11　带滤波电容的单相半波可控整流电路和输入输出电压曲线

⑥ 在 Multisim 软件中搭建一个带电阻电感性负载单相半波可控整流电路,如图 9.12 所示,将负载电阻 R_L 改成电阻电感性负载(由电阻器与平波电抗器 L_1 串联而成)。暂不接续流二极管 D_2,在不同阻抗角(阻抗角 $\varphi=\tan^{-1}(\omega L/R)$,保持电感量不变,改变 R 的电阻值,注意电流不要超过 1 A 情况下,分别设置 Delay Time 参数(即触发角 α),观察 $\alpha=30°、60°、90°、120°$ 时的直流输出电压值 U_O 及 U_{VT} 的波形,并将数据记录在表 9.3 中。观察输入输出电压波形与电阻性负载电路的对比情况。

表 9.3　实验数据记录表

α	30°	60°	90°	120°	150°
U_I					
U_O(记录值)					

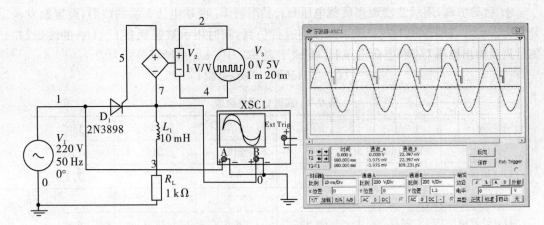

图 9.12　带电阻电感性负载单相半波可控整流电路和输入输出电压曲线

⑦ 在 Multisim 软件中搭建一个感性负载单相半波可控整流电路,接续流二极管后,如图 9.13 所示,重复前面步骤。观察续流二极管的作用,观察输入输出电压波形的变化情况。计算公式:

$$U_O = 0.45 U_I (1 + \cos \alpha)/2$$

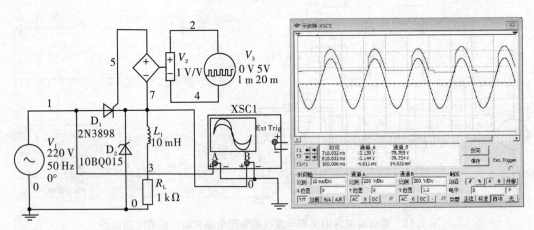

图 9.13　带电阻电感性负载单相半波可控整流电路加续流二极管和输入输出电压曲线

 实训思考

① 单相半波可控整流电路接电感性负载时会出现什么现象？如何解决？

② 如何调节触发角 α 的数值？相关参数如何设置？

③ 单相半波可控整流电路中接入一个滤波电容,对输出波形有什么影响？

④ 带阻感负载单相半波可控整流电路,接续流二极管有什么作用？

知识 9.2.1　单相半波可控整流电路的分析与估算

把不可控的单相半波整流电路中的二极管用晶闸管代替,就成为单相半波可控整流电路。下面将分析这种可控整流电路在接电阻性负载和电感性负载时的工作情况。

1. 阻性负载

(1) 工作原理

图 9.14 是接电阻性负载的单相半波可控整流电路，负载电阻为 R_L。假设 $u = \sqrt{2}U\sin\omega t$，由图可见，在输入交流电压 u 的正半周时，晶闸管 T 承受正向电压，波形如图 9.15(a) 所示。假如在 t_1 时刻给控制极加上触发脉冲，如图 9.15(b) 所示，晶闸管导

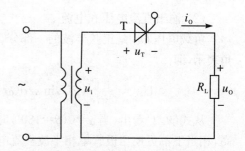

图 9.14　接电阻性负载的单相半波可控整流电路

通，负载上得到电压。当交流电压 u 下降到接近于零值时，晶闸管正向电流小于维持电流而关断。在电压 u 原负半周时，晶闸管承受反向电压，不可能导通，负载电压和电流均为零。在第二个正半周内，再在相应的 t_2 时刻加入触发脉冲，晶闸管再行导通。这样，在负载 R_L 上就可以得到如图 9.15(c) 所示的电压波形。图 9.15(d) 所示波形为晶闸管承受的正、反向电压，其最高正向和反向电压均为输入交流电压的幅值 $\sqrt{2}U$。显然，在晶闸管承受正向电压的时间内，改变控制极触发脉冲的输入时刻(移相)，负载上得到的电压波形就随着改变，这样就控制了负载上输出电压的大小。

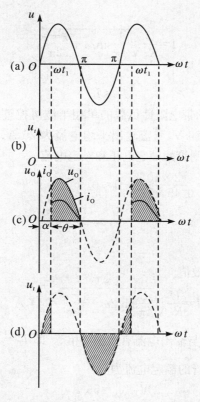

图 9.15　接电阻性负载时单相半波可控整流电路的电压与电流波形

晶闸管在正向电压下不导通的电角度为控制角(又称移相角)，用 α 表示，而导通的电角度则称为导通角，用 θ 表示，如图 9.15(c) 所示。很显然，导通角 θ 愈大，输出电压愈高，从而达到可控整流的目的。

(2) 输出直流电压和电流

负载电压 U_O 是正弦半波的一部分,在一个周期内,整流输出电压的平均值可以用控制角表示,即

$$U_O = \frac{1}{2\pi}\int_0^\pi \sqrt{2}U\sin\omega t \, \mathrm{d}(\omega t) = \frac{\sqrt{2}}{2}U(1+\cos a) = 0.45U \cdot \frac{1+\cos a}{2} \quad (9.2)$$

从式(9.2)看出,当 $\alpha=0(\theta=180°)$ 时晶闸管在正半周全导通,$U_O=0.45U$,输出电压最高,相当于不可控二极管单相半波整流电压。若 $\alpha=180°$,$U_O=0$,这时 $\theta=0°$,晶闸管全关断。

根据欧姆定律,电阻负载中整流电流的平均值为

$$I_O = 0.45U \cdot \frac{1+\cos\alpha}{2R_L} \quad (9.3)$$

此电流即为通过晶闸管的平均电流。

(3) 晶闸管上的电压和电流

晶闸管承受的最高正向电压为

$$U_{FM} = \sqrt{2}U \quad (9.4)$$

晶闸管承受的最高反向电压为

$$U_{RM} = \sqrt{2}U \quad (9.5)$$

变压器副边电流的有效值为

$$I = \frac{U}{R_L}\sqrt{\frac{1}{4\pi}\sin 2\alpha + \frac{\pi-\alpha}{2\pi}} \quad (9.6)$$

晶闸管中电流的平均值为

$$I_T = I_o \quad (9.7)$$

【例 9.2】 如图 9.14 所示带电阻性负载的单相半波可控整流器,电源电压 u 为 220 V 交流电,要求直流输出电压为 50 V,直流输出平均电流为 20 A。试计算:① 晶闸管的控制角;② 输出电流有效值;③ 晶闸管的额定电压和额定电流。

解:① $\cos\alpha = \frac{2U_O}{0.45U} - 1 = \frac{2\times50}{0.45\times220} - 1 \approx 0$

则 $\alpha = 90°$。

② $R_L = \frac{U_O}{I_O} = \frac{50}{20} = 2.5 \ \Omega$

当 $\alpha = 90°$ 时,输出电流有效值

$$I = \frac{U}{R_L}\sqrt{\frac{1}{4\pi}\sin 2\alpha + \frac{\pi-\alpha}{2\pi}} = 44 \ \text{A}$$

③ 晶闸管电流有效值 I_T 与输出电流有效值 I 相等,即 $I_T = I$,则,$I_{T(AV)} = 1.5 \sim 2 \frac{I_T}{1.57}$,一般取 2 倍安全余量,则晶闸管的额定电流为

$$I_{T(AV)} = 56 \ \text{A}$$

晶闸管承受的最高电压

$$U_m = \sqrt{2}U = \sqrt{2}\times220 = 311 \ \text{V}$$

考虑 2~3 倍安全余量,晶闸管的额定电压为

$$U_{TN} = (2\sim3)U_m = (2\sim3)311 = 622\sim933 \ \text{V}$$

选取晶闸管的时候应选额定电压为 622 V 以上的晶闸管。

2. 电感性负载与续流二极管

上面所讲的是接电阻性负载的情况,实际中遇到较多的是电感性负载,如各种电机的励磁绕组、各种电感线圈等,它们既含有电感,又含有电阻。有时负载虽然是纯电阻的,但串了电感线圈等,它们既含有电感,又含有电阻。有时负载虽然是纯电阻的,但串了电感滤波器后,也变为电感性的了。整流电路接电感性负载和接电阻性负载的情况大不相同。

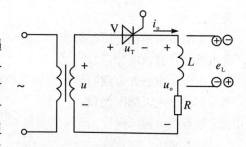

图 9.16　接电感性负载的可控整流电路

电感性负载可用串联的电感元件 L 和电阻元件 R 表示(图 9.16)。当晶闸管刚触发导通时,电感元件中产生阻碍电流变化的感应电动势(其极性在图 9.16 中为上正下负),电路中电流不能跃变,将由零逐渐上升,如图 9.17(a)所示,当电流到达最大值时,感应电动势为零,而后电流减小,电动势 e_L 也就改变极性,在图 9.17 中为下正上负。此后,在交流电压 u 到达零值之前,e_L 和 u 极性相同,晶闸管当然导通。即使电压 u 经过零值变负之后,只要 e_L 大于 u,晶闸管继续承受正向电压,电流仍将继续流通,如图 9.17(a)所示。只要电流大于维持电流时,晶闸管不能关断,负载上出现了负电压。当电流下降到维持电流以下时,晶闸管才能关断,并且立即承受反向电压,如图 9.17(b)所示。

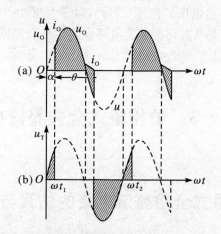

图 9.17　接电感性负载时单相半波可控整流电路的电压与电流波形

综上可见,在单相半波可控整流电路接电感性负载时,晶闸管导通角 θ 将大于 $180° - \alpha$。负载电感愈大,导通角 θ 愈大,在一个周期中负载上负电压所占的比重就愈大,整流输出电压和电流的平均值就愈小。为了使晶闸管在电源电压 u 降到零值时能及时关断,使负载上不出现负电压,必须采取相应措施。

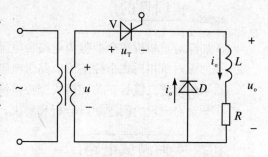

图 9.18　电感性负载并联续流二极管

在实际的大感电路中,我们常常在负载两端并联一个续流二极管 D 来解决上述出现的问题,如图 9.18 所示。当交流电压 u 过零值变负后,二极管因承受正向电压而导通,于是负载上由感应电动势 e_L 产生的电流经过这个二极管形成回路。因此这个二极管称为续流二极管。

这时负载两端电压近似为零,晶闸管因承受反向电压而关断。负载电阻上消耗的能量是电感元件释放的能量。

对于带电感性负载的单相半波可控整流电路,不接续流二极管和接续流二极管时,输出电压和输出电流情况比较:

没有接续流二极管 D 时,导通角 $\theta > 180° - \alpha$,输出电压的平均值为

$$U_\mathrm{o} < 0.45U \cdot \frac{1+\cos\alpha}{2} \tag{9.8}$$

接上续流二极管 D 时,导通角 $\theta = 180° - \alpha$,输出电压的平均值为

$$U_\mathrm{o} = 0.45U \cdot \frac{1+\cos\alpha}{2} \tag{9.9}$$

输出电流的平均值为

$$I_\mathrm{o} = \frac{U_\mathrm{o}}{R_\mathrm{L}} = 0.45U \cdot \frac{1+\cos\alpha}{2R_\mathrm{L}} \tag{9.10}$$

晶闸管中电流的平均值为

$$I_\mathrm{T} = I_\mathrm{o} \tag{9.11}$$

由以上分析计算可以看出,电感性负载加续流二极管后,输出电压与电阻性负载相同,续流二极管可以起到提高输出电压的作用。另外,对于电感性负载加续流二极管的单相半波可控整流器移相范围与单相半波可控整流电路电阻性负载相同,为 $0 \sim 180°$,且有 $\alpha + \theta = 180°$。

模块 9.3　单相桥式全控整流电路

实训 9.3.1　单相桥式全控整流电路的仿真与测试

 实训目的

① 加深对单相桥式全控整流电路带电阻性工作原理的理解。
② 加深对单相桥式全控整流电路带电阻电感性负载时工作原理的理解。
③ 了解续流二极管在单相桥式全控整流电路中的作用。
④ 学会对出现的问题加以分析和解决。

 实训测试电路

电路如图 9.19 所示。

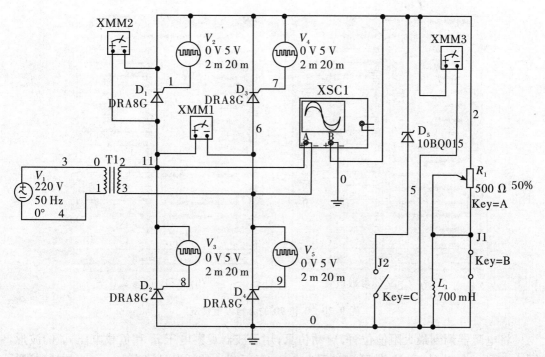

图 9.19　单相桥式全控整流电路仿真电路图

实训环境

① 软件环境:Multisim 软件。
② 硬件环境:计算机。

实训步骤及内容

1. 搭建仿真电路

首先打开 Multisim 软件,新建一名为"单相桥式全控整流电路"的原理图文件,按照图 9.19 正确连接电路。其中设置开关 J1 为 Key＝B,J2 为 Key＝C,可用鼠标操作来控制开关 J1 和 J2 的断开和闭合,变压器 T1 参数设置中 Value 设置为 0.545,保证从交流电网 220 V 交流电给输入端提供 120 V 交流电压源。

2. 单相桥式全控整流电路带电阻性负载

点击开关 J1 和 J2,使 J1 闭合,J2 断开。通过调节触发脉冲 V_2、V_5 和 V_3、V_4 的触发延迟时间,调节晶闸管 D_1、D_2、D_3、D_4 的触发延迟时间。双击 V_2 和 V_5 进行参数设置,双击 V_3 和 V_4,进行参数设置,主要参数设置说明:Period 设置脉宽为 20 ms(电源频率为 50 Hz),对应 360°,Delay time 延迟时间,V_2、V_5(V_2 和 V_5 参数设置相同)和 V_3、V_4(V_3 和 V_4 参数设置相同)之间相差 10 ms(D_1、D_4 和 D_2、D_3 之间的触发延迟角相差 180°,对应的时间就是 10 ms)。如图 9.20 所示的参数设置情况,分别为角度为 0°和 90°。

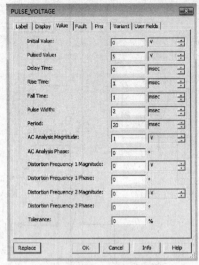

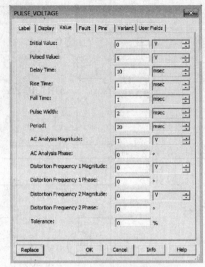

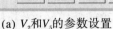

(a) V_2和V_5的参数设置 (b) V_3和V_4的参数设置

图 9.20 0°和90°的参数设置情况

将电阻器调到最大阻值位置,启动仿真,用示波器观察电压 u_i 和负载电压 u_o 的波形,图 9.21所示是对 V_2 和 V_5 的延迟时间为 0 ms,V_3 和 V_4 的延迟时间为 10 ms 时的情况进行仿真,得到 0°仿真波形的一个演示。图 9.22 所示是对 V_2 和 V_5 的延迟时间为 5 ms,V_5 和 V_3、V_4 的延迟时间为 15 ms 时的情况进行仿真,得到 90°仿真波形的一个演示。改变设置 V_2、V_5 和 V_3、V_4 的参数,调整触发角大小。观察并记录在不同 α 角时 u_i 和 u_o 的波形,用数字多用表 XMM1、XMM2 的交流电压挡测量电源电压 u_i 和负载电压 u_o 的数值,记录于表 9.4 中。另外,XMM3 的读数是晶闸管 D_1 两端的电压。

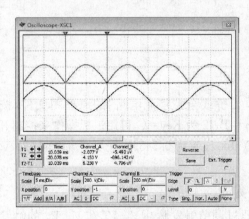

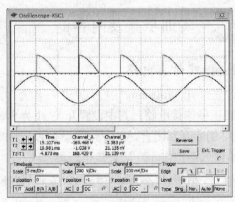

图 9.21 0°时仿真波形　　　　　**图 9.22 90°时仿真波形**

表 9.4　实训数据记录表

Delay time 参数设置		α	u_i(V)	带电阻性负载	带阻感性负载	加续流二极管
V_2 和 V_5(ms)	V_3 和 V_4(ms)			u_o(V)	u_o(V)	u_o(V)
0	10	0				
1	11	18				
2	12	36				
3	13	54				
4	14	72				
5	15	90				
6	16	108				
7	17	126				
8	18	144				
9	19	162				

3. 单相桥式全控整流电路带电阻电感性负载

点击开关 J1、J2，使 J1、J2 都断开，电路带电阻电感性负载。重复上述各步骤，设置 V_2、V_5 和 V_3、V_4 的参数，调整触发角大小。观察并记录在不同 α 角时 u_i、u_o 的波形，用数字多用表的交流电压挡测量电源电压 u_i 和负载电压 u_o 的数值，记录于表 9.4 中。

4. 加续流二极管后仿真

点击开关 J1 和 J2，使 J1 断开，J2 闭合。在阻感性负载情况下加续流二极管。重复上述各步骤，设置 V_2 和 V_3 的参数，调整触发角大小。观察并记录在不同 α 角时 u_i、u_o 的波形，测量电源电压 u_i 和负载电压 u_o 的数值，记录于表 9.4 中。

实训思考

① 单相桥式全控整流电路带阻性负载时，输出波形有什么特征？
② 单相桥式全控整流电路带阻感性负载时，输出波形有什么特征？
③ 在加续流二极管前后，单相桥式全控整流电路中晶闸管两端的电压波形如何？

知识 9.3.1　单相桥式全控整流电路的分析与估算

1. 单相桥式全控整流电路带电阻性负载

单相桥式全控整流电路带电阻性负载电路如图 9.23 所示。

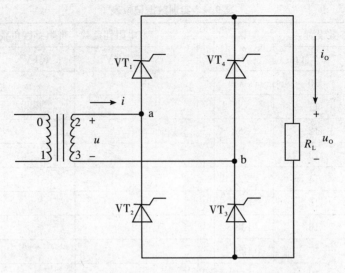

图 9.23　单相桥式全控整流电路带电阻性负载电路

在单相桥式全控整流电路中,晶闸管 VT_1 和 VT_4 组成一对桥臂,VT_2 和 VT_3 组成另一对桥臂。在 u 正半周(即 a 点电位高于 b 点电位),若 4 个晶闸管均不导通,负载电流 i_d 为零,u_o 也为零,VT_1、VT_4 串联承受电压 u,设 VT_1 和 VT_4 的漏电阻相等,则各承受 u 的一半。若在触发角 α 处给 VT_1 和 VT_4 加触发脉冲,VT_1、VT_4 即导通,电流从 a 端经 VT_1、R、VT_4 流回电源 b 端。当 u 为零时,流经晶闸管的电流也降到零,VT_1 和 VT_4 关断。

在 u 负半周,仍在触发延迟角 α 处触发 VT_2 和 VT_3(VT_2 和 VT_3 的 $\alpha=0$ 处为 $\omega t=\pi$),VT_2 和 VT_3 导通,电流从电源的 b 端流出,经 VT_3、R、VTM2 流回电源 a 端。到 u 过零时,电流又降为零,VT_2 和 VT_3 关断。此后又是 VT_1 和 VT_4 导通,如此循环工作下去,整流电压 u_o 和晶闸管 VT_1、VT_4 两端的电压波形如图 9.24 所示。晶闸管承受的最大正向电压和反向电压分别为 $\dfrac{\sqrt{2}}{2}u$ 和 $\sqrt{2}u$。

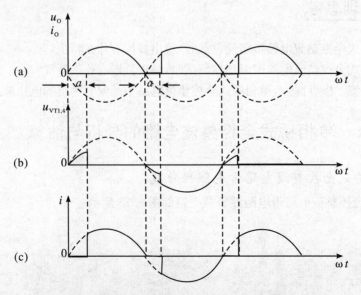

图 9.24　单相桥式全控整流电路带电阻性负载时的波形

2. 工作原理

第 1 阶段（$0 \sim \omega t_1$）：这阶段 u 在正半周期，a 点电位高于 b 点电位，晶闸管 VT_1 和 VT_2 反向串联后与 u 连接，VT_1 承受正向电压为 $u/2$，VT_2 承受 $u/2$ 的反向电压；同样 VT_3 和 VT_4 反向串联后与 u 连接，VT_3 承受 $u/2$ 的正向电压，VT_4 承受 $u/2$ 的反向电压。虽然 VT_1 和 VT_3 受正向电压，但是尚未触发导通，负载没有电流通过，所以 $u_o=0$，$i_o=0$。

第 2 阶段（$\omega t_1 \sim \pi$）：在 ωt_1 时同时触发 VT_1 和 VT_3，由于 VT_1 和 VT_3 受正向电压而导通，有电流经 a 点$\rightarrow VT_1 \rightarrow R \rightarrow VT_3 \rightarrow$变压器 b 点形成回路。在这段区间里，$u_o=u$，$i_d=i_{VT1}=i_{VT3}=u_d/R$。由于 VT_1 和 VT_3 导通，忽略管压降，$u_{VT1}=u_{VT2}=0$，而承受的电压为 $u_{VT2}=u_{VT4}=u_2$。

第 3 阶段（$\pi \sim \omega t_2$）：从 $\omega t=\pi$ 开始 u 进入了负半周期，b 点电位高于 a 点电位，VT_1 和 VT_3 由于受反向电压而关断，这时 $VT_1 \sim VT_4$ 都不导通，各晶闸管承受 $u/2$ 的电压，但 VT_1 和 VT_3 承受的是反向电压，VT_2 和 VT_4 承受的是正向电压，负载没有电流通过，$u_o=0$，$i_o=i=0$。

第 4 阶段（$\omega t_2 \sim \pi$）：在 ωt_2 时，u_2 电压为负，VT_2 和 VT_4 受正向电压，触发 VT_2 和 VT_4 导通，有电流经过 b 点$\rightarrow VT_2 \rightarrow R \rightarrow VT_4 \rightarrow$a 点，在这段区间里，$u_o=u_2$，$i_o=i_{VT2}=i_{VT4}=i=u_o/R$。由于 VT_2 和 VT_4 导通，VT_2 和 VT_4 承受 u 的负半周期电压，至此一个周期工作完毕，下一个周期，重复上述过程，单相桥式整流电路两次脉冲间隔为 180°。

3. 单相桥式半控整流电路

单相半波可控整流电路虽然具有电路简单、使用元件少、调整方便的优点，但却有整流电压脉动大、输出整流电流小的缺点。单相全控桥中，每个导电回路中有 2 个晶闸管，每个导电回路进行控制只需 1 个晶闸管就可以了，另 1 个晶闸管可以用二极管代替，从而简化整个电路，这样就构成了单相桥式半控整流电路。半控电路与全控电路在电阻负载时的工作情况相同，因此，较常用的是半控桥式整流电路，简称半控桥，其电路如图 9.25 所示。电路与单相不可控桥式整流电路相似，只是其中两个臂中的二极管被晶闸管所取代。

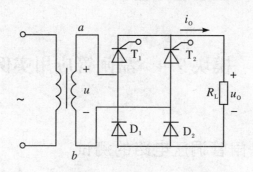

图 9.25 电阻性负载的单相半控桥式整流电路

在变压器副边电压 u 的正半周（a 端为正）时，T_1 和 D_2 承受正向电压。这时如对晶闸管 T_1 引入触发信号，则 T_1 和 D_2 导通，电流的通路为 a$\rightarrow T_1 \rightarrow R_L \rightarrow D_2 \rightarrow$b。

这时 T_2 和 D_1 都因承受反向电压而截止。同样，在电压 u 的负半周时，T_2 和 D_1 承受正向电压。这时，如对晶闸管 T_2 引入触发信号，则 T_2 和 D_1 导通，电流的通路为 b$\rightarrow T_2 \rightarrow R_L \rightarrow D_1 \rightarrow$a。

这时 T_1 和 D_2 处于截止状态。电压与电流的波形如图 9.26 所示。显然，与单相半波可控整流相比，桥式整流电路的输出电压的平均值要大一倍，即

$$U_0 = 0.9\, U \cdot \frac{1 + 2\cos\alpha}{2} \tag{9.12}$$

输出电流的平均值为

$$I_0 = \frac{U_0}{R_L} = 0.9\,\frac{U}{R_L} \cdot \frac{1 + \cos\alpha}{2} \tag{9.13}$$

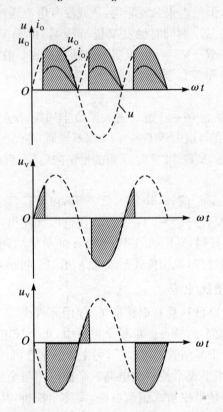

图 9.26　电阻性负载时单相半控桥式整流电路的电压与电流的波形

模块 9.4　晶闸管应用实例

实训 9.4.1　晶闸管调压电路的测试

 实训目的

① 掌握使用示波器观察调压电路信号波形参数的方法。

② 加深对单相晶闸管反并联调压电路、混合反并联调压电路工作原理的理解。

③ 熟练掌握利用 Multisim 10 软件进行晶闸管调压电路的调试检测方法。

实训测试电路

电路如图 9.27 所示。

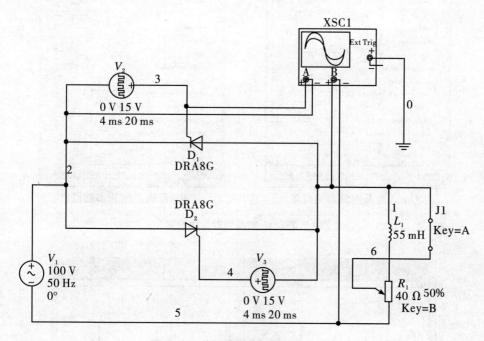

图 9.27   单相晶闸管反并联调压电路

实训环境

① 软件环境:Multisim 软件。

② 硬件环境:计算机。

实训步骤及内容

1. 单向晶闸管反并联交流调压器带电阻性负载

当进行单向晶闸管反并联交流调压时,使晶闸管 D_1,D_2 反向并联后与电源和电阻负载相连,并在 D_1、D_2 的两端分别加触发脉冲,打开 Multisim 软件,新建一名为"单相晶闸管反并联调压电路"的原理图文件,按照图 9.27 正确连接电路。先点击开关 J1,使 J1 合上,将电感 L 短接,可变电阻 R_1 调节到 50%(即 20 Ω),再启动仿真功能进行仿真,点击示波器观察负载电压 u_o 波形及晶闸管两端电压波形 u_{VT},观察不同 α 角时各波形的变化,并记录 $\alpha=$ 45°,60°,90°,120°的波形。

例 1   45°时参数图设置如图 9.28 所示,仿真波形图如图 9.29 所示。

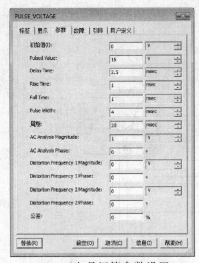 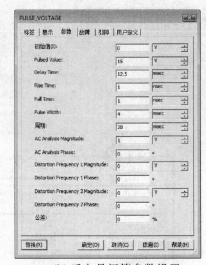

(a) 正向晶闸管参数设置　　　　　　　(b) 反向晶闸管参数设置

图 9.28　45°时晶闸管参数设置

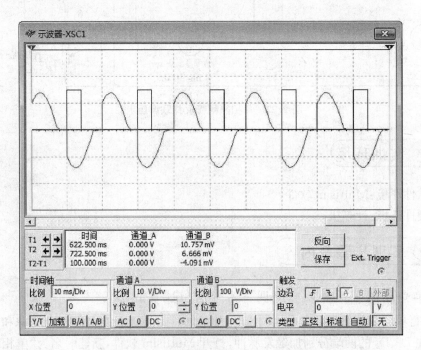

图 9.29　$\alpha=45°$时波形图(带电阻性负载)

波形分析:在前半个周期内,VT$_1$ 承受正向电压,由于晶闸管的特性,使得晶闸管没有导通,当出发脉冲来临时,晶闸管正向导通,导通后波形与电源电压波形相同,当前半个周期结束后,晶闸管 VT$_1$ 承受反向电压截止。在后半个周期内,VT$_2$ 承受正向电压,当触发脉冲来临时,VT$_2$ 导通,一个周期结束后 VT$_2$ 截止。循环往复。

在每个周期内有

$$U_\text{o} = \sqrt{\frac{1}{\pi}\int_\alpha^\pi (\sqrt{2}U_\text{i}\sin\omega t)^2 \mathrm{d}(\omega t)} = U_\text{i}\sqrt{\frac{1}{2\pi}\sin 2\alpha + \frac{\pi-\alpha}{\pi}} \tag{9.14}$$

2. 单向晶闸管反并联交流调压器带阻感性负载

先点击开关 J1,使 J1 断开,将电感 L 接入电路,调节可变电阻 R_1,改变阻值大小,也就改变了负载阻抗角 φ 的大小,调节 R_1,使阻抗角 φ 为一定值,再启动仿真功能进行仿真,点击示波器观察负载电压 u_o 波形及晶闸管两端电压波形 u_{VT},观察不同 α 角时各波形的变化,并针对 $\alpha=45°,60°,90°,120°$ 时进行仿真,通过示波器观察,图 9.30 所示为 $\alpha=45°$ 时的波形举例:

① 当 $\alpha>\varphi$ 时,u_O 的波形特征,并记录。

② 当 $\alpha=\varphi$ 时,u_O 的波形特征,并记录。

③ 当 $\alpha<\varphi$ 时,u_O 的波形特征,并记录。

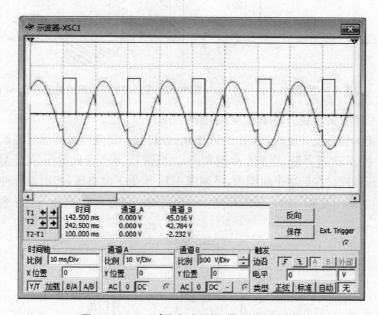

图 9.30 $\alpha=45°$ 仿真波形图(带阻感性负载)

实训思考

① 单相晶闸管交流调压电路常见的有哪几种分类? 各有什么特征?

② 单相晶闸管反并联交流调压电路是如何进行调压的?

③ 单相晶闸管反并联交流调压电路带电阻性负载 u_o 波形有哪些特征?

④ 单相晶闸管反并联交流调压电路带阻感性负载时 $\alpha>\varphi,\alpha=\varphi,\alpha<\varphi$ 时 u_o 波形有哪些特征?

知识 9.4.1 晶闸管调压电路原理

1. 电阻性负载的交流调压器原理

(1) 单相晶闸管反并联调压电路(阻性负载)

如图 9.31 所示为单相晶闸管反并联交流调压电路(阻性负载)原理图,单相交流调压电路是交流调压中最基本的电路,它由两只反并联的晶闸管组成。其晶闸管 VT_1 和 VT_2 反并联连接,与负载电阻 R_L 串联接到交流电源上。当电源电压 u_i 正半周开始时刻触发 VT_1,负半周开始时刻触发 VT_2,形一个无触点开关。若正、负半周以同样的移相角 α 触发 VT_1 和 VT_2,则负载电压有效值随 α 角而改变,实现了交流调压。移相角为 α 时的输出电压 u_o 的波形如图 9.32 所示。

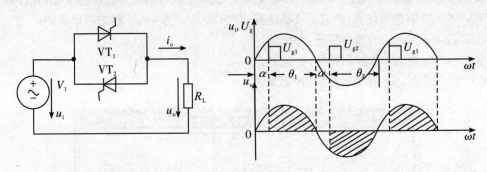

图 9.31　调压电路原理图　　　　图 9.32　图 9.31 中电路的输出电压 u_o 的波形

(2) 单相晶闸管混合反并联调压电路(阻性负载)

当电路连接为混合反并联时,如图 9.33 所示,在负载和交流电源间用反并联的方式,将晶闸管 VT_1 和二极管 D_1 反并联,在前半个周期内,二极管 D_1 承受正向电压,处于导通状态,输出波形与输入波形相同。在后半个周期内,晶闸管 VT_1 承受正向电压,当出发脉冲来临时,晶闸管导通,触发后的输出波形与输入波形相同。一个周期结束后 VT_1 截止,D_1 导通,依此往复。

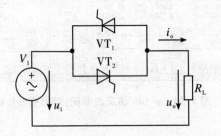

图 9.33　混合反并联交流调压电路(阻性负载)

2. 感性负载的交流调压器原理

图 9.34 所示为单相晶闸管反并联交流调压电路(感性负载)原理图,当电源电压反向过零时,由于负载电感产生感应电动势阻止电流变化,故电流不能立即为零,此时晶闸管导通角 θ 的大小不但与控制角 α 有关,而且与负载阻抗角 φ 有关。

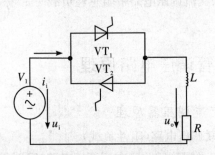

图 9.34　反并联交流调压电路(感性负载)

两只晶闸管门极的起始控制点分别定在电源电压每个半周的起始点，α 的最大范围是 $\varphi \leqslant \alpha \leqslant \pi$。当 $\alpha > \varphi$ 时，电压、电流波形如图 9.35 所示。随着电源电流下降过零进入负半周，电路中的电感储藏的能量释放完毕，电流到零，VT_1 管才关断。在 $\omega t = 0$ 时触发管子，$\omega t = \theta$ 时管子关断。当取不同的 φ 角时，$\theta = f(\alpha)$ 的曲线如图 9.36 所示。

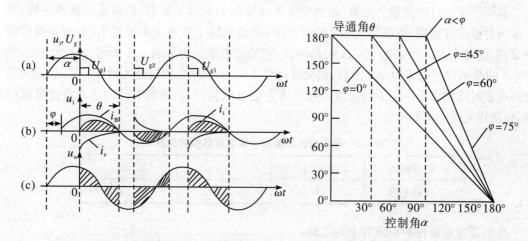

图 9.35　感性负载时输出电压 u_o 的波形　　　图 9.36　$\theta = f(\alpha)$ 的曲线

① 当 $\alpha > \varphi$ 时，稳定分量 i_B 与自由分量 i_S 如图 9.35(b) 所示，叠加后电流波形 i_2 的导通角 $\theta < 180°$，正负半波电流断续，α 愈大 θ 愈小，波形断续愈严重。

② 当 $\alpha = \varphi$ 时，电流自由分量 $i_S = 0$，$i_i = i_B$，$\theta = 180°$。正负半周电流处于临界连续状态，相当于晶闸管失去控制，负载上获得最大功率，此时电流波形滞后电压 φ 角。

③ 当 $\alpha < \varphi$ 时，如果触发脉冲为窄脉冲，则当 U_{g2} 出现时，VT_1 的电流还未到零，VT_2 管受反压不能触发导通；待 VT_1 中电流变到零关断，VT_2 承受正压时，脉冲已消失，无法导通。这样使负载只有正半波，电流出现很大的直流分量，电路不能正常工作。带电感性负载时，晶闸管应当采用宽脉冲列，这样在 $\alpha < \varphi$ 时，虽然在刚开始触发晶闸管的几个周期内，两管的电流波形是不对称的，但当负载电流中的自由分量衰减后，负载电流即能得到完全对称连续的波形，电流滞后电源电压 φ 角，但实际是晶闸管是不可控的，所以晶闸管的移相范围为 $\varphi \leqslant \alpha < \pi$。

3. 单相交流调压电路带阻性负载和感性负载情况比较

单相交流调压可归纳为以下三点：

① 带电阻性负载时，负载电流波形与单相桥式可控整流交流侧电流波形一致，改变控制角 α 可以改变负载电压有效值。

② 带电感性负载时，不能用窄脉冲触发，否则当 $\alpha < \varphi$ 时会发生有一个晶闸管无法导通的现象，电流出现很大的直流分量。

③ 带电感性负载时，α 的移相范围为 $\varphi \sim 180°$，带电阻性负载时移相范围为 $0 \sim 180°$。改变反并联晶闸管的控制角，就可方便地实现交流调压。当带电感性负载时，必须防止由于控制角小于阻抗角造成的输出交流电压中出现直流分量的情况。

4. 晶闸管的保护

晶闸管虽然具有很多优点，但是它们承受过电压和过电流的能力很差，这是晶闸管的主要弱点,因此,在各种晶闸管装置中必须采取适当的保护措施。

1) 晶闸管的过电流保护

由于晶闸管的热容量很小,一旦发生过电流,温度就会急剧上升而可能把 PN 结烧坏,造成元件内部短路或开路。

晶闸管承受过电流能力很差,晶闸管发生过电流的原因主要有:负载端过载或短路;某个晶闸管被击穿短路,造成其他元件的过电流;触发电路工作不正常或受干扰,使晶闸管误触发,引起过电流。例如某 100 A 的晶闸管,它的过电流涌力如表 9.5 所示。这就是说,当 100 A 的晶闸管过电流为 400 A 时,仅允许持续 0.02 s,否则将因过热而损坏。可见,晶闸管允许在短时间内承受一定的过电流,所以,当发生过电流时,在通的时间内迅速将过电流切断,以防止元件损坏。

表 9.5 晶闸管的过载时间和过载倍数的关系

过载时间	0.02 s	5 s	5 min
过载倍数	4	2	1.25

晶闸管过电流保护措施有下列几种:

(1) 快速熔断器

普通熔断丝熔断时间长,用来保护晶闸管,很可能在晶闸管烧坏之后熔断器还没有熔断,因此起不了保护作用,必须采用用于保护晶闸管的快速熔断器。快速熔断器用的是银质熔丝,在同样的过电流倍数之下,它可以在晶闸管损坏之前熔断,这是晶闸管过电流保护的主要措施。

快速熔断器的接入方式有三种,如图 9.37 所示。其一是快速熔断器接在输出(负载)端,这种接法对输出回路的过载或短路起保护作用,但对元件本身故障引起的过电流却不能起保护作用。其二是快速熔断器与元件相串联,可以对元件本身的故障进行保护。以上两种接法一般需要同时采用。其三是快速熔断器接在输入端,这样可以同时对输出端短路和元件短路实现保护,但是熔断器熔断之后,不能立即判断是什么故障。

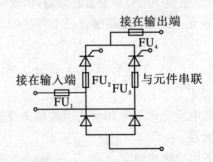

图 9.37 快速熔断器的接入方式

熔断器的电流定额应该尽量接近实际工作电流的有效值,而不是按所保护的元件的电流定额(平均值)选取。

(2) 过电流继电器

在输出端(直流侧)装直流过电流继电器,或在输入端(交流侧)经电流互感器接入灵敏的过电流继电器,都可在发生过电流故障时动作,使输入端的开关跳闸。这种保护措施对过载是有效的,但是在发生短路故障时,由于过电流继电器的动作及自动开关的跳闸都需要一定时间,如果短路电流比较大,这种保护方法不是很有效。

(3) 过流截止保护

利用过电流的信号将晶闸管的触发脉冲移后,使晶闸管的导通角减小或者停止触发。

2) 晶闸管的过电压保护

晶闸管耐过电压的能力极差,当电路中电压超过其反向击穿电压时,即使时间极短,也容易损坏。如果正向电压超过其转折电压,则晶闸管误导通,这种误导通次数频繁时,导通后通过的电流较大,也可能使元件损坏或使晶闸管的特性下降。因此必须采取措施消除晶闸管上可能出现的过电压。

引起过电压的主要原因是电路中一般都接有电感元件。在切断或接通电路时,从一个元件导通转换到另一个元件导通时,以及熔断器熔断时,电路中的电压往往都会超过正常值。有时雷击也会引起过电压。

晶闸管过电压的保护措施有下列几种:

(1) 阻容吸收保护

可以利用电容来吸收过电压,其实质就是将造成过电压的能量变成电场能量储存到电容器中,然后释放到电阻中去消耗掉。这是过电压保护的基本方法。阻容吸收元件可以并联在整流装置的交流侧(输入端)、直流侧(输出端)或元件侧,如图 9.38 所示。

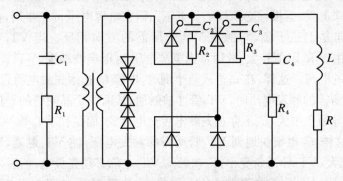

图 9.38　阻容吸收元件与硒堆保护

(2) 硒堆保护

硒堆(硒整流片)是一种非线性电阻元件,具有较陡的反向特性。当硒堆上电压超过某一数值后,它的电阻迅速减小,而且可以通过较大的电流,把过电压能量消耗在非线性电阻上,而硒堆并不损坏。硒堆可以单独使用,也可以和阻容元件并联使用,如图 9.38。

5. 晶闸管的应用实例

(1) 晶闸管调光、调温电源

晶闸管调光和调温装置在工业、商业以及生活中已得到广泛的应用。晶闸管调光、调温电源如图 9.39 所示。粗线为主电路,细线为触发电路,由 220 V 电网供电,负载电阻 R_d 可以是白炽灯、电熨斗、烘干电炉以及其他的电热设备。晶闸管的额定电流选择取决于负载的大小,家庭用的一般选用 KP5-7 为宜。熔断器的熔体若选用普通锡铅熔丝,其额定电流选 2~3 A 较合适。

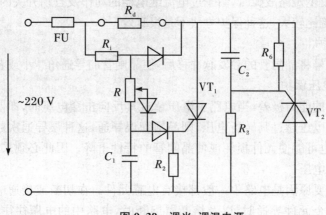

图 9.39　调光、调温电源

注:FU:500 V,2~3A(锡铅);VT$_1$,VT$_2$:KP5-7;R:10 kΩ;R$_1$:500 Ω;R$_2$,R$_4$:1 kΩ;R$_3$:7.5 kΩ;C$_1$,C$_2$:10 μF;二极管:2CP12。

电路工作原理:在晶闸管 VT$_1$、VT$_2$处于关断状态时,电源电压 u$_2$在正半周对电容 C$_1$充电,其充电速度取决于充电回路的时间常数 $\tau=(R_1+R)C_1$。当 C$_1$充电到晶闸管 VT$_1$的触发电压时,VT$_1$被触通。VT$_1$管导通到电源电压 u$_2$正半波结束为止。如图 9.39 所示,调整 R 值就能改变 C$_1$的充电速度,负载两端电压也即发生变化。晶闸管 VT$_2$的触发电压由 C$_2$充电所储蓄的电能来提供,但极性必须是上负下正。但在电源电压 u$_2$正半周,在 VT$_1$管尚未导通时,C$_2$充电方向是上正下负,与触发 VT$_2$管所需的方向相反。当 VT$_1$导通时,C$_2$虽经 VT$_1$、R$_3$放电,但由于 R$_3$阻值较大,故通常当电源电压 u$_2$正半波结束,VT$_1$管被关断时,C$_2$仍有一定上正下负的电荷。这样,在 u$_2$进入负半周时,电容 C$_2$必须先放电而后反向充电,当 C$_2$反充电到 VT$_2$管所需的触发电压时,VT$_2$管才被触通,从而两个晶闸管的导通角保持基本相同。假如 VT$_1$管导通角很大,C$_2$不存在先放电后充电现象,而是在 VT$_2$管一开始承受正向电压时 C$_2$就充电,这样,C$_2$也很快地到 VT$_2$管所需的触发电压,使 VT$_2$触通,VT$_2$的导通角也很大。反之,R 调大,VT$_1$导通角变小,C$_2$在触发 VT$_2$之前必须先放电,然后再反充电到 VT$_2$的触发电压,VT$_2$管的导通角也跟着变小。可见,本电路是通过调节 R,同时改变 VT$_1$和 VT$_2$的导通角,进而调节灯光的强弱或温度的高低。

(2) 过电压保护电路

如图 9.40 电路所示:TR 是抽头式自耦调压器;Q$_1$是电压选择开关,将电网输入电压选择在 220 V 输出(如果交流电网 220 V 电压比较稳定,那么 TR 与 Q$_1$可以不用);TS 是同步过电压保护部分的变压器;二极管 VD$_1$~VD$_4$和晶闸管 VT$_1$组成主电路的电子开关。当 VT$_1$导通时,电子开关接通;VT$_1$关断时,电子开关关断,主电路无输出。

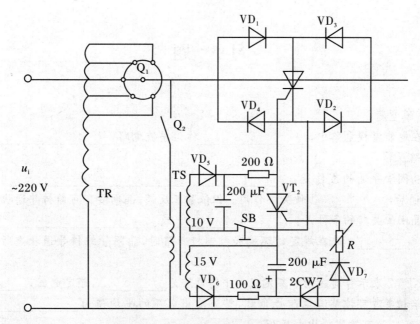

图 9.40　过电压自断电晶闸管保护电路

注：VT_1：KP5-7；VT_2：KP5-1；$VD_1 \sim VD_4$：2CP40。

当输入的电源电压值正常时，稳压管 2CW7 载止，VT_2 关断，同步过压变压器 TS 的 10 V 二次侧绕组电压经 VD_5 对 200 μF 电容充电而获得直流电压，它作为 VT_1 的触发电压，使 VT_1 管被触通。主电路电子开关接通，允许输出。

VD_6 整流滤波所形成的直流取样电压的变化反映了交流电网电压的变化。当输入的电网电压过高时，稳压管 2CW7 被击穿，晶闸管 VT_2 被触通，由于 VT_2 导通后两端管压降不到 1 V，不足以触通晶闸管 VT_1，故主电路电子开关被关断，自动地切断电源，从而使电器得到保护。待电网电压恢复正常后，要重新起动 VT_1，必须先按下常闭按钮 SB，VT_2 被关断；当按钮 SB 复位时，VT_1 被触通，电子开关重新接通主电路，电路恢复正常供电。

项目小结

1. 单向晶闸管的结构和特性。晶闸管导通必须同时具备两个条件：① 晶闸管阳极电路加正向电压；② 控制极电路加适当的正向电压（实际工作中，控制极加正触发脉冲信号）。

2. 单向晶闸管的可控整流电路：主要有单相半波可控整流电路和单相半控桥式整流电路。

3. 晶闸管的保护：晶闸管虽然具有很多优点，但是它们承受过电压和过电流的能力很差，这是晶闸管的主要弱点，因此，在各种晶闸管装置中必须采取适当的保护措施，主要分晶闸管的过电流保护和晶闸管的过电压保护。

4. 晶闸管的应用实例：晶闸管常见的应用有可控整流、交流调压、晶闸管调光、调温电源。它还具有过电压自动断电保护的功能和应用电路。

习　题

9.1　填空题：

(1) 在电能变换电路中，_____ 称为整流电路，_____ 称为逆变电路。

(2) 晶闸管导通的条件是：_____。晶闸管导通后，_____ 便失去作用。但依靠正反馈，晶闸管仍可维持导通状态。

(3) 晶闸管关断的条件是：_____ 或 _____。

(4) _____ 是在规定的环境和控制极断路时，晶闸管维持导通状态所必需的最小电流。

(5) KP5-7 表示普通晶闸管额定正向平均电流为 _____ A，额定电压为 _____ V。

(6) 单相半波可控整流电阻性负载，整流输出电压的平均值为 _____，改变 _____，可改变输出电压 U_O。

(7) 晶闸管的主要缺点是 _____ 很差。

(8) 晶闸管的过流保护有 _____、_____、_____。晶闸管的过压保护有 _____。

(9) 单结晶体管当 _____ 时导通，当 _____ 时恢复截止。

(10) 晶闸管可控整流电路中，增加控制角 α 时，导通 θ _____，负载直流电压 _____。

9.2　计算题：

(1) 电路如图 9.41 所示，已知交流电压有效值 $U = 220$ V，输出电压平均值 $U_O = 90$ V，输出电流平均值 $I_O = 45$ A。要求计算：(1) 晶闸管的导通角。(2) 通过晶闸管的平均电流。(3) 晶闸管承受的最高正向、反向电压。

(2) 一单相桥式半控整流电路，要求直流输出电压 U_O 在 40～90 V 的范围内可调，求输入交流电压和控制角的变化范围。

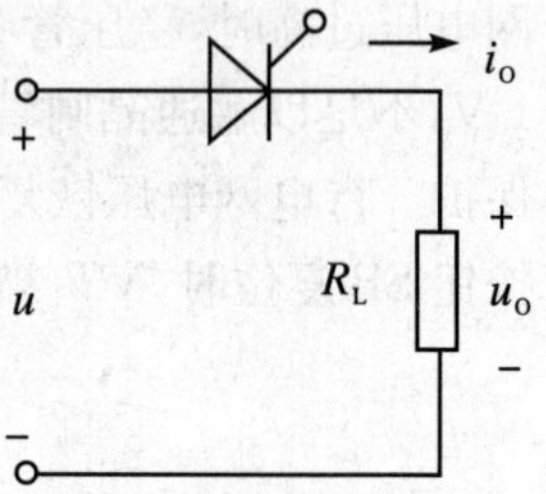

图 9.41

附录 A　半导体器件型号命名方法

A.1　国产半导体器件型号命名

1. 型号由五个部分组成

第一部分：用阿拉伯数字表示器件的电极数目。

第二部分：用汉语拼音字母表示器件的材料和极性。

第三部分：用汉语拼音字母表示器件的类型。

第四部分：用阿拉伯数字表示序号。

第五部分：用汉语拼音字母表示规格号。

注：场效应器件、半导体特殊器件、复合管、PIN 型管、激光器件的型号命名只有第三、四、五部分。

2. 组成部分的符号及其意义

如表 A.1 所示。

表 A.1　国产半导体器件命名

第一部分		第二部分		第三部分				第四部分	第五部分
用数字表示的电极数目		用汉语拼音字母表示器件的材料和极性		用汉语拼音字母表示器件类型				用数字表示器件序号	用汉语拼音字母表示规格号
符号	意义	符号	意　义	符号	意　义	符号	意　义		
2	二极管	A	N 型，锗材料	P	普通管	D	低频率大功率管 $f_\alpha<3\,\mathrm{MHz}$, $P_c>1\,\mathrm{W}$		
		B	P 型，锗材料	V	微波管				
		C	N 型，硅材料	W	稳压管	A	高频率大功率 $f_\alpha<3\,\mathrm{MHz}$, $P_c>1\,\mathrm{W}$		
3	三极管	D	P 型，硅材料	C	参量管				
		A	PNP 型，锗材料	Z	整流管	T	半导体闸流管（可控整流管）		
		B	NPN 型，锗材料	L	整流堆				
		C	PNP 型，硅材料	S	隧道管	Y	体效应器件		
		D	NPN 型，硅材料	N	阻尼管	B	雪崩管		
		E	化合物材料	U	光点管	J	阶跃恢复管		
				K	开关管	CS	场效应器件		
				X	低频小功率管 $f_\alpha<3\,\mathrm{MHz}$, $P_c<1\mathrm{W}$	BT	半导体特殊器件		
						FH	复合管		
				G	高频率小功率 $f_\alpha<3\,\mathrm{MHz}$, $P_c<1\,\mathrm{W}$	PIN	PIN 管		
						JG	激光管		

A.2　常用进口半导体器件命名

常用的进口半导体器件型号如表 A.2 和表 A.3 所示。

表 A.2　进口半导体器件命名

地域	一	二	三	四	五	备　注
日本	2	S	A. PNP 高频 B. PNP 低频 C. NPN 高频 D. NPN 低频	两位以上数字表示登记序号	A. B. C 表示对原型号的改进	不表示硅锗材料及功率大小
美国	2	N	多位数字表示登记序号			不表示硅锗材料 NPN 或 PNP 及功率的大小及功率大小
欧洲	A 锗 B 硅	C—低频小功率 D—低频大功率 F—高频小功率 L—高频大功率 S—小功率开关 U—大功率开关	三位数字表示登记序号	B 参数分挡标志		

表 A.3　韩国三星电子三极管特性

型　号	极　性	功　率(mW)	f_T(MHz)	用途
9011	NPN	400	150	高速
9012	PNP	625	80	功放
9013	NPN	625	80	功放
9014	NPN	450	150	低放
9015	PNP	450	140	低放
9016	NPN	400	600	超高频
9018	NPN	400	600	超高频
8050	NPN	1W	100	功放
8550	PNP	1W	100	功放

附录 B 贴片二极管和三极管介绍

随着科技的进步,电路集成度的提高,传统的分立元器件将逐渐被贴片元件所取代。片状元件具有性能好、形状简单、尺寸标准化、便于自动化装配等优点。片状元件尺寸小,其表面已无法详细标出元件的尺寸和规格,因而通常用缩减的符号来表示元件的相关参数。

B.1 片状二极管

片状二极管器件常见的有肖特基二极管、开关二极管、稳压二极管、变容二极管和复合二极管等五种类型。

1. 肖特基二极管

该类二极管的 PN 结电容很小,约为 1 pF,既可在超高频和甚高频波段作检波管,又可用于高速开关电路和高速数字电路。其常见的封装形式有两种:一种是片状二脚封装,如图 B.1(a)所示;另一类为片状 SOT-23 封装,如图 B.1(b)所示。SOT-23 封装的 1 脚是二极管的正极,2 脚是空脚,3 脚是二极管的正极。

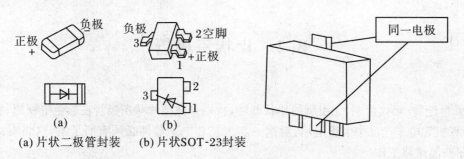

(a) 片状二极管封装　　(b) 片状SOT-23封装

图 B.1　片状二极管

2. 稳压二极管

稳压值为 2～30 V,额定功率为 0.5 W 的片状稳压二极管的封装多采用 SOT-23 形式,而额定功率为 1 W 的多采用 SOT-89 封装,如图 B.2 所示。

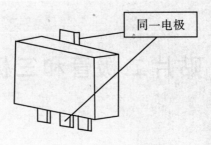

图 B. 2　SOT‑89 封装

3. 开关二极管

该类管子运用于数字脉冲电路和电子开关电路,片状开关管分为单开关二极管和复合开关二极管两类,其型号及性能指标如表 B. 1 所示。

表 B. 1　片状开关二极管型号及性能

型　号	类　别	额定电压(V)	额定电流(mA)	开关时间(ms)
HSK120TR	开关二极管	60	150	3
F4148	开关二极管	70	100	4
ISS220	开关二极管	70	300	3
IS221	开关二极管	100	300	3
IS123	开关二极管	70	100	9
MA151A	开关二极管	40	225	10

B. 2　片状三极管

20 世纪 80 年代后期,无引脚的片状器件,特别是微型片状三极管在彩色电视机、移动电话、计算机等电子产品中大量运用,对这一新工艺和电子器件必须有所了解,这将有助于从事电子产品维修工作。

1. 片状三极管外形

额定功率在 100 mW 和 200 mW 之间的小功率三极管采用 SOT-23 形式封装,如图 B. 3 所示,其中 1 脚为基极,2 脚为发射极,3 脚为集电极。大功率三极管多采用 SOT-89 形式封装,如图 B. 4 所示,其功率为 1～1. 5 W,1 脚为基极,2 脚与 4 脚内部连在一起为集电极,使用时可以任接一脚,3 脚为发射极。

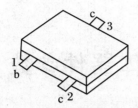

图 B.3　SOT-23 形式封装

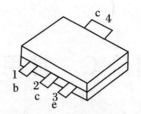

图 B.4　SOT-89 形式封装

2. 带阻片状三极管

带阻三极管是指在三极管的管芯内加入一只电阻 R_1 或两只电阻 R_1、R_2，如图 B.5 所示。不同型号的带阻片状三极管 R_1 和 R_2 可以有不同的阻值，形成一整体系列。这种器件在设计、安装时可省去偏置电阻，减小了安装元件的数量，有利于电子产品小型化。

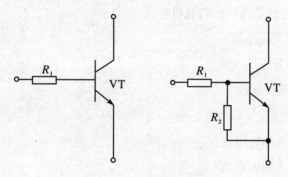

图 B.5　带阻片状二极管

表 B.2 列举了部分带阻片状三极管型号及特性。

表 B.2　部分带阻片状三极管型号及特性

型　号	极　性	R_1/R_2(kΩ)	型　号	极　性	R_1/R_2(kΩ)
DTA123Y	P	2.2/2.2	DTC114E	N	10/10
DTA143X	P	4.7/22	DTC124E	N	22/22
DTA114Y	P	10/47	DTC144	N	47/47
DTA115E	P	100/100	DTC144WK	N	47/22
DTC143X	N	4.7/10	DTC114T	N	$R_1=10$
DTC363E	N	6.8/6.8	DTC124T	N	$R_1=22$

附录 C　常用半导体器件参数

A_{od}——集成运放的开环差模电压增益

C_{bc}——集电结等效电容

C_{be}——发射结等效电容

I_{CBO}——集电极基极之间的反向饱和电流

I_{CEO}——集电极发射极之间的反向饱和电流

I_{CM}——集电极最大允许电流

$I_{D(AV)}$——整流二极管平均电流

I_S——二极管反向饱和电流

I_Z——稳压管稳定电流

I_{IB}——集成运放输入偏置电流

I_{IO}——集成运放输入失调电流

P_{CM}——集电极最大允许耗散功率

P_{DM}——漏极最大允许耗散功率

S_R——集成运放转换速率

U_Z——稳压管稳定电压

$U_{(BR)CBO}$——发射极开路时集电极-基极之间的反向击穿电压

$U_{(BR)CEO}$——基极开路时集电极-发射极之间的反向击穿电压

$U_{(BR)EBO}$——集电极开路时发射极-基极之间的反向击穿电压

U_{CES}——集电极发射极之间的饱和压降

U_{icm}——集成运放最大共模输入电压

U_{idm}——集成运放最大差模输入电压

U_{IO}——集成运放输入失调电压

U_P——场效应管的夹断电压

U_T——场效应管的开启电压

BW——带宽

f_T——双极型三极管的特征频率

f_α——共基截止频率

f_β——共射截止频率

g_m——跨导

α ——共基电流放大倍数

$\bar{\alpha}$ ——共基直流电流放大倍数

β ——共射电流放大倍数

$\bar{\beta}$ ——共射直流电流放大倍数

$r_\mathrm{bb'}$——基区体电阻

r_be——基射之间的微变等效电阻

参 考 文 献

［1］胡宴如.模拟电子技术[M].2 版.北京:高等教育出版社,2004.

［2］康华光.电子技术基础模拟部分[M].5 版.北京:高等教育出版社,2006.

［3］童诗白,华成英.模拟电子技术基础[M].北京:高等教育出版社,2001.

［4］陶玉贵.模拟电子技术[M].合肥:中国科学技术大学出版社,2010.

［5］康华光.电子技术基础:模拟部分[M].4 版.北京:高等教育出版社,2006.

［6］陈大钦,等.模拟电子技术基础学习与解题指南[M].武汉:华中科技大学出版社,
   2009.

［7］吴运昌.模拟电子线路基础[M].广州:华南理工大学出版社,2005.

［8］杨素行.模拟电子技术基础简明教程[M].3 版.北京:高等教育出版社,2006.

［9］王卫东.模拟电子技术基础[M].西安:西安电子科技大学出版社,2009.

［10］曹光跃.模拟电子技术及应用[M].北京:机械工业出版社,2008.

［11］林春方,杨建平.模拟电子技术[M].北京:高等教育出版社,2006.

［12］张仁霖.模拟电子技术实验实训指导教程[M].合肥:安徽大学出版社,2008.

［13］余孟尝.电子技术基础教程[M].北京:学术书刊出版社,1990.

［14］张志良.模拟电子技术基础[M].北京:机械工业出版社,2011.

［15］陈大钦.模拟电子技术基础习题全解[M].北京:高等教育出版社,2006.

［16］陈振源.模拟电子技术基础[M].北京:高等教育出版社,2001.